土壤污染物概论

毕润成 等 编著

科 学 出 版 社

北 京

内 容 简 介

本书根据土壤污染综合防治的要求，主要介绍了19种无机污染物和8类有机污染物的理化性质、污染来源、分布与扩散，以及对土壤、动物、植物和人的危害，安全标准，防治和修复途径，分析测试方法等方面的内容。本书对研究和掌握土壤环境中污染物的来源、分布规律及对危害机理的理解具有重要意义，可以为土壤污染防治工作提供参考。

本书内容涉及环境科学、环境工程、无机分析、有机分析、土壤学、生命科学、生态学、毒理学等相关学科，可为农业、林业、矿业等有关专业和环境保护等管理部门提供参考，也可作为环境科学与工程、生命科学与工程、化学分析、生态保护与恢复等相关专业的教学人员和科研工作者的参考书。

图书在版编目（CIP）数据

土壤污染物概论/毕润成等编著. —北京：科学出版社，2014.1

ISBN 978-7-03-037678-7

Ⅰ.①土⋯　Ⅱ.①毕⋯　Ⅲ.①土壤污染–污染防治　Ⅳ.①X53

中国版本图书馆 CIP 数据核字（2013）第 118134 号

责任编辑：刘　丹　张　星/责任校对：彭　涛
责任印制：徐晓晨/封面设计：迷底书装

科 学 出 版 社 出版
北京东黄城根北街 16 号
邮政编码：100717
http://www.sciencep.com

北京凌奇印刷有限责任公司印刷

科学出版社发行　各地新华书店经销

*

2014 年 1 月第 一 版　　开本：720×1000 B5
2020 年 3 月第六次印刷　　印张：15 3/4
字数：317 000

定价：58.00 元

（如有印装质量问题，我社负责调换）

《土壤污染物概论》编委会名单

前　言

当前全球环境问题日益突出，土壤环境作为自然环境的中心是重要的环境要素，容纳了来自工业和生活废水、固体废弃物、农药化肥及大气降尘和酸雨等各方面的 90％的污染物，所以做好土壤环境的污染防治工作，对于改善和提高整个生态环境质量具有重要的现实意义。土壤污染是由于人口急剧增长，工业迅猛发展，固体废弃物不断向土壤表面堆放和倾倒，有害废水不断向土壤中渗透，大气中的有害气体及飘尘不断随雨水降落在土壤中，积累到一定程度，引起的土壤质量恶化，造成土壤中某些指标超过国家标准的现象。对生态环境、食品安全和农业的可持续发展、人类健康等构成了严重威胁。本书根据土壤污染综合防治的要求，主要介绍 19 种主要无机污染物和 8 类有机污染物的理化性质、污染来源、分布与扩散，以及对土壤、动物、植物的危害，安全标准，防治和修复途径，分析测试方法等方面的内容，对于研究、掌握土壤环境中污染物的来源、分布规律及对危害机理的理解具有重要意义，可以为土壤污染防治工作提供参考。全书共分三篇，第一篇为土壤污染概述，第二篇为土壤无机污染物，第三篇为土壤有机污染物。

本书由毕润成等编著。绪论和第一篇由毕润成和张直峰编写；第二篇主要由毕润成、苗艳明和张钦弟编写，白玉宏、李晓丽、要元媛、白聪、冯飞、王晓霞参与部分编写工作；第三篇主要由毕润成、张直峰和苏俊霞编写，任彩勤、曲亚男、卫晶、白玉芳参与部分编写工作。全书由毕润成统稿。

科学出版社的编辑对本书的出版注入了大量的心血。借此机会，谨向他们表示衷心的感谢。

由于编著者水平有限，不妥之处在所难免。希望读者给予批评指正，并提出修改意见，以便及时进行修订。

编著者

2013 年 10 月

目　　录

前言
绪论 ·· 1
  0.1　土壤对自然环境和人类社会的重要性 ···································· 1
  0.2　土壤污染状况 ·· 3
  0.3　土壤污染的危害 ·· 3
  0.4　加强土壤污染防治的意义 ·· 4
  主要参考文献 ·· 4

第一篇　土壤污染概述

第1章　土壤污染 ·· 7
  1.1　土壤污染的概念 ·· 7
  1.2　土壤环境污染物 ·· 7
  1.3　土壤污染源 ·· 7
  1.4　土壤污染类型 ··· 8
  1.5　土壤污染的特点 ·· 9
  主要参考文献 ··· 9
第2章　土壤环境背景值 ·· 10
  2.1　土壤环境背景值的概念 ·· 10
  2.2　土壤环境背景值在土壤污染防治中的应用 ······························· 10
  2.3　我国土壤环境背景值 ·· 17
  主要参考文献 ··· 17
第3章　土壤环境容量 ·· 18
  3.1　土壤环境容量的概念 ·· 18
  3.2　影响土壤环境容量的因素 ·· 18
  3.3　土壤环境容量在土壤污染防治中的应用 ··································· 20
  主要参考文献 ··· 21

第二篇　土壤无机污染物

第 4 章　铬 ·· 25

4.1　铬的理化性质 ·· 25

4.2　铬的污染来源 ·· 26

4.3　铬的分布与扩散 ·· 26

4.4　铬污染的危害 ·· 27

4.5　铬的环境控制标准 ·· 29

4.6　铬污染的预防与修复 ·· 29

4.7　分析测定方法 ·· 31

主要参考文献 ··· 31

第 5 章　砷 ·· 33

5.1　砷的理化性质 ·· 33

5.2　砷的污染来源 ·· 33

5.3　砷的分布与扩散 ·· 34

5.4　砷污染的危害 ·· 35

5.5　砷的环境控制标准 ·· 36

5.6　砷污染的预防与修复 ·· 36

5.7　分析测定方法 ·· 38

主要参考文献 ··· 38

第 6 章　铅 ·· 40

6.1　铅的理化性质 ·· 40

6.2　铅的污染来源 ·· 41

6.3　铅的分布与扩散 ·· 41

6.4　铅的环境控制标准 ·· 43

6.5　铅污染的危害 ·· 44

6.6　铅污染的预防与修复 ·· 44

6.7　分析测定方法 ·· 46

主要参考文献 ··· 46

第 7 章　氟 ·· 48

7.1　氟的理化性质 ·· 48

7.2　氟的污染物来源 ·· 49

7.3　氟的分布与扩散 ·· 50

7.4　氟的环境控制标准 ·· 51

7.5　氟污染的危害 ··· 51

7.6　氟污染的预防与修复 ·· 52

7.7　分析测定方法 ··· 53

主要参考文献 ··· 54

第8章　汞 ··· 56

8.1　汞的理化性质 ··· 56

8.2　汞污染的来源 ··· 57

8.3　汞的分布与扩散 ·· 57

8.4　汞的环境控制标准 ··· 59

8.5　汞污染的危害 ··· 60

8.6　汞污染的预防与修复 ·· 60

8.7　分析测定方法 ··· 62

主要参考文献 ··· 63

第9章　锌 ··· 64

9.1　锌的理化性质 ··· 64

9.2　锌的污染来源 ··· 65

9.3　锌的分布与扩散 ·· 66

9.4　锌的环境控制标准 ··· 67

9.5　锌污染的危害 ··· 68

9.6　锌污染的预防与修复 ·· 68

9.7　分析测定方法 ··· 70

主要参考文献 ··· 70

第10章　镉 ··· 71

10.1　镉的理化性质 ·· 71

10.2　镉的污染来源 ·· 71

10.3　镉的分布与扩散 ··· 72

10.4　镉污染的危害 ·· 74

10.5　镉的环境控制标准 ·· 75

10.6　镉污染的预防与修复 ··· 75

10.7　分析测定方法 ·· 77

主要参考文献 ··· 77

第11章　钒 ··· 79

11.1　钒的理化性质 ·· 79

11.2　钒的污染来源 ·· 80

11.3　钒的分布与扩散 ··· 80

11.4　钒的环境控制标准 ·· 82

11.5　钒污染的危害 ·· 82

11.6　钒污染的预防与修复 ·· 83

11.7　分析测定方法 ·· 85

主要参考文献 ··· 85

第 12 章　镍 ··· 87

12.1　镍的理化性质 ·· 87

12.2　镍的污染来源 ·· 88

12.3　镍的分布与扩散 ··· 88

12.4　镍的环境控制标准 ·· 90

12.5　镍污染的危害 ·· 90

12.6　镍污染的预防与修复 ·· 90

12.7　分析测定方法 ·· 92

主要参考文献 ··· 92

第 13 章　铊 ··· 93

13.1　铊的理化性质 ·· 93

13.2　铊的污染来源 ·· 93

13.3　铊的分布与扩散 ··· 94

13.4　铊的环境控制标准 ·· 95

13.5　铊污染的危害 ·· 96

13.6　铊污染的预防与修复 ·· 96

13.7　分析测定方法 ·· 98

主要参考文献 ··· 98

第 14 章　钼 ··· 100

14.1　钼的理化性质 ·· 100

14.2　钼的污染来源 ·· 100

14.3　钼的分布与扩散 ··· 101

14.4　钼的环境控制标准 ·· 102

14.5　钼污染的危害 ·· 102

14.6　钼污染的预防与修复 ·· 103

14.7　分析测定方法 ·· 104

主要参考文献 ··· 105

第 15 章　铜 ……………………………………………………………… 106

　15.1　铜的理化性质 …………………………………………………… 106

　15.2　铜的污染来源 …………………………………………………… 107

　15.3　铜的分布与扩散 ………………………………………………… 107

　15.4　铜的环境控制标准 ……………………………………………… 109

　15.5　铜污染的危害 …………………………………………………… 109

　15.6　铜污染的预防与修复 …………………………………………… 111

　15.7　分析测定方法 …………………………………………………… 113

　主要参考文献 ………………………………………………………… 113

第 16 章　钴 ……………………………………………………………… 115

　16.1　钴的理化性质 …………………………………………………… 115

　16.2　钴污染的来源 …………………………………………………… 115

　16.3　钴的分布与扩散 ………………………………………………… 116

　16.4　钴的环境控制标准 ……………………………………………… 118

　16.5　钴污染的危害 …………………………………………………… 118

　16.6　钴污染的预防与修复 …………………………………………… 119

　16.7　分析测定方法 …………………………………………………… 121

　主要参考文献 ………………………………………………………… 122

第 17 章　硒 ……………………………………………………………… 123

　17.1　硒的理化性质 …………………………………………………… 123

　17.2　硒的污染来源 …………………………………………………… 123

　17.3　硒的分布与扩散 ………………………………………………… 124

　17.4　硒的环境控制标准 ……………………………………………… 126

　17.5　硒污染的危害 …………………………………………………… 126

　17.6　硒污染的预防与修复 …………………………………………… 127

　17.7　分析测定方法 …………………………………………………… 128

　主要参考文献 ………………………………………………………… 128

第 18 章　铍 ……………………………………………………………… 130

　18.1　铍的理化性质 …………………………………………………… 130

　18.2　铍的污染来源 …………………………………………………… 131

　18.3　铍的分布与扩散 ………………………………………………… 131

　18.4　铍的环境控制标准 ……………………………………………… 133

　18.5　铍污染的危害 …………………………………………………… 133

　18.6　铍污染的预防与修复 …………………………………………… 134

18.7　分析测定方法 ··· 134
　　主要参考文献 ··· 135

第 19 章　锰 ·· 136
19.1　锰的理化性质 ··· 136
19.2　锰的污染来源 ··· 137
19.3　锰的分布与扩散 ··· 137
19.4　锰的环境控制标准 ··· 139
19.5　锰污染的危害 ··· 139
19.6　锰污染的预防与修复 ··· 140
19.7　分析测定方法 ··· 142
　　主要参考文献 ··· 142

第 20 章　硼 ·· 143
20.1　硼的理化性质 ··· 143
20.2　硼的污染来源 ··· 144
20.3　硼的分布与扩散 ··· 144
20.4　硼的环境控制标准 ··· 145
20.5　硼污染的危害 ··· 145
20.6　硼污染的预防与修复 ··· 146
20.7　分析测定方法 ··· 147
　　主要参考文献 ··· 147

第 21 章　稀土元素 ·· 149
21.1　稀土元素的理化性质 ··· 149
21.2　稀土元素的污染来源 ··· 150
21.3　稀土元素的分布与扩散 ··· 151
21.4　稀土元素污染的危害 ··· 152
21.5　稀土元素的环境控制标准 ······································· 153
21.6　稀土元素污染的预防与修复 ····································· 154
21.7　分析测定方法 ··· 156
　　主要参考文献 ··· 157

第 22 章　氰化物 ·· 158
22.1　氰化物的理化性质 ··· 158
22.2　氰化物的污染来源 ··· 159
22.3　氰化物的分布与扩散 ··· 159
22.4　氰化物污染的危害 ··· 160

22.5 氰化物的环境控制标准 ……………………………………… 160

22.6 氰化物污染的预防与修复 ……………………………………… 161

22.7 分析测定方法 ……………………………………… 163

主要参考文献 ……………………………………… 163

第三篇 土壤有机污染物

第 23 章 有机氯农药 ……………………………………… 167

23.1 有机氯农药的理化性质 ……………………………………… 167

23.2 有机氯农药的污染来源 ……………………………………… 167

23.3 有机氯农药的分布与扩散 ……………………………………… 168

23.4 有机氯农药环境控制标准 ……………………………………… 170

23.5 有机氯农药的危害 ……………………………………… 171

23.6 有机氯农药污染的预防与修复 ……………………………………… 171

23.7 分析测定方法 ……………………………………… 174

主要参考文献 ……………………………………… 174

第 24 章 多环芳烃 ……………………………………… 176

24.1 多环芳烃的理化性质 ……………………………………… 176

24.2 多环芳烃的污染来源 ……………………………………… 177

24.3 多环芳烃的分布与扩散 ……………………………………… 178

24.4 多环芳烃污染的危害 ……………………………………… 180

24.5 多环芳烃的环境控制标准 ……………………………………… 182

24.6 多环芳烃污染的修复 ……………………………………… 182

24.7 分析测定方法 ……………………………………… 184

主要参考文献 ……………………………………… 185

第 25 章 邻苯二甲酸酯 ……………………………………… 188

25.1 邻苯二甲酸酯的理化性质 ……………………………………… 188

25.2 邻苯二甲酸酯的污染来源 ……………………………………… 189

25.3 邻苯二甲酸酯的分布与扩散 ……………………………………… 189

25.4 邻苯二甲酸酯污染的危害 ……………………………………… 191

25.5 邻苯二甲酸酯的环境控制标准 ……………………………………… 193

25.6 邻苯二甲酸酯污染的预防与修复 ……………………………………… 193

25.7 分析测定方法 ……………………………………… 195

主要参考文献 ……………………………………… 195

第 26 章　石油烃　·· 197

　26.1　石油烃的理化性质　································· 197

　26.2　石油烃的污染来源　································· 198

　26.3　石油烃的分布与扩散　····························· 198

　26.4　石油烃污染的危害　································· 200

　26.5　石油烃的环境控制标准　··························· 202

　26.6　石油烃污染的预防与修复　························· 202

　26.7　分析测定方法　····································· 206

　主要参考文献　··· 208

第 27 章　有机磷农药　···································· 210

　27.1　有机磷农药的理化性质　··························· 210

　27.2　有机磷农药的污染来源　··························· 210

　27.3　有机磷农药的分布与扩散　························· 210

　27.4　有机磷农药污染的危害　··························· 211

　27.5　有机磷农药污染的预防与修复　····················· 212

　27.6　分析测定方法　····································· 214

　主要参考文献　··· 215

第 28 章　挥发酚　·· 216

　28.1　挥发酚的理化性质　································· 216

　28.2　挥发酚的污染来源　································· 216

　28.3　挥发酚的分布与扩散　····························· 216

　28.4　挥发酚污染的危害　································· 217

　28.5　挥发酚污染的预防与修复　························· 218

　28.6　分析测定方法　····································· 220

　主要参考文献　··· 221

第 29 章　拟除虫菊酯　···································· 223

　29.1　拟除虫菊酯的理化性质　··························· 223

　29.2　拟除虫菊酯的污染来源　··························· 224

　29.3　拟除虫菊酯的分布与扩散　························· 224

　29.4　拟除虫菊酯污染的危害　··························· 225

　29.5　拟除虫菊酯的环境控制标准　······················· 225

　29.6　拟除虫菊酯污染的预防与修复　····················· 226

　29.7　分析测定方法　····································· 227

　主要参考文献　··· 227

第 30 章　多氯联苯 ·· 229

　30.1　多氯联苯的理化性质·· 229

　30.2　多氯联苯的污染来源·· 230

　30.3　多氯联苯的分布与扩散·· 230

　30.4　多氯联苯污染的危害·· 231

　30.5　多氯联苯的环境质量标准······································ 232

　30.6　多氯联苯污染的预防与修复···································· 233

　30.7　分析测定方法·· 234

　主要参考文献·· 234

绪 论

土壤是国家最重要的自然资源之一，是植物生长繁育和生物生产的基地，是人类赖以生存的物质基础，是生态环境的主要组成部分，也是保持地球生命活力，维护整个人类社会和生物圈共同繁荣的基础。近年来，由于人口急剧增长，工业迅猛发展，固体废物不断向土壤表面堆放和倾倒，有害废水不断向土壤中渗透，大气中的有害气体及飘尘也不断随雨水降落到土壤中，使土壤受到不同程度的污染，对生态环境、食品安全和农业的可持续发展都构成了不同程度的威胁。土壤污染已成为继空气污染、水体污染、噪声污染后又一重大环境问题。因此，明确土壤作为自然资源的特殊意义，研究、掌握土壤环境中污染物的来源、危害，以及污染物在土壤中的分布规律，加强土壤污染防治工作，已成为维持地球陆地生态平衡，维护人类与其他生物生存和持续发展的需要。

0.1 土壤对自然环境和人类社会的重要性

0.1.1 土壤是农业生产的基地

农业生产包括植物生产（种植业）和动物生产（饲养业）两大部分，主要通过生产具有生命的生物有机体为人类提供生活资料和工业原料。为了满足和供应人类生命活动必需的物质需求，最基本的任务是发展人类赖以生存的绿色植物的生产。绿色植物生存发展必须具备五个基本要素，即日光（光能）、热量（热能）、空气（氧及二氧化碳）、水分和养分。除日光和 CO_2 外，其余各种营养元素如氮、磷、硫、钾、钙、镁等大量元素和铁、锰、铜、硼、锌、钼、氯、镍等微量元素及水分主要依靠土壤提供。此外，空气和热量也有一部分源于土壤。绿色植物在土壤中生根发芽，根系在土壤中伸展穿插，获得土壤的机械支撑，保证绿色植物地上部分能稳定地站立于大自然之中。

土壤是地球陆地表面具有生物活性和多孔结构的介质，有很强的吸水和持水能力，通过降雨或灌溉等途径进入土壤中的水，只有被土粒吸附或由于毛细管张力存在于土壤孔隙中，转化为土壤水的形式对植物的生长发育才是有效的，才能被植物吸收利用。

土壤中存在一系列物理、化学、生物和生物化学的作用，通过这些作用实现了土壤养分的转化，既包括无机物的有机化，也包括有机物的矿质化；既有营养元素的释放和散失，又有元素的结合、固定和归还。土壤养分转化和循环过程大多是通过微生物作用进行的。地球表层系统中土壤各种成分复杂的转化过程，一方面实现了营养元素与生物之间的循环和周转，保持了生物的生息和繁衍；另一方面使土壤具有了抗外界酸碱性、氧化还原性变化的缓冲能力和对进入土壤污染物的降解、转化、清除和降低毒性的能力，从而为地上部分的植物和地下部分的微生物的生长繁衍提供了一个相对稳定的环境。

0.1.2　土壤是陆地生态系统的基础

土壤在陆地生态系统中处于各环境要素紧密交接的地带，是连接各环境要素的枢纽，也是结合无机界和生物界的中心环节。因而以土壤为中心，由土壤与其环境条件（包括生物和非生物）组成的复合体形成了一个相对独立的系统，即土壤生态系统。土壤生态系统是相互联系、相互制约的多种因素有机结合的网络模式，具有复杂多变的组成及特定的结构、功能和演变规律。在土壤生态系统中，物质和能量流不断地由外界环境向土壤输入，通过土体内的迁移转化，必然会引起土壤成分、结构、性质和功能的改变，从而推动土壤的发展与演变；物质和能量从土壤向环境的输出，也必然会导致环境成分、结构和性质的改变，从而推动环境的不断发展。

土壤在陆地生态系统中起着极其重要的作用，主要包括：保持生物活性、多样性和生产性；对水体和溶质流动起调节作用；对有机、无机污染物具有过滤、缓冲、降解、固定和解毒作用；具有储存并循环生物圈及地球养分和其他元素的功能，然而，土壤生态系统也只有保持生态平衡相对稳定的调节能力。

土壤生态系统是控制陆地生态系统的中央枢纽，是环境中物质和能量迁移、转化最为复杂和活跃的场所，而且，由于土壤和植物密切联系，构成陆地生态系统的核心，使土壤成为陆地生物食物链的首端。

0.1.3　土壤是最珍贵的自然资源

资源是自然界能为人类利用的物质和能量基础，是可供人类开发利用并具有应用前景和价值的物质。土壤资源是具有农林牧生产性能的土壤类型的总称，包括森林土壤、草原土壤、农业土壤等，是人类生活和生产最重要的自然资源。土壤资源位置固定、面积有限，是不可代替的生产资料。就全球而言，陆地总面积约 14 900 万 hm^2，而无冰覆盖的陆地面积约 13 000 万 hm^2，其中可耕地约有 3000 万 hm^2，占陆地面积的 23% 左右，已耕地仅有 1400 万 hm^2，占陆地面积的 10.7%，耕地面积极为有限。在人类赖以生存的物质生活中，人类消耗的 80% 以上的热量、75% 以上的蛋白质和大部分的纤维都直接来源于土壤。所以，土壤资源和水资源、大气资源一样，是维持人类生存与发展的必要条件，是社会经济发展最基本的物质基础。土壤又有别于其他资源，如矿产资源、煤、石油等随着不断开采与利用会最终枯竭,而土壤本质的特征是肥力,只要科学地对土壤用养结合,不断补偿和投入,即可被永续利用,若违背自然规律,高强度、无休止滥用土壤,将导致土壤肥力下降和破坏,最终造成土壤荒漠化、土壤污染、流失加重,使土壤资源成为制约经济、社会发展的限制因素。

0.1.4　土壤是人类环境的组成要素

人类环境包括自然环境和社会环境。地球环境按其组成要素分为大气环境、水环境、土壤环境和生态环境。土壤不仅为植物的生活提供了资源和环境条件,为动物提供了良好的生态环境,也直接为人类提供了生活的环境。土壤作为人类环境要素,除了作为建筑物和交通运输的地基外,还是一个巨大的缓冲体系,对污染物具有缓冲作用和抗衡外界环境变化的能力。

0.2　土壤污染状况

随着工业化和城市化进程的加快,大量无机、有机污染物及一些病原微生物随废渣、废水、废气及飘尘等侵入土壤并逐渐积累,对土壤造成了不同程度的污染,进而影响到了生态环境稳定、食品安全和农业的可持续发展。据不完全调查,目前我国受污染的耕地约有 1.5 亿亩(1 亩≈666.7m²),其中污水灌溉污染耕地 3250 万亩,固体废弃物堆存占地和毁田 200 万亩,合计约占我国现有耕地总面积的 1/10 以上,其中多数集中在经济较发达的地区。目前一些调查结果显示,我国大多数城市近郊土壤都遭受到不同程度的污染,特别是一些重工业区周边土壤中高致癌物质如多氯联苯、多环芳烃、塑料增塑剂、除草剂、丁草胺等都很容易被检测到。因土壤污染造成的经济损失也不容忽视,据估算,我国每年因土壤污染而造成重金属污染的粮食达万吨,造成的直接经济损失超过 200 亿元。

0.3　土壤污染的危害

土壤污染对农业生产、生态安全、人体健康都有巨大的危害作用。土壤被污染后会变质,一方面抑制土壤微生物的区系组成和生命活动,影响土壤营养物质的转化和能量活动,进而影响土壤肥力,造成作物减产;另一方面,土壤中污染超过植物的忍耐限度会使植物生理功能发生紊乱,因而影响光合、呼吸、水分吸收、营养代谢等,影响植物的生长发育,导致产量、品质下降,甚至绝产。更严重的是土壤中一些污染物在植物体内残留,并通过食物链的传递,在人和动物体内积累,从而对人类和动物造成一定的危害。例如,六氯环己烷(六六六)和双对氯苯基三氯乙烷(DDT)作为高残留率农药于 1983 年已停止生产,随着时间的推移，土壤中已几乎检测不到这两种剧毒农药的残留，但在鱼类身上检测出的含量却比土壤中高出了近100倍。又如，有机氯、多氯联苯（PCB）、多环芳烃（PAHs）等农药由于化学性质稳定，不易为土壤微生物所降解，在土壤中残留时间长，最后被作物吸收，经过各种生物之间转移、浓缩和积累，进入人体；有些有机污染物可长期储存在人体中，并可通过母乳喂养间接转移给新生儿或胎儿通过胎盘直接获得。某些重金属如汞、镉、砷、铅、铬等进入土壤后可以被植物吸收积累，进入人体后有致畸、致癌、致突变等作用。

土壤受到污染后，污染表土容易在风力和水力的作用下分别进入大气和水体中，导致大气污染、地表水污染、地下水污染和生态系统退化等次生生态环境问题。

0.4　加强土壤污染防治的意义

土壤污染状况不仅直接影响到国民经济发展和国土资源环境安全，而且直接关系到农产品安全和人体健康。与大气污染、水污染和废弃物污染等相比，土壤污染具有隐蔽性和滞后性，土壤污染从产生到出现问题通常会滞后较长的时间。所以，过去对污染土壤的治理，并非像对大气污染和水污染那样得到重视。然而，目前全世界已存在大面积污染，而且土壤能接收的污染物在数量上是有限的；在过程上是不可逆转的，积累在污染土壤中的难降解污染物很难靠稀释作用和自净化作用来消除；在时间上，许多污染物需要较长的时间才能被降解消除。为此，土壤一旦被污染，治理起来成本较高、周期较长。因此，全面、准确查明土壤污染物来源，明确土壤污染风险，确定土壤环境安全级别，筛选污染土壤修复技术，制定土壤污染防治对策，对改善土壤环境质量，保障食品安全和生态安全，保证人民群众身体健康，实现国民经济的可持续发展都具有重要意义。

主要参考文献

黄昌勇. 1999. 土壤学. 北京：中国农业出版社.
李天杰. 1995. 土壤环境学. 北京：高等教育出版社.
吕贻忠. 2006. 土壤学. 北京：中国农业出版社.
夏立江. 2001. 土壤污染及其防治. 上海：华东理工大学出版社.

第一篇　土壤污染概述

第1章 土壤污染

1.1 土壤污染的概念

土壤是指陆地表面具有肥力、能够生长植物的疏松表层，其厚度一般在 2m 左右。土壤不但为植物生长提供机械支撑能力，而且为植物生长发育提供所需要的水、肥、气、热等肥力要素。

土壤是个开放的系统，时刻进行着物质交换。正常情况下，土壤微生物、土壤动物、土壤有机胶体和无机胶体等都使土壤具有自身净化作用，经过一系列的物理、化学和生物化学过程，即通过土壤的自然净化作用使土壤环境处于动态平衡之中，但当人类各种活动产生的污染物质通过各种途径输入土壤（包括施入土壤的肥料、农药）时，打破了土壤环境的自然动态平衡，致使土壤环境中所含污染物的数量超过土壤自净能力或污染物在土壤环境中的积累量超过土壤环境基限或土壤环境标准，即为土壤环境污染。

1.2 土壤环境污染物

凡是影响土壤正常功能，降低作物产量和质量，或通过粮食、蔬菜、水果等间接影响人体健康的物质，都称为土壤污染物。土壤环境污染物大致分为土壤无机污染物和土壤有机污染物两大类。其中土壤无机污染物主要有：重金属汞、砷、铬、镉、锰及一些放射性元素等，其中以重金属和放射性物质的危害最为严重。土壤有机污染物主要有：人工合成的各种有机农药、有机磷农药、多环芳烃、氰化物、酚类物质、石油烃及各种挥发性有机物、有害微生物、高浓度耗氧有机物等。

1.3 土壤污染源

土壤污染主要是由人为活动造成的，污染物产生的来源或引起污染发生的污染物质称为污染源。根据污染物的来源不同，可分为工业污染源、农业污染源和生物污染源，其中工业污染源内容十分广泛，如冶金工业、化学工业、轻工业、石油加工业、电力工业、纺织工业、机械制造、建筑工业等相关企业；农业污染源主要是指由于农业生产本身的需要，而施入土壤的化学农药、化肥、有机肥，以及残留于土壤中的农用地膜等；生物污染源是指含有致病的各种病原微生物和寄生虫的生活污水、医院污水、垃圾，以及被病原菌污染的河水等，是造成土壤环境生物污染的主要污染源。

1.4　土壤污染类型

土壤环境污染的发生往往是多源的，对于同一区域受污染的土壤，其污染源可能同时来自受污染的地面水体和大气，或同时遭受固体废弃物，以及农药、化肥的污染。但对于一个地区或区域的土壤来说，可能是以某一种污染类型或某两种污染类型为主。根据土壤环境主要污染物的来源和土壤环境污染的途径，土壤环境污染的发生类型一般可分为以下四种。

1.4.1　固体废弃物污染型

固体废弃物主要包括工矿业废渣、污泥和城市垃圾等。固体废弃物在土壤表面堆放或处理，不仅占用大量耕地，而且可通过大气扩散或降水淋滤，造成土壤环境的重金属、病原菌、某些有毒有害有机物的污染。

1.4.2　水质污染型

水质污染型主要是指工业废水、城市生活污水对土壤造成的污染。例如，我国北方和西北地区由于年降雨量较少，雨量年分布变异大，对农业生产构成极大的威胁，为了保证农业生产的持续稳定，充分利水资源缓解旱情，未达到排放标准的工业污水和城市生活污水便成为城市近郊农业的主要灌溉水源，从而导致大量的有机物和金属通过灌溉进入土壤。污染物随污水灌溉进入土壤后，一般集中于土壤表层，但随着污灌时间的延续，部分污染物质会向深层土壤迁移，使污染范围进一步扩大。

1.4.3　大气污染型

工矿企业产生的废气及化学燃料燃烧产生的烟雾，不仅会污染大气，所含污染物还会随降尘和降水进入土壤，造成土壤环境污染。

1.4.4　农业污染型

主要是由农业生产中施用化肥、农药、城市垃圾堆肥、厩肥、污泥等所引起的土壤环境污染，主要污染物质为化学农药和污泥中的重金属。农业污染型污染物质主要集中于表层或耕作层。

1.5 土壤污染的特点

土壤环境受到污染一般体现为以下特点：

（1）土壤污染具有隐蔽性和滞后性。大气污染、水污染和废弃物污染等问题一般都比较直观，土壤污染则不同，往往要通过对土壤样品进行分析化验和农作物的残留检测，甚至通过研究对人畜健康状况的影响才能确定。因此，土壤污染从产生污染到出现问题通常会滞后较长的时间。例如，日本的"痛痛病"经过了10～20年才被人们所认识。

（2）土壤污染的累积性。污染物质在大气和水体中一般都较易迁移和扩散，而在土壤中扩散、迁移较为缓慢，因而会不断积累甚至超标，同时也使土壤污染呈现出区域性分布的特点。

（3）土壤污染具有不可逆转性。重金属对土壤的污染基本上是一个不可逆转的过程，许多有机化学物质的污染也需要较长的时间才能降解。例如，被某些重金属污染的土壤可能要100～200年才能够恢复。

（4）土壤污染治理难度大。如果大气和水体受到污染，切断污染源之后通过稀释作用和自净化作用即有可能使污染问题不断逆转，但积累在污染土壤中的难降解污染物则很难靠稀释作用和自净化作用来消除，后续治理难度和成本一般均很大。

主要参考文献

黄昌勇. 1999. 土壤学. 北京：中国农业出版社.

李天杰. 1996. 土壤环境学——土壤环境污染防治与土壤生态保护. 北京：高等教育出版社.

林成谷. 1996. 土壤污染与防治. 北京：中国农业出版社.

熊严军. 2010. 我国土壤污染现状及治理措施. 现代农业科技, (8)：294-297.

张从, 夏立江. 2000. 土壤生物修复技术. 北京：北京环境科学出版社.

第2章 土壤环境背景值

2.1 土壤环境背景值的概念

土壤环境背景值理论上是指未受或少受人类活动（特别是人为污染）影响的土壤环境本身的化学元素组成及其含量。从本质上说，"不受人类活动影响"只是一个相对概念。现今，随着科学技术和生产水平不断提高，人类对自然环境的影响也不断增强，地球上的土壤几乎都不同程度地受到人类活动直接或间接的影响，工业污染已充满了世界的每一个角落，如在南极冰层中发现有机氯农药的积累。因此，土壤背景值是相对的，"零污染"土壤样本是不存在的。所谓的土壤环境背景值是指尽可能不受或少受人类活动影响的数值，因而土壤环境背景值只是代表土壤环境发展中一个历史阶段的、相对意义上的数值，是一个范围值，而不是一个确定值。

影响土壤背景值的因素很复杂，包括数万年来人类活动的综合影响，风化、淋溶、淀积等地球化学作用的影响，生物小循环的影响，母质成因、质地与有机物含量的影响等。

2.2 土壤环境背景值在土壤污染防治中的应用

土壤环境背景值是环境科学的基础数据，广泛应用于环境质量评价、国土规划、土地资源评价、土地利用、环境监测与区划、作物灌溉与施肥，以及环境医学和食品卫生等方面。土壤环境背景值是土壤环境化学元素变化的"水准标高"，是区域环境质量评价、土壤污染评价、环境影响评价及地方病防治不可缺少的根据，土壤环境背景值是制定土壤环境质量标准的基本依据。

在土壤污染防治中，土壤环境质量状况、质量等级的划分、评价土壤是否已发生污染，以及受污染土壤的污染程度与等级，均必须以区域土壤环境背景值为对比的基础和评价的标准，用以判断并制定防治土壤污染的措施，进而作为土壤环境质量预测和调控的基本依据。与此同时，土壤环境容量的确定，以及土壤环境标准的制定均需以环境背景值为基本依据；污染元素和化合物在土壤环境中的化学行为，以及污染物进入土壤环境之后的组成、数量、形态相分布变化，都需要与环境背景值比较才能加以分析和判断。

总之，土壤环境背景值是区域土壤环境质量评价，土壤污染态势预测预报，

表 2-1 我国主要土类元素背景值平均值与全距范围 1（mg/kg）

土类		砷 (As)	镉 (Cd)	钴 (Co)	铬 (Cr)	铜 (Cu)	氟 (F)	汞 (Hg)	镍 (Ni)
绵土		9.5	0.0406	10.3	49.3	16.9	351	0.0213	21.4
		1.4~35.2	0.002~0.303	3.3~29.8	15.1~176.4	5.5~53.7	107~937	0.001~0.242	4.2~95.8
黑土		9.4	0.0721	10.7	45.4	19	373	0.0142	23
		3.2~30.3	0.005~0.589	4.5~19.4	21.7~74.6	7.0~76.7	181~985	0.004~0.047	9.6~37.6
白浆土		10	0.0929	12	56.6	19.3	410	0.0323	22.4
		2.6~27.0	0.032~0.429	6.1~27.5	33.2~84.9	10.6~174	215~675	0.011~0.085	12.2~44.3
黑钙土		87	0.0869	12	46.7	19.8	403	0.0227	22.2
		0.01~26.4	0.005~0.393	3~31.6	10.1~151.4	3.4~49.3	91~722	0.008~0.275	5.1~98.2
潮土		9.3	0.085	11.4	64.8	22.9	506	0.032	28.1
		0.01~27.9	0.005~0.943	0.01~47.0	2.4~150.1	3.4~116.6	97~1011	0.004~5.412	3.5~60.7
绿洲土		12.2	0.1138	14	55	26	499	0.0206	30.9
		4.4~17.2	0.054~0.206	7.9~25.1	39.1~96.6	8.0~51.4	201~785	0.009~0.130	16.2~61
水稻土		8.6	0.1078	11.8	58.6	23.7	508	0.1267	25.1
		0.01~53.4	0.008~3.000	0.6~78.6	5.1~350.4	2.0~98.7	71~150.0	0.010~1.120	2.2~200.7
砖红壤		5.5	0.0331	4.6	31	11.5	343	0.0466	9.6
		1.8~31.8	0.005~0.505	0.7~72.9	7.6~350.4	2.0~98.7	70~150.0	0.010~1.120	2.2~200.7
赤红壤		5.6	0.0331	4.6	31	11.5	343	0.0466	9.6
		0.1~626.0	0.005~0.505	0.1~91.5	5.0~220	2.0~98.3	89~1580	0.007~1309	0.8~163.1
红壤		9.7	0.0472	9.5	49.7	18.4	450	0.065	19.3
		0.5~309.2	0.002~4.500	0.2~93.9	6.5~519	1.0~177.0	95~2015	0.010~1.710	2.0~315.0

续表

土类	砷(As)	镉(Cd)	钴(Co)	铬(Cr)	铜(Cu)	氟(F)	汞(Hg)	镍(Ni)
黄壤	9.9	0.0642	10.1	49.6	17.5	503	0.0895	21.5
	1.2~178.7	0.005~4.500	0.9~67.5	6.7~313.2	2.4~79.9	78~2646	0.010~6.000	2.7~90.1
黄棕壤	10.2	0.0786	13.2	61.9	21.2	486	0.0494	28.5
	0.7~89.5	0.008~8.220	3.0~43.3	8.0~275.6	5.0~144.6	119~3467	0.002~45.9	1.0~142.0
棕壤	9.4	0.0782	14.1	58	20.5	422	0.0387	24.7
	1.0~77.2	0.001~0.485	3.0~40.8	16.3~25.7	1.0~272.0	91~3013	0.004~0.539	2.5~300.0
褐土	10.9	0.0809	12.9	62.8	23.1	456	0.0278	29.2
	0.0~65.0	0.002~0.583	0.01~47.5	7.3~1209.7	5.8~115.0	50~1114	0.001~0.539	9.0~627.5
暗棕壤	5.3	0.0898	12.1	50.2	17	387	0.0419	21.4
	0.8~25.8	0.015~0.380	1.7~48.5	17.1~158.8	5.6~62.8	140~1400	0.001~0.190	3.8~77.7
棕色针叶林土	4.2	0.0933	9.9	43.3	12.9	340	0.0593	13.2
	0.1~77.6	0.024~0.400	2.4~31.3	16.1~97.5	6.3~33.5	81~72.5	0.003~0.189	2.8~39.5
栗钙土	9.5	0.0406	10.3	49.3	16.9	351	0.0213	21.4
	1.4~35.2	0.002~0.303	3.3~29.8	15.1~176.4	5.5~53.7	107~937	0.001~0.242	4.2~95.8
棕钙土	9.4	0.0721	10.7	45.4	19	373	0.0142	23
	3.2~30.3	0.005~0.589	4.5~19.4	21.7~74.6	7.0~76.7	181~985	0.004~0.047	9.6~37.6
棕漠土	9.4	0.0871	11.9	45.3	22.4	432	0.0102	23.1
	3.6~18.1	0.031~0.824	5.9~24.6	16.2~102.2	11.3~47.8	157~977	0.002~0.045	10.6~42.0
草甸土	7.2	0.0738	10.9	47.4	18.6	442	0.0276	21.4
	0.4~65.2	0.006~0.300	1.0~37.2	10.4~111.7	215~137.5	148~1114	0.003~0.412	1.0~56.6

续表

土类	砷（As）	镉（Cd）	钴（Co）	铬（Cr）	铜（Cu）	氟（F）	汞（Hg）	镍（Ni）
沼泽土	6.6	0.0805	11	48.5	18.8	419	0.0308	19.7
	0.5~46.4	0.005~1.634	1.8~54.2	7.2~166.00	2.6~51.7	103~1306	0.007~0.300	3.7~64.8
盐土	9.4	0.0805	12.1	58.9	21.6	489	0.0256	28
	0.01~51.9	0.002~2.470	1.9~24.3	8.1~133.0	0.3~78.4	93~1021	0.001~0.298	0.1~50.0
碱土	23.7	0.3854	18.6	92.1	28.9	747	0.1354	41.8
	7.0~158.6	0.003~13.430	0.1~55.5	20.0~485.0	5.7~94.5	154~3458	0.019~22.670	4.4~149.0
石灰岩土	8.4	0.0752	13.6	60.6	24.6	432	0.0326	28.1
	1.1~111.5	0.010~0.710	1.0~51.0	29.0~388.5	5.0~102.5	63~1102	0.002~0.0652	6.8~102.1
紫色土	3.9	0.0361	7.1	21.2	7.5	246	0.018	9.9
	0.1~9.3	0.005~0.127	1.1~23.6	2.2~67.7	1.3~21.8	96~700	0.001~0.116	1.3~26.9
风砂土	15.4	0.0847	12.6	66.9	24.4	468	0.0237	28.7
	4.8~35.9	0.017~0.251	3.1~28.7	27.7~152.0	6.4~89.0	106~1050	0.010~9.769	9.1~51.0
黑毡土	15.6	0.102	11.1	51.6	22.8	516	0.022	31.3
	5.9~45.1	0.040~0.257	3.7~31.0	32.9~164.4	6.5~57.1	155~850	0.004~0.061	7.8~76.9
草毡土	18	0.1056	9.1	70.5	18.9	439	0.0169	30.9
	4.0~68.3	0.006~0.294	3.6~22.2	23.4~316.0	6.8~50.2	116~1558	0.004~0.057	3.6~154.6

表 2-2 我国主要土类元素背景值平均值与全距范围 2 (mg/kg)

土类	铅(Pb)	硒(Se)	钒(V)	锌(Zn)	锂(Li)	钼(Mo)	溴(Br)	碘(I)
绵土	16.5 12.6~22.9	0.088 0.0544~0.185	66 13.2~117	65.5 35.5~115.7	28.8 20.0~35.0	0.5 0.1~0.9	1.21 0.42~2.88	1.33 0.74~2.20
黑土	25.5 8.1~47.0	0.02161 0.037~0.479	83.9 45.2~117.6	62.3 39.5~85.3	25 17.0~32.0	1.1 0.3~3.5	5.21 2.88~13.20	2.57 1.65~3.69
白浆土	27.1 16.3~48.5	0.1785 0.020~0.452	77 53.5~241.0	77.5 39.4~172.0	27 20.0~34.0	1.1 1.0~2.2	2.6 0.75~4.99	1.62 0.55~3.14
黑钙土	18 7.1~38.0	0.1897 0.018~0.598	80.9 5.2~187.8	62.4 17.4~314.9	32.4 11.8~45.0	0.8 0.1~4.9	5.44 1.43~24.70	3.05 0.77~4.70
潮土	20.6 4.8~200.0	0.1449 0.014~9.135	80.1 7.9~185.9	67.8 11.0~238.0	32.8 9.0~65.0	1.6 0.1~9.8	3.37 0.72~15.60	1.99 0.62~7.46
绿洲土	21.5 8.5~28.3	0.133 0.021~8.048	73.4 25.4~95.8	69.9 19.3~90.8	31.6 18.2~50.1	1.3 0.1~2.5	2.08 0.85~7.52	1.14 0.41~2.62
水稻土	31.4 6.5~123.0	0.2356 0.008~1.000	83 3.4~490.1	79.6 8.5~272.0	34.6 10.0~111.0	1.4 0.1~11.5	2.67 0.45~36.40	1.56 0.32~13.91
砖红壤	23.2 3.9~75.0	0.2499 0.061~1.235	59.5 0.5~333.4	27.9 7.3~176	21.3 10.~104.0	4.9 1.0~18.3	7.19 2.36~14.90	4.78 2.43~12.63
赤红壤	28.4 2.6~286.5	0.4137 0.048~5.442	54.2 3.5~481.9	39.2 5.6~335.7	15.6 6.5~57.0	3.2 0.5~8.8	6.35 2.49~18.80	7.28 1.29~21.11
红壤	26.8 6.0~1143.0	0.4144 0.060~9.001	88.1 4.0~1264.2	71.7 7.6~493.0	26.5 7.0~89.3	2.3 0.1~75.1	5.75 0.22~56.60	7.06 0.66~29.76

续表

	铅(Pb)	硒(Se)	钒(V)	锌(Zn)	锂(Li)	钼(Mo)	溴(Br)	碘(I)
黄壤	26.9	0.3313	80.9	71.5	30.8	1.6	6.89	5.56
	3.9~193.0	0.019~4.220	3.8~780.6	13.2~212.0	10.0~126.0	0.4~9.8	1.02~57.5	0.61~33.10
黄棕壤	27.3	0.2266	87.8	68	33.6	0.8	3.3	2.49
	11.1~234.0	0.034~1.840	20.4~699.0	22.9~283.0	16.0~142.1	0.1~15.0	0.53~35.5	0.76~26.4
棕壤	23.4	0.2126	80.5	62.8	32.3	1.3	3.52	2.7
	4.7~98.3	0.030~1.940	28.6~300.9	2.6~376.0	8.5~225.0	0.4~8.1	0.20~28.9	0.32~14.50
褐土	20.3	0.1456	80	70	30	1.1	2.44	1.63
	4.3~141.8	0.024~0.540	21.1~299.9	12.0~340.7	10.0~65.0	0.1~7.1	0.37~17.72	0.42~5.77
暗棕壤	22.7	0.176	73.8	82.7	34.6	1.3	4.67	2.35
	7.0~49.0	0.047~0.482	27.6~314.2	26.9~165.6	12.0~80.9	0.1~5.2	1.48~13.70	0.91~6.59
棕色针叶林土	18.8	0.1297	63.1	84.2	24.1	1.2	3.81	1.73
	8.1~18.2	0.060~0.350	4.5~139.7	36.4~171.9	10.0~40.0	0.7~6.4	1.51~7.84	0.86~5.09
栗钙土	19.1	0.0929	53.8	59.3	24.2	0.6	3.24	2.08
	1.7~150.0	0.014~0.352	10.5~123.0	4.0~222.0	10.0~40.0	0.1~2.8	0.29~32.10	0.42~15.63
棕钙土	20.7	0.0934	53.8	59.3	24.2	0.6	3.24	2.08
	4.9~62.5	0.006~0.612	13.2~98.5	7.2~139.4	11.3~40.1	0.1~2.1	0.43~4.23	0.43~2.89
棕漠土	16.8	0.17	69.8	58.5	24.1	1.2	0.38	1.2
	4.9~30.4	0.089~0.302	15.5~118.7	38.9~153.5	10.0~38.8	0.6~2.5	0.15~1.73	0.20~4.07
草甸土	20.9	0.2050	70.7	64.8	25.5	1.2	4.59	2.14
	4.9~77.0	0.031~1.010	14.1~131.7	15.5~288.3	9.5~51.0	0.1~5.2	0.55~42.20	0.13~7.74

续表

	铅 (Pb)	硒 (Se)	钒 (V)	锌 (Zn)	锂 (Li)	钼 (Mo)	溴 (Br)	碘 (I)
沼泽土	20.7 7.3~43.2	0.1865 0.028~1.160	56.8 13.2~148.2	67.8 14.4~204.0	33.5 20.0~53.0	1.3 0.1~13.5	5.48 1.03~39.9	1.91 0.28~9.20
盐土	21.1 1.0~415.0	0.1371 0.012~0.366	69.9 1.1~151.6	67.5 3.4~361.0	34.5 7.0~94.0	1.4 0.1~13.6	6.65 0.20~44.20	2.46 0.30~14.45
碱土	33.5 2.4~116.0	0.3612 0.052~2.229	137.3 6.8~565.7	111.2 14.1~593.2	59.6 13.1~219.0	3.9 0.6~18.5	8.00 1.77~23.60	9.56 0.90~22.18
石灰岩土	25.8 11.2~74.0	0.1404 0.025~0.680	87.0 16.5~275.0	77.5 19.0~181.0	27.8 10.0~71.6	0.3 0.1~1.5	1.38 0.60~9.76	1.15 0.58~7.75
紫色土	13 4.2~32.4	0.0765 0.007~0.317	32.8 3.8~75.7	23.5 5.4~120.3	14.7 8.0~26.5	0.7 0.1~6.2	0.86 0.20~3.08	0.60 0.24~1.41
风砂土	29.3 10.8~89.1	0.1186 0.036~0.440	84.4 36.6~245.0	85.7 30.3~144.4	33.7 10.0~67.0	1.1 0.1~4.4	4.91 0.92~9.11	1.94 0.51~4.47
黑毡土	25.1 9.9~65.6	0.1292 0.033~0.331	79.8 21.9~133.2	79.1 31.8~118.9	38.0 29.9~123	0.7 0.4~1.6	4.36 0.84~8.47	1.84 0.72~3.97
草毡土	23.8 12.1~56.1	0.1053 0.037~0.547	64.6 27.4~115.0	64.6 35.9~180.1	33.7 10.0~80.0	0.7 0.1~3.6	2.51 0.72~10.18	1.35 0.71~3.29

土壤环境容量计算，土壤环境质量基准或标准的确定，土壤环境中的元素迁移、转化研究，以及制定国民经济发展规划等多方面工作的基础数据。

2.3　我国土壤环境背景值

我国从 1973 年开始自然环境背景值研究，截至 1990 年对部分金属的土壤背景值已进行了详细研究和报道，表 2-1 与表 2-2 是我国部分金属元素在不同土壤类型中的环境背景值。

主要参考文献

黄昌勇. 1999. 土壤学. 北京：中国农业出版社.

李天杰. 1995. 土壤环境学. 北京：高等教育出版社.

席承藩. 1989. 土壤分类学. 北京：科学出版社.

于天仁. 1990. 土壤发生的化学过程. 北京：科学出版社.

第3章 土壤环境容量

3.1 土壤环境容量的概念

环境容量最早来源于国际人口生态学界给世界人口容量所下的定义：世界对人类的容量，是在不损害生物圈或不耗尽可合理利用的不可更新资源的条件下，世界资源在长期稳定状态的基础上供养人口数量的大小。随着环境污染问题的日益扩展和日趋严重，为防止和控制环境污染，提出了环境容量的概念。环境容量是指在人类生存和自然生态不受损害的前提下，某一环境单元中所能容纳污染物质的最大负荷量。

土壤具有一定容纳固相、液相、气相等物质的能力，如土壤的热容量、持水量（田间持水量、饱和持水量），又如对农药与化肥的施用有一定容量，对作物密植也有一定容量。若过度密植或农药与化肥施用量、灌溉水量超过土壤相应的容量，不仅不能增产，还会导致减产与环境污染或其他环境问题。

从环境保护的角度看，土壤环境容量是指一定土壤环境单元在一定时限内遵循环境质量标准，在既维持土壤生态系统的正常结构与功能，保证农产品的生物学产量与质量，又不使环境系统污染的前提下，土壤环境所能容纳污染物的最大负荷量。实际上就是土壤污染起始值和最大负荷值之间的差值。若以土壤环境标准作为土壤环境容量的最大允许极限值，土壤环境容量的计算值便是土壤环境标准值减去背景值（或本底值），即上述土壤环境的基本容量。

土壤环境的静容量虽然反映了污染物生态效应所容许的最大容纳量，但尚未考虑和顾及土壤环境的自净作用与缓冲性能，即外源污染物进入土壤后的累积过程中，还要受土壤环境地球化学背景与迁移转化过程的影响和制约，如污染物的输入与输出、吸附与解吸、固定与溶解、累积与降解等，这些过程都处在动态变化中，其结果都能影响污染物在土壤环境中的最大容纳量。因而目前的环境学界认为，土壤环境容量应是静容量加上这部分土壤的净化量，就是土壤的全部环境容量或土壤的动容量。

3.2 影响土壤环境容量的因素

3.2.1 土壤类型

不同土壤类型所形成的环境地球化学背景与环境背景值不同，同时土壤的物质组成、理化性质和生物学特性，以及影响物质迁移转化的水热条件都因土而异，因而其净化性能与缓冲性能也不同。因此，土壤类型相同或类似的土壤具有相似的土壤环境容量。土壤类型虽然不同，但在土壤机械组成物质相似的情况下，如砂质性质，也可能具有相似的环境容量。

3.2.2 污染物的特性

污染物在土壤环境中的迁移转化主要受土壤环境因素和自身理化特性制约，二者共同决定了污染物在土壤中的形态、特征及其迁移转化的最终归宿。而污染物的特性是其迁移转化的内因。

3.2.3 土壤生物生态效应

作物生态效应是指不同作物在不同土壤环境中对不同污染物不同浓度的生理、生态和生产性状的效应，包括污染物对作物生长发育与产量的影响，以及作物对污染物的吸收、累积特征与作物产品质量的影响和后果。如前所述，土壤环境容量是以生态系统为基础的。土壤生态系统指由植物（作物、土壤动物、微生物和酶）组成的开放系统，而保持土壤生态系统的正常结构与功能是制定土壤环境容量的前提条件与依据。因此进入土壤环境的污染物在与土壤物质进行相互作用过程中，其输入数量与速度一旦超过土壤环境的净化作用，必然首先在土壤生态系统的结构与功能上有所反映。

作物是土壤生态系统的主要成分，其生长发育和产品的质量与数量又是土壤生态系统功能正常与否的主要标志。由此可见，作物效应不仅直接反映了不同污染物及其不同量级对土壤生态的影响，也间接反映了污染物在土壤中的化学行为，以及土壤的净化和缓冲性能。因此它是确定土壤安全临界含量，保证生态系统中物质与能量良好循环和生态平衡的最大负荷量，是制定环境容量、环境标准与评价土壤环境质量的重要依据。

3.2.4 土壤生物的影响

随污染物浓度的增加而引起的土壤生物和酶活性的变化是一个重要的土壤生态指标。试验研究结果表明，土壤生物变化主要反映为对微生物区系种群与数量的抑制率，以及对重金属含量变化反应敏感的酶活性的变化。因此，可以此作为确定重金属临界含量的依据。有的研究者还提出以某种土壤微生物计数为主要指标，或以呼吸强度作为生化作用的指标，或以重金属对各种酶的效应为参照指标来确定临界含量。

3.2.5　环境效应

环境效应是指污染物对地球表层环境系统的综合影响，即土壤环境中污染物的累积量，除不能影响土壤生态系统的正常结构与功能外，还要求从土壤环境输出的污染物不会导致其他环境子系统的污染，如大气环境、水环境的污染。因此，环境效应是确定土壤环境容量的重要方面和更严格的要求。在我国土壤环境容量的研究中，已将环境效应列为确定土壤环境基准含量的综合性指标。试验研究结果表明，当黑土、灰钙土、黄棕壤、红壤、赤红壤、砖红壤和紫色土的重金属含量达到临界含量时，均会对地表水和地下水造成污染。

3.3　土壤环境容量在土壤污染防治中的应用

3.3.1　在限制污染物排放中的应用

由于土壤环境容量充分考虑了土壤对污染物的自然净化能力，反映了土壤对污染物的全部环境容量，因而在土壤污染防治中必须考虑土壤对特定污染物的环境容量。例如，我国污水灌溉面积已发展到二千多万亩。随着工业、农业的迅速发展，我国水资源的进一步减少，预计我国的污水灌溉面积还将继续迅速发展。对一些采用污水灌溉、污泥施用农田的地区，土壤环境容量可以应用于控制和预测农田污染的趋势，这是一个重要的指标。我国许多地区，由于水资源十分匮乏，常采用污水灌溉农田。同时，由于耕作习惯，为了增强土壤肥力，在农田中常施用污泥。尽管污水中的污染物一般浓度较低，我国大部分地区尚未出现严重的环境问题，但已发现局部地区出现农田土壤含重金属等污染物累积较高的现象。因此，必须严格控制农田污染物的继续输入。根据土壤环境容量实行区域污染物的总量控制，以防止区域工农业的发展可能造成的环境污染。

3.3.2　在污染物总量控制上的应用

土壤环境容量充分体现了区域环境特征，是实现污染物总量控制的重要基础。因此，土壤环境容量对于环境污染地区（即急需采取对策地区）的土壤环境规划与管理，具有特别重要的意义。在此基础上可以经济、合理地制定污染物总量控制规划，也可以充分利用土壤环境的纳污能力。我国是世界上水资源比较缺乏的国家之一。污水灌溉一方面为缺水地区解决了部分农田用水，减缓了用水的紧张程度，减少了污水处理费用；另一方面由于大部分污水未经处理或仅经一级处理便排放用于灌溉，土壤环境遭受污染，生态遭到破坏，也影响了污水灌溉的发展。因此，控制有害污水对农田的污染，加强污水灌溉的管理，已成为进一步发展污水灌溉的重要措施。而制定农田灌溉水质标准，把灌溉污水的水质水量限制在容许范围内,是避免污水灌溉污染环境的基本措施之一。随着污水及其处理量的增加,污泥量也在不断增加,由污泥带入农田的污染物的含量也不可忽视。一般来说,污泥中污染物含量决定着污泥允许施入农田的量,但实质上,允许每年施用的量取决于每年每公顷容许输入农田的污染物的最大量,即土壤动容量或年容许输入量。

3.3.3 在土壤污染物环境质量评价中的应用

土壤环境质量评价可分为污染现状评价和预断评价两种类型,前者是对区域土壤污染的现状进行评价,为土壤污染防治提供基础资料;后者是对未来可能形成污染的土壤区域进行预期评价,为区域规划、污染物的总量控制和工程设计提供科学依据。

主要参考文献

黄昌勇.1999.土壤学.北京:中国农业出版社.

李天杰.1996.土壤环境学——土壤环境污染防治与土壤生态保护.北京:高等教育出版社.

林成谷.1996.土壤污染与防治.北京:中国农业出版社.

张从,夏立江.2000.土壤生物修复技术.北京:北京环境科学出版社.

第二篇　土壤无机污染物

第4章 铬

铬（chromium，Cr）广泛应用于国民经济的各个领域，在电镀、制革、染料、颜料、有机合成等工业生产中是必不可少的消耗性化工原料。铬是生命的必需元素，有机铬常作为动物饲料添加剂，以增强动物免疫力，提高畜产品的产量和生产速率等（董志岩等，2006）。目前，从铬革屑提取高标准胶原蛋白，用于饲料添加剂、化妆品、医药材料等方面，已经成为铬利用的一种新型工艺，对制革废弃物资源化有重要的意义（何小维等，2006）。铬是金属中硬度最大的，并以优良的金属光泽应用于电镀工业。

由于铬的广泛应用，所引发的铬污染问题也引起了人们广泛的关注。铬污染问题已经成为重要的环境问题。污染初期人们往往很难觉察到铬等重金属在土壤中的积累情况，但土壤一旦被重金属污染，就很难彻底消除；六价铬是国际抗癌研究中心和美国毒理学组织公布的致癌物，具有明显的致癌作用（陈丽蓉等，2011），世界各国普遍把它列为重点防治对象。

4.1 铬的理化性质

铬是一种银灰色、坚硬而耐腐蚀的金属，密度为 $7.2g/cm^3$，熔点为 $1860℃$，沸点为 $2482℃$。

在元素周期表中，铬为ⅥB族 24 号元素，原子序数为 24，相对原子质量为 51.996。常见的氧化态有 0、+2、+3、+6 价，其中主要以+3 和+6 两种价态存在。Cr^{2+} 不稳定，易氧化。Cr^{3+} 是最稳定的氧化态，三价铬如氯化铬（$CrCl_3$）、硝酸铬 [$Cr(NO_3)_3$]、硫酸铬 [$Cr_2(SO_4)_3$] 均易溶于水，而碳酸铬 [$Cr_2(CO_3)_3$] 和氢氧化铬 [$Cr(OH)_3$] 难溶于水。三价铬常见于生物系统中，能与生物体内的许多配位基，如磷酸盐、蛋氨酸、丝氨酸等形成配位复合物，从而对酶的催化活性区或蛋白质核酸的三级结构发挥作用，三价铬也是体内葡萄糖耐量因子的活性部分，是人体必需微量元素（阎小艳等，2007）。Cr^{6+} 主要与氧结合成铬酸盐和重铬酸盐，是一种很强的氧化剂，对生物和人体有毒性作用。在酸性溶液中或厌氧条件下，通过热和化学还原物的作用，六价铬也可被还原成三价铬。土壤中的铬多属不溶性氧化物，主要有两种价态（+3、+6），其中+3 价最稳定；土壤中铬通常以四种化合形态存在，两种三价铬离子（Cr^{3+} 和 CrO^-），两种六价铬阴离子（$Cr_2O_7^{2-}$ 和 CrO_4^{2-}）（陈丽蓉等，2011）。

4.2　铬的污染来源

自然土壤中铬主要来源于成土岩石，岩石中的铬通过风化、地震、火山爆发、生物转化等自然现象而进入环境。大气中重金属铬的沉降是土壤中铬污染的主要来源之一，如制革电镀等工业排到大气中的铬尘粒，经过扩散沉降进入土壤，造成污染；农药化肥和塑料薄膜的使用，也会造成污染，如磷肥的大量使用；污水灌溉，含铬灌溉用水中 85%～95% 的铬累积在土壤中造成污染；其他如冶炼废渣、矿渣堆放等也加剧了土壤中重金属铬的大量累积（陈伟等，2012）。

据估计，全世界年产铬约 750 万 t，90% 用于铁铬、硅铬及耐火材料（如铬镁耐火砖）的生产，因此钢铁生产、制革、纺织品生产、印染及电镀等工业生产的"三废"是环境中铬污染的主要来源。鞣制是制革的关键工序，它是用鞣剂处理生皮而使其变成革的过程。目前，制革厂普遍采用铬鞣法，但铬鞣时铬的利用率低。研究表明，铬鞣剂利用率仅为 60%～70%，铬鞣废液含铬量高达 2000～4000mg/L，30%～40% 的铬盐未被皮吸收而直接进入废水中，对环境造成严重的污染（孙思武等，2012）。含铬废水是也是水体铬污染的主要来源；化石燃料（煤、石油）燃烧会排出含铬废气而对大气造成污染，如煤中铬含量平均约为 10mg/kg。

4.3　铬的分布与扩散

4.3.1　铬分布

铬在地壳中的含量浓度范围为 80～200mg/kg，平均为 125mg/kg（邢光熹和朱建国，2003），比 Co、Zn、Cu、Pb、Ni 和 Cd 的含量高。自然土壤中源于岩石分化进入的铬大多为三价铬，含量因成土母岩的不同而差异很大，一般为超基性岩＞基性岩＞中性岩＞酸性岩。在各土壤系列中，铬元素的背景含量差异也较大，如铬在森林土壤系列中的含量由南向北逐渐增高，至黄棕壤出现峰值，然后又逐渐降低，含量顺序依次为黄棕壤、褐土＞红壤、黄壤＞棕壤＞暗棕壤＞棕色针叶林土、灰色森林土＞赤红壤、砖红壤（王云和魏复盛，1995）。

Cr^{3+} 在 pH 4～10 的环境中，主要以水合氢氧离子 $CrOH^{2+}$（aq）、$Cr(OH)$（aq）和 $Cr(OH)_3$（aq）的形态存在，也可以与有机配位体（如氨基酸、腐殖酸及其他有机酸）形成络合物，常沉淀于沉积物或吸附于固体颗粒表面，溶解迁移性较小（陈子蔚和齐孟文，2007）。六价铬具有很高的活性，主要以 CrO_4^{2-}、$HCr_2O_7^{2-}$、$HCrO_4^-$ 三种阴离子形式存在，其钠、钾、铵盐均溶于水。Cr^{6+} 可被

Fe^{2+}、溶解性的硫化物和某些带羟基的有机化合物还原，Cr^{3+} 则可被二氧化锰及水中的溶解氧低速氧化。

由于土壤中的铬多为难溶性化合物，其迁移能力一般较弱，而含铬废水中的铬进入土壤后，也多转变为难溶性铬，故通过污染进入土壤中的铬主要残留积累于土壤表层；铬在土壤中多以难溶性且不能被植物所吸收利用的形式存在，因而铬的生物迁移作用较小，故铬对植物的危害不像 Cd、Hg 等重金属那么严重（陈丽蓉等，2011）。

4.3.2　铬的扩散

环境中的铬在自然界中的扩散主要是通过大气（气溶胶和粉尘）、水和生物链来完成的。通过大气（气溶胶和粉尘）沉降和废水灌溉进入土壤中的铬在土壤中通常以 Cr^{3+}、CrO_2^-、$Cr_2O_7^{2-}$ 和 CrO_4^{2-} 四种离子形态存在，其中 Cr^{3+} 和 CrO_2^- 极易被土壤胶体吸附或形成沉淀，活性较差，对植物的毒害作用相对较轻；而 $Cr_2O_7^{2-}$ 和 CrO_4^{2-}，土壤胶体吸附性能较弱，具有较高的活性，对植物的毒害作用较强。土壤性质显著影响有效 Cr 的老化速率，土壤性质中对老化速率参数影响最大的是有机质，其次是 pH 和活性氧化铁（郑顺安等，2013）。以上四种离子态铬在土壤中的迁移转化主要受土壤 pH、有机质及氧化还原电位（Eh）的制约，三价铬和六价铬在适当的土壤环境中可相互转化。例如，土壤中重金属 Cr^{6+} 含量随着土壤中有机碳含量增加而减少（郝汉舟等，2007）。

散布在大气、水体和土壤中的铬被动植物吸收后，转移并积存到生物体内，进而通过土壤-植物系统进入食物链而威胁人体健康。在农产品中，铬通常以化合态富集在一些蔬菜、肉类及鱼类中。由于铬具有累积性和生物链浓缩富集的特点，农作物会从被污染的水体和土壤中吸取大量的铬，如将含铬废水灌溉和河水灌溉相比，胡萝卜的含铬量前者比后者高 10 倍，白菜高 4 倍；水生生物对铬的富集倍数更高，如鱼类为 2000 倍左右（蔡宏道，1981）。

4.4　铬污染的危害

铬的毒性强弱随其价态和化合物而异。金属铬和二价铬化合物的毒性很小或无毒。三价铬化合物较难吸收，毒性不大。六价铬化合物毒性最强，比三价铬毒性大 100 倍。

土壤中铬含量较高时，土壤纤维素的分解将受到抑制，当 Cr^{6+} 浓度为 56mg/L 时，纤维素分解抑制率为 36%；当浓度大于 40mg/L 时，纤维素分解在短时间内将全部受到抑制（王云和魏复盛，1995）。Cr^{6+} 还能明显地抑制土壤的呼吸作用，土壤呼吸峰随 Cr^{6+} 含量增加而降低，当 Cr^{6+} 浓度大于 100mg/L 时，土壤在短时间内将不出现明显的呼吸峰（王云和魏复盛，1995）。Cr^{6+} 还能抑制土壤中磷酸酯酶和腺酶的活性，从而影响氮、磷的转化，影响硝化作用和氨化作用。当 Cr^{6+} 浓度为 40mg/L 时，硝化作用几乎全部受到抑制（董志岩等，2006）。

虽然一定浓度的铬有促进植物生长、增强光合作用并提高产量的作用，如施用乙酸铬对胡萝卜、大麦、扁豆、黄瓜、小麦生长都有益，在土壤中加 5mg/L 的铬可提高葡萄的产量；含 0.5mg/L Cr^{3+} 的培养液能刺激玉米生长，但 Cr^{3+} 浓度为 15～50mg/L 时则抑制此类植物的生长（王云和魏复盛，1995）；过量的铬将抑制作物生长，而且会干扰植物对其他必需元素的吸收和运输。铬对植物的危害主要发生在根部，植物铬中毒的直观症状是根部功能受抑，生长缓慢和叶卷曲、褪色（董志岩等，2006）。铬能抑制作物吸收铁、锌而引起失绿，产生缺绿病；铬能抑制矮菜豆、黄豆等对锌的摄取（聂永丰，2000）。过量的铬还会引起花叶症、黄瓜癌、蕹菜瘤、菠萝瘤；抑制水稻、玉米、棉花、油菜、萝卜等作物的生长。

铬可以通过呼吸道、消化道、皮肤和黏膜进入人体。铬对人体的危害主要是由六价铬引起的，六价铬可通过皮肤吸收和汗腺透入皮肤。铬急性中毒后会出现呕吐、流涎、腹泻、呼吸和心跳加快，胃黏膜发炎、破损、出血、溃疡，肠、肝、肾等器官充血。吸入 Cr^{6+} 化合物的粉尘或烟雾，可引起急性呼吸道刺激症状。人口服 Cr^{6+} 化合物致死剂量为 1.5～1.6g，死亡的原因是休克、多器官出血、血管内溶血，还有肾组织坏死、脑水肿等，口服时可刺激或腐蚀消化道，有频繁呕吐、血便、脱水等；Cr^{6+} 在红细胞内被还原为 Cr^{3+}，使谷胱甘肽还原酶活性受到抑制，使血红蛋白转化为高铁血红蛋白，影响氧运输，出现口唇、指甲青紫、呼吸困难、血压下降、无尿等肾衰竭的表现，很快陷入休克、昏迷（朱建华和王莉莉，1997）。

大量的流行病学调查及职业危害调查均证实，长期暴露于铬化合物中会明显增加肺癌发病率。美国环境保护机构对 1950～1974 年 2357 名铬酸盐作业工人进行调查，结果表明，长期暴露于六价铬中会增加肺癌的发病风险（Gibb et al.，2000）。目前，国际癌症研究机构（International Agency for Research on Cancer，IARC）及美国政府工业卫生学家联合会（American Conference of Governmental Industrial Hygienists，ACGIH）都已确认六价铬化合物具有致癌性（Xie et al.，2005）。关于铬的致癌机理，一种观点认为六价铬以铬酸根的形式渗入细胞，在细胞内还原成五价铬和四价铬的过程中产生了大量的游离基诱导产生肿瘤；另一种观点认为进入细胞的六价铬还原为三价铬与细胞内大分子DNA 相结合，引起遗传密码的改变，进而引起细胞的突变和癌变。除了致癌性，六价铬还具有多方面的毒性，如肝肾毒性、生殖毒性、遗传毒性等，但关于其毒性机制至今尚无明确的论断。铬对动物具有胚胎发育毒性和致畸性，如三氯化铬可使小鼠精子畸形率显著增加，干扰精子的正常发育（Yu and Peng，1997）。三氯化铬还会使小鼠胚胎外观与骨骼、内脏的畸形率增高，表现为腭裂、露脑、脊柱膨出和骨骼发育不全（陈琼宇等，2000）。

4.5　铬的环境控制标准

铬虽然是生命的必需元素，但由于其在人体内有蓄积作用，且长期接触铬会对人体造成多方面的危害，为此各国都对其在环境中的卫生标准都进行了严格的限制。有关铬的环境标准见表 4-1（GB 15618—2008）。

表 4-1　土壤无机污染物的环境质量第二级标准值铬的控制标准（mg/kg）

污染物	土地类型	农业用地按 pH 分组				居住用地	商业用地	工业用地
		≤5.5	5.5~6.5	6.5~7.5	>7.5			
总铬	水田	220	250	300	350	400	800	1000
	旱田、菜地	120	150	200	250			

4.6　铬污染的预防与修复

4.6.1　预防措施

（1）由于铬矿、铁矿、硫酸铬矿藏开采与冶炼是铬污染的重要来源，因此必须加强这些矿物开采、冶炼过程的管理及相关工艺设备的更新，相应工厂的"三废"必须符合相应标准才能排放。此外，为了降低空气中铬含量，对高铬煤必须采取脱铬处理。

（2）对重点地区（耐火材料厂、重铬酸盐化工厂、电镀厂、皮革厂、制药厂、染料厂）的空气、饮用水源等要加强监测，建立铬污染预报机制。

（3）加强对含铬化工产品的监管力度，特别是要加强对含铬农药和医药的监管。

4.6.2　修复措施

土壤遭受铬污染后，不仅作物产量低，质量变差，而且会通过食物链危害人体健康。目前对铬污染土壤的修复主要有两种途径：一是改变铬在土壤中的存在形态，将六价铬还原为三价铬，降低其在环境中的迁移能力和生物可利用性；二是将铬从被污染土壤中清除。常见方法主要有以下三种。

1. 物理修复

　　处理铬污染土壤的物理修复主要采用的是电动技术（周启星和宋玉芳，2004），即利用插入土壤中的两个电极在污染土壤两端加入低压直流电场，在低强度直流电的作用下，水溶的或吸附在土壤颗粒表层的污染物根据各自所带电荷的不同而向不同的电极方向运动。在电动修复的过程中也受吸附与解吸、沉淀与溶解、氧化与还原及络合反应的综合影响。因此，电动修复是一个复杂的物理化学过程，但具有成本低、操作简单、去除效率高等优势。Gent 等（2004）在实验室研究的基础上进行了场地试验，其中 78% 的土壤中的铬得到了去除。

2. 化学修复

　　处理铬污染土壤的化学方法主要有化学固化法、化学还原法、化学清洗法三种。其中，化学固化法是将被铬污染的土壤与某种黏合剂混合（也可以辅以一定的还原剂，用于还原六价铬），黏合剂可以使用水泥和硅土，因为这种黏合剂比较有效、易得，而且价廉。通过黏合剂固定土壤中的铬，使铬不再向周围环境迁移。Meegoda 等应用 s/s 技术，做了治理铬污染土壤的小规模实验（Gent et al.，2004）。将被污染土壤挖出后与一定的硅土混合，从而实现铬的固定化。处理前土壤含铬量为 $0.2\% \sim 2.6\%$，淋滤液六价铬浓度大于 $30mg/L$，处理后淋滤液六价铬浓度降到 $5mg/L$ 以下。这种方法主要用于处理铬矿冶炼后留下的铬渣，处理后的铬渣可作为建筑材料使用。采用该方法修复铬污染土壤，需将土壤挖掘出来，成本较高，处理效果也有待进一步提高。

　　化学还原法主要是利用铁屑、硫酸亚铁或其他一些容易得到的化学还原剂（也可以辅以一定的黏合剂）将六价铬还原为三价铬，形成难溶的化合物，从而降低铬在环境中的迁移和生物可利用性，减轻铬污染的危害。当六价铬主要集中在土壤颗粒表面时，直接向土壤中加入还原剂就能迅速有效地起作用。但当六价铬存在于土壤颗粒内部时，则难以与还原剂接触并发生还原反应。因此，当这部分六价铬从土壤中浸出时，就需要额外的超量还原剂来还原它。而且在这个过程中，还原剂有可能被冲走，也可能被其他物质氧化。另外，向土壤中投加的还原剂有可能造成二次污染。因此，土壤颗粒内部六价铬的去除是化学还原法的难点。总体而言，化学还原法属于原位修复方法，成本较低，有大规模使用的可能。

　　化学清洗法是利用水的压力推动清洗液通过污染土壤而将铬从土壤中清洗出来，然后再对含有铬的清洗液进行处理。清洗液可能含有某种络合剂，如乙二胺四乙酸（EDTA）、次氮基三乙酸（NTA）、十二烷基磺酸钠（SDS）等在较宽的pH 范围内部有清洗能力，其中 EDTA 清洗效果最好。化学清洗的总体效率既与清洗剂和污染物之间的作用有关，也与清洗剂本身的理化性质及土壤对污染物、化学清洗剂的吸附作用等有关。应选择生物降解性好、不易造成土壤二次污染的清洗剂。如果可能，最好直接使用清水。1988～1991 年，美国工程人员使用清水清洗俄勒冈州一个电镀厂造成的铬污染，4 年内地下水六价铬平均浓度从 1923mg/L 下降到 65mg/L。化学清洗法费用较低，操作人员不直接接触污染物，但仅适用于砂壤等渗透系数大的土壤，且引入的清洗剂易造成二次污染（周加祥和刘铮，2000）。

3. 生物修复

处理铬污染土壤的生物修复是利用自然界中微生物通过生物还原反应将六价铬还原成三价铬。主要通过土壤与含铬的培养基一起培养，筛选出 5 种能还原六价铬的菌种，如产碱杆菌、土壤杆菌、芽孢杆菌、葡糖杆菌和假单胞菌。与传统的污染土壤治理技术相比，微生物修复技术的主要优点是操作简单、处理形式多样、费用低，而且适于污染范围大、污染物浓度低的土壤修复；对环境的扰动较小，一般不会破坏植物生长所需的土壤环境，不宜造成二次污染（常文越等，2007）。

在微生物治理电镀含铬废水的研究中，中国科学院成都生物研究所的李福德等用从电镀污泥中分离得到的 SR 系列复合菌治理超高浓度电镀含铬废水，并已在新或老的大、中、小型电镀厂推广使用，成功地设计了微生物治理电镀废水及污泥的新工艺（龙腾发等，2004）。

4.7　分析测定方法

《土壤环境质量标准（修订版）》（GB 15618—2008）提供的方法有：

（1）二苯碳酰二肼分光光度法，GB/T 7467-87。

（2）土壤质量总铬的测定火焰原子吸收分光光度法，GB/T 17137—1997。

（3）电感耦合等离子体发射光谱法，《全国土壤污染状况调查样品分析测试技术规定》，2006 年。

（4）电感耦合等离子体质谱法，《全国土壤污染状况调查样品分析测试技术规定》，2006 年。

主要参考文献

蔡宏道. 1981. 环境污染与卫生检测. 北京：人民卫生出版社.

常文越，陈晓东，王磊. 2007. 土著微生物修复铬（Ⅵ）污染土壤的条件实验研究. 环境保护科学，33（1）：42-44.

陈丽蓉，陈小罗，严志辉，等. 2011. 土壤中重金属污染物铬的迁移转化及治理. 科技创新导报，33：122-123.

陈琼宇，李洪，赵一波，等. 2000. 六价铬对大鼠致畸作用的研究. 中华预防医学杂志，34（1）：63-64.

陈伟，王兵，吴兆清，等. 2012. 土壤中重金属铬的来源、危害及修复措施. 中国环境科学学会学术年会论文集，2751-2755.

陈子蔚，齐孟文. 2007. 铬污染归宿的同位素原位监测法. 核农学报，21（6）：637-640.

董志岩，陈一萍，方桂友，等. 2006. 有机铬在养猪生产中的应用. 福建畜牧兽医，28（1）：30-32.

郝汉舟，靳孟贵，汪丙国. 2007. 铬在不同粒径土壤中的分布. 湖北农业科学，46（44）：544-546.

何小维，谢世其，黄强. 2006. 铬革屑脱铬提取胶原蛋白的研究进展. 皮革科学与工程，16（1）：26-27.

龙腾发，柴立元，郑粟，等. 2004. 生物法解毒六价铬技术的应用现状与进展. 安全与环境工程，11（3）：22-25.

聂永丰. 2000. 三废处理工程技术手册. 北京：化学工业出版社.

孙思武，徐佳妮，施倩，等. 2012. 含铬废水的防治利用和处理. 西部皮革，34（22）：35-39.

王云，魏复盛. 1995. 土壤环境元素化学. 北京：中国环境科学出版社.

邢光熹，朱建国. 2003. 土壤微量元素和稀土元素化学. 北京：科学出版社.

阎小艳，褚秋霞，陈庆林，等. 2007. 微量元素铬的营养研究进展. 山西农业科学，35（11）：17-21.

郑顺安，郑向群，李晓辰，等. 2013. 外源 Cr（Ⅲ）在我国 22 种典型土壤中的老化特征及关键影响因子研究. 环境科学，34（2）：698-704.

周加祥，刘铮. 2000. 铬污染土壤修复技术研究进展. 环境污染治理技术与设备，1（4）：53-57.

周启星，宋芳玉. 2004. 污染土壤修复原理与方法. 北京：科学出版社.

朱建华，王莉莉. 1997. 不同价态铬的毒性及其对人体影响. 环境与开发，12（3）：46-48.

Gent D B, Bricka R M, Alshawabkeh A N, et al. 2004. Bench and field-scale evaluation of chromium and cadmium extraction by electrokinetics. Journal of Hazardous Materials，110（13）：53-62.

Gibb H J, Lee P S, Pinsky P F. 2000. Lung cancer among workers in chromium chemical production. American Journal of Industrial Medicine，38（2）：115-126.

Xie H, Wise S S, Holmes A L, et al. 2005. Carcinogenic lead chromate induces DNA double-strand breaks in human lung cells. Mutation Research，586（2）：1602-1721.

Yu X X, Peng B C. 1997. Accumulative toxicity and effect on marrowcell miceonucles rate and sperm for mation of cards. Journal of Hebei Medical University，18（3）：139-141.

第5章 砷

砷（arsenic，As）是广泛存在于自然界的一种类金属元素，也是五大剧毒元素之一，广泛应用于工农业生产。工业上，三氧化二砷常作为玻璃的脱色剂，雌黄用作脱毛剂，砷化镓及其合金是一种重要的化合物半导体；农业上，砷化物主要用作棉花生产的杀虫剂、植物脱水剂和脱叶剂、除草剂等。随着工农业的发展，大量含砷物质通过水体、大气进入土壤，土壤中的砷污染已经成为世界范围内严重的问题，受到了国内外的普遍关注和重视，对于土壤砷污染的研究也成为环境保护领域的一个热点研究领域（孙璐等，2012）。土壤砷污染的危害主要包括砷对农作物生长的影响和通过食物链进入人体对人类健康所造成的危害（常思敏等，2005；李典友和陆亦农，2005）。

5.1 砷的理化性质

砷属类金属，原子序数为33，相对原子质量为74.92，熔点为817℃，升华点615℃，密度为5.78g/cm³，是具金属光泽的固体，质脆。砷的结晶体呈银灰色或黄色，非晶体呈黑色、褐色或灰色，以银灰色砷最为稳定。

砷位于元素周期表第四周期ⅤA族。砷与氮、磷同族，但难获得电子形成As^{3-}，主要以单质砷和As^{3+}、As^{5+}的价态形式存在。从化合物的构成上可分为有机态砷和无机态砷。在土壤中形成的有机态砷有甲基砷（MMA）、二甲基砷（DMA）、三甲基砷（TMA），无机态砷有砷的氢化物（AsH_3，胂）、三氧化二砷（砒霜）、五氧化二砷、砷酸、亚砷酸及砷的硫化物［二硫化二砷（雄黄）和三硫化二砷（雌黄）］等（魏大成，2003）。砷不溶于水，但形成砷酸盐和亚砷酸盐时，却易溶于水。砷具有毒性，其毒性取决于它所存在的形态，无机砷的毒性高于有机砷，三价砷的毒性高于五价砷（朱志良和秦琴，2008）。

5.2 砷的污染来源

土壤中砷的来源主要有两个方面，一方面来自自然因素，另一方面由人为因素导致。自然因素主要是土壤的成土母质中所含的砷元素，除了个别富砷地区之外，绝大多数的土壤中本底砷含量一般小于15mg/kg（蒋成爱等，2004）。土壤中富集砷造成的污染主要源于人为因素。人类各种活动如开采、冶炼和产品制造等，都有可能使砷通过排气、排尘、排渣及最终产品的应用进入土壤中，这是造成砷污染的重要因素。另外，林业上用于木材保护的砷化物及农业上利用砷化物所生产的毒鼠剂、杀虫剂、消毒液、杀菌剂和除草剂等都会引起相应的砷污染。我国农田土壤砷污染主要来自大气降沉、污水灌溉和含砷农药的喷洒等（周启星，2002）。另外，磷肥、家畜粪便等肥料的施用也会造成土壤砷的污染。据统计，每年不同来源释放到土壤中的砷的量及比例分别为：38.5%～39%来自商品；21.4%～22%来自烟飞灰；13.2%～14%来自大气沉降物；9%～9.1%来自尾矿；6.8%～7%来自冶炼厂的废物；1.7%～2%来自伐木场的废料；还有一部分来自其他（胡立刚和蔡勇，2009）。

5.3　砷的分布与扩散

5.3.1　砷的分布

自然界中的砷主要来自母岩或土壤母质的风化。地壳中砷含量约为1.8mg/kg；自然土体中的砷含量为0.2～400mg/kg，平均浓度为5mg/kg（王全翠等，2011）。我国土壤砷的平均含量为9.29mg/kg（黄昌勇，2003）。土壤中本底砷主要来源于成土母质，因受不同气候条件下成土过程、土壤pH、有机质、黏土组成及氧化铁含量等不同程度的影响，土壤中砷含量的变化也是错综复杂的。一般来说，由石灰岩和浅海沉积的冲积物所发育形成的质地较细且有机质多的土壤含砷量较高；而发育于花岗岩、凝灰岩等火成岩之上的砂性土壤含砷量较低（余越等，2010）。在不同土壤类型中，砷含量一般是高山土＞岩成土＞饱和硅铝土＞钙成土和石膏盐成土＞富铝土＞不饱和硅铝土。而不同土壤类型对砷的吸附性也不同，一般是砖红壤＞红壤＞黄棕壤（魏显有等，1999），褐土＞棕壤＞潮土（邓芙蓉和郭新彪，2001）。虽然土壤中砷含量水平存在区域间的差异，但除一些特殊的富砷地区外，非污染土壤中砷含量通常为1～40mg/kg，一般不会超过15mg/kg。中国表层土壤中砷含量的分布呈现出从西南到东北递减的趋势，高海拔地区土壤砷含量高于低海拔地区，海拔较高的土壤砷含量高于海拔较低的土壤（翁焕新等，2000）。不同土层的砷含量表现为0～20cm＞20～40cm＞40～60cm（廖晓勇等，2003），即砷主要积累在土壤表层的0～20cm（谢惠玲等，2003）。

5.3.2　砷的扩散

通过大气沉降和人类活动产生的砷，一部分通过吸附-沉淀、离子交换、络合、氧化还原反应等作用滞留在土壤中，主要形成难溶性的砷酸盐（如砷酸钙、砷酸铝、砷酸铁等）。另一部分溶解在土壤溶液中。而与黏土颗粒吸附的砷会通过机械作用、化学作用和生物作用随径流进入水体。与有机物结合存在的砷化物被氧化时，砷就释放出来。土壤对砷有强烈的固定作用，砷在土壤中的移动性较差，通常集中在表土层 10cm 左右，易被植物体吸收，进入食物链。植物对砷的吸收累积状况取决于土壤中的含砷量，植物的含砷量平均为 10mg/kg。不同种类的作物对砷的吸收量也不相同，作物吸收的砷大部分累积在根部，其次是茎叶，种子含量最少。

5.4 砷污染的危害

砷进入土壤后，一小部分留在土壤溶液中，大部分吸附在土壤胶体上，还有一部分为难溶性的砷化物。所以土壤中的砷分为三种形式：水溶态、吸附态、难溶态。水溶态砷在土壤中含量常低于 1mg/kg；吸附在土壤黏粒和其他金属难溶盐表面的砷可以供植物吸收；这两类砷易被生物体吸收，危害性较大。而难溶性砷的危害性相对较小。土壤酸碱性影响着砷的危害程度，由于砷在酸性溶液中主要呈阴离子态存在，在较低的 pH 范围内，$H_2AsO_4^-$、$HAsO_4^{2-}$ 等能被带正电荷的氢氧化铁等吸附剂迅速吸附；随着 pH 的增加，吸附剂表面负电荷增高，促使含砷阴离子向溶液中解吸。在通常的 pH 环境内，三价态砷和五价态砷的溶解度均随 pH 增加而增高；当土壤由酸性转为中性乃至碱性时，三价砷的迁移能力更强，又因为三价砷的毒性比五价砷高许多倍，因此，pH 高的土壤中过量砷的危害尤甚（胡省英和冉伟彦，2006）。

植物在生长过程中从土壤中吸收的砷，会引起植物叶面蒸腾下降，阻碍作物中水分输送；砷还能使植物的叶绿素含量下降，茎叶蔗糖酶活性下降，因而使光合作用受抑制，营养转化失调，营养生长不良，根重、茎叶重随之下降。作物受砷毒害时体内的过氧化氢酶（CAT）活性、超氧化物歧化酶（SOD）活性下降，丙二醛（MDA）含量增加，质膜结构遭到破坏，相对透性增大。植物表现为根部发黑、发褐，根体积和质量下降，整个地上部分生长受抑制，植株矮小，叶片呈枯黄色，并脱落，直到死亡。从砷对作物的生理生化作用来看，过量砷使叶绿素形成受阻，因其叶面蒸腾下降，阻碍作物体对水分的吸收及水分从根部向地上部分的运送，从而使叶片萎黄，光合作用受到抑制，作物生长营养不良。

砷在土壤中的累积不仅影响植物的生长和发育，而且可以通过食物链进入人体，对人类的生存和健康构成威胁。植物中的无机亚砷酸盐能被人体的消化系统、腹腔和肌肉组织迅速吸收。但砷酸盐的排泄比亚砷酸盐快得多，由于砷酸盐对羟基和硫醇基缺乏亲和力，它不能抑制任何酶系统，因此毒性比较低，但依靠非偶合氧化磷酸盐可抑制与硫醇类相关的酶，并与头、指甲和皮肤等组织中的蛋白质如角朊二硫化物结合，可长时间滞留在人体中（金亚平等，2005）。长期摄入少量含砷的食物可以引起慢性中毒，表现为感觉异常、进行性虚弱、眩晕、气短、心悸、食欲缺乏、呕吐等，严重者四肢末梢有多发性神经炎，还可引起神经性疼痛等。砷还可以通过饮水进入人体，也可通过呼吸、皮肤接触等途径进入人体。长期饮用砷污染的井水会引起胃肠炎，皮肤、肝及神经组织的损坏。砷对血管损害的机制十分复杂，动脉粥样硬化可能是其中最重要的机制之一。有学者研究砷暴露所导致的肝脏病理学改变，发现长期摄入高砷水可导致小鼠非硬化性的肝脏纤维化（Zhang et al.，2004）。

5.5　砷的环境控制标准

发达国家的环境法规中，砷的排放标准十分严格。在我国环境法规中，砷的排放标准也日趋严格，我国制定的砷在土壤环境中的限量标准见表 5-1（GB 15618—2008）。

表 5-1　土壤无机污染物的环境质量第二级标准值砷的控制标准　（mg/kg）

污染物	土地类型	农业用地按 pH 分组				居住用地	商业用地	工业用地
		≤5.5	5.5~6.5	6.5~7.5	>7.5			
总砷	水田	35	30	25	20			
	旱地	45	40	30	25	50	70	70
	菜地	35	30	25	20			

5.6　砷污染的预防与修复

5.6.1　预防措施

（1）加强环境监测，建立重点地区空气、饮用水源等流体中的砷污染预报机制，同时加强重点地区土壤中砷的监测，解决好高砷地区人畜用水及农业灌溉用水问题。

（2）加强含砷矿藏及其冶炼过程的管理，取缔土法炼砷的工厂，冶炼砷的工厂和其他冶金工厂的"三废"必须达标排放，对高砷煤采取强制性脱砷处理，从根本上降低空气中的砷含量。

（3）加强含砷化工产品的管理，特别要加强对含砷农药和医药的监管，要加强这些毒性药物的使用常识培训，最大程度减少人为中毒情况的发生。

5.6.2 修复措施

被砷污染的农田土壤生态系统，不仅作物产量降低，质量变差，而且会通过食物链危害人体健康。因此，必须采取有效措施进行防治，目前砷修复的措施主要有以下几点。

1. 物理修复

对于土壤砷污染，若面积不大，可采用客土法，对换出土壤要妥善处理，防止二次污染。也可将污染土壤翻到下层，深埋程度以不污染作物而定。

2. 化学修复

化学修复方式主要有化学萃取、化学固定等。化学萃取修复是通过添加萃取剂将土壤中的砷萃取出来，降低土壤中的砷含量。它能够迅速地去除土壤中的污染物，永久地消除土壤污染，且效率高对重污染土壤有很好的修复效果（王显海等，2006）。从治理的效果来考虑，化学萃取修复是一个比较理想的消除土壤砷污染的措施。

砷的化合物因其性质不同而采用不同的化学修复方式。例如，亚砷酸盐类的毒性大，易迁移，而砷酸盐类毒性小，多以固着态存在，通常在还原性强的环境中砷多以亚砷酸状态存在，而在氧化性强的环境中砷多以砷酸状态存在。砷能够与许多金属离子形成难溶化合物，如砷酸根或亚砷酸根与钙、三价铁等离子均可形成难溶盐。通过对土壤中施加含铁、铝的盐类肥料可减轻砷害。含有铁、铝的盐施入土壤后，Fe^{3+}、Al^{3+} 能与砷结合，形成沉淀物固着在土粒上，从而明显地降低水溶性砷的浓度，减少作物对砷的吸收，起到防治作用。

3. 生物修复

植物修复按其修复的机理和过程可分为：植物萃取、植物固定、植物挥发、根系过滤、植物降解。其中，植物萃取是指利用植物根系吸收土壤污染物质并运送至植物地上部分，通过收割地上部分物质而达到去除土壤中污染物的一种方法。种植耐砷生物，减轻土壤砷害。砷超富集植物有散生木贼、异形莎草、藓类、蜈蚣草等，它们体内的含砷量比土壤中高出 10 倍左右。据报道，蜈蚣草叶片富集砷为普通植物的数十万倍；能够生长在含砷污染土壤和矿渣上，具有极强的耐砷毒能力；其地上部分与根的含砷比率为 5:1，显示出超常的从土壤中吸收富集砷的能力（韦朝阳等，2002）。通过疏松土壤、施肥等措施可在很短时间内吸收清除土壤中的砷，蜈蚣草具有巨大的植物修复潜力。在砷污染的土壤中种植耐砷生物能达到除砷的目的。生物法具有物理和化学法所没有的优点，环保、低成本、高效益，能够进行原位修复，所以是砷污染治理技术发展的主要方向。因此，合理灌溉，稻田改旱地，酸土换土，改良耕作制度，种植玉米、小麦、陆稻等均能降低砷害。

目前已分离出砷霉菌等十个系的异养细菌具有释放砷的作用，能使无机态砷化物转化为有机态砷化物和砷化氢逸出土壤，达到消除砷害的目的。微生物参与了砷在环境中循环的多个环节，如土壤、水体中砷的相互转化、砷由地表向地下和水体的迁移、生物甲基化产生的气态砷和微生物对砷的吸附、固定等。砷虽然对人体有毒，但微生物对砷的适应性极强，甚至有的微生物将砷作为其生长的能源。所以从受砷污染或者未受砷污染的环境中筛选得到抗耐砷菌，用于环境中的砷吸附和解毒。例如，日本研究人员利用微生物对砷的吸附特性将砷从水体中去除。由于砷甲基化三甲基肿最终产物是无毒的，因此微生物甲基化砷成为新的研究热点。

5.7　分析测定方法

《土壤环境质量标准（修订版）》（GB 15618—2008）提供的方法有：

（1）硼氢化钾-硝酸银分光光度法，GB/T 17135—1997。

（2）二乙基二硫代氨基甲酸银分光光度法，GB/T 17134—1997。

（3）电感耦合等离子体质谱法，《全国土壤污染状况调查样品分析测试技术规定》，2006 年。

主要参考文献

常思敏，马新明，蒋媛媛，等. 2005. 土壤砷污染及其对作物的毒害研究进展. 河南农业大学学报，39（2）：161-165.

邓芙蓉，郭新彪. 2001. 无机砷对人皮肤成纤维细胞缝隙连接通讯的影响. 中华预防医学杂志，35（1）：51-54.

胡立刚，蔡勇. 2009. 砷的生物地球化学. 化学进展，21（2/3）：458-466.

胡省英，冉伟彦. 2006. 土壤环境中砷元素的生态效应. 物探与化探，30（2）：83-91.

黄昌勇. 2002. 土壤学. 北京：中国农业出版社.

蒋成爱，吴启堂，陈杖榴. 2004. 土壤中砷污染研究进展. 土壤，36（3）：264-270.

金亚平，李昕，陆春伟，等. 2005. 饮水砷暴露小鼠肝和脑组织多形态砷检测分析. 中国地方病学杂志，24（2）：137-139.

李典友，陆亦农. 2005. 土壤中砷污染的危害和防治对策研究. 新疆师范大学学报（自然科学版），24（4）：89-91.

廖晓勇，陈同斌，肖细元，等. 2003. 污染水稻田中土壤含砷量的空间变异特征. 地理研究，22（5）：635-643.

孙璐，丛海扬，姚一夫. 2012. 土壤砷污染的微生物修复技术研究进展. 污染防治技术，25（4）：9-14.

王全翠，孙建朝，荆继，等. 2011. 砷污染与生态环境的关系. 中国人口与资源与环境，21（3）：540-542.

王显海，刘云国，曾光明，等. 2006. EDTA 溶液修复重金属污染土壤的效果及金属的形态变化特征. 环境科学，27（5）：1008-1012.

韦朝阳，陈同斌，黄泽春，等. 2002. 大叶井口边草一种新发现的富集砷的植物. 生态学报，22（5）：

772-778.

魏大成. 2003. 环境中砷的来源. 国外医学医学地理分册, 24 (4): 173-175.

魏显有, 王秀敏, 刘云惠, 等. 1999. 土壤中砷的吸附行为及其形态分布研究. 河北农业大学学报, 22 (3): 28-30.

翁焕新, 张潇宇, 邹乐君, 等. 2000. 中国土壤中砷的自然存在状况及其成因分析. 浙江大学学报 (工学版), 34 (1): 88-92.

谢惠玲, 张晨, 王颖. 2003. 砷对小鼠子代免疫功能的影响及拮抗作用. 中国地方病学杂志, 22 (6): 501-503.

余越, 王济, 张浩, 等. 2010. 土壤-植物系统中砷的研究进展. 贵州师范大学学报 (自然科学版), 28 (3): 113-117.

周启星. 2002. 污染土壤修复的技术再造与展望. 环境污染治理技术与设备, 3 (8): 36-40.

朱志良, 秦琴. 2008. 痕量砷的形态分析方法研究进展. 光谱学与光谱分析, 28 (5): 1176-1180.

Strawn D, Doner H, Zavarin M, et al. 2002. Microscale investigation into thegeochemistry of arsenic, selenium, and iron in soil developed in pyriticshale materials. Geoderma, 108: 237-257.

Zhang W H, Cai Y, Kelsey R, et al. 2004. Arsenic complexes in the arsenic hyperaccumulator *Pteris vittata* (Chinese brake fern). Journal of Chromatography A, 1043: 249-254.

第6章 铅

铅（plumbum，Pb）是土壤中一种不可降解的、在环境中可长期蓄积的常见重金属污染元素之一，广泛应用于电缆、蓄电池、防 X 射线材料、地下或水下动力电缆和通信电缆的护套、染料和具备良好光学性能铅玻璃生产等领域。几千年来人类对含铅资源的不断开发和利用，加上工业的迅猛发展，造成了日益严重的全球性铅污染。土壤中过量的铅元素会对植物生长产生不利影响，同时还可以在植物体内积累，并通过食物链进入人体，危害人的身体健康。人体积累的铅过量会导致人体的神经系统、造血系统、消化系统及生殖系统混乱，尤其对儿童的危害最大，被认为是出现在人类文明史中最严重的环境污染物之一。近些年来，土壤铅污染研究已经成为重金属环境污染问题研究的主要方向之一。目前，铅污染的土壤主要出现于公路两侧、城市区、菜地及污灌区等地（程新伟，2011）。

6.1 铅的理化性质

铅是一种银灰色质软的重金属，原子序数为 82，相对原子质量为 207.19，密度为 $11.35g/cm^3$，熔点为 327.4℃，沸点为 1620℃。

铅位于元素周期表第六周期ⅣA族，有四种天然存在的同位素（按其丰度排列为 208、206、207 和 204），但是不同矿物来源的同位素比例，有时有很大差别。这种特性可用于进行非放射性示踪元素的环境和代谢研究。在 400～500℃时铅可蒸发，铅蒸气在空气中迅速氧化成氧化亚铅（Pb_2O），并凝集为烟尘，形成气溶胶污染环境（孟紫强，2000）。土壤铅多在无机化合物中以二价态存在，极少数为四价态。铅溶解度极低，能形成碳酸盐、硫酸盐、氧化物和氯化物的混合物及多种磷酸盐。

铅在大气、水及常用的各种化学物质中是高度稳定的。在潮湿空气中，铅表面会生成 $3PbCO_3 \cdot PbO \cdot H_2O$ 薄膜，此膜可阻碍铅在大气中进一步氧化，使铅可在常温大气下长久地保持而不被腐蚀破坏。在水中，铅表面可形成一层铅盐防止溶解。铅能抵抗各种酸及其盐溶液的侵蚀，铅的这种优良抗蚀能力与在腐蚀电池中形成的腐蚀产物膜有关。

铅的毒性与其分散度和溶解度有关，铅蒸气形成烟，颗粒较小，化学性质活泼，且易经呼吸道吸入，毒性较铅尘大。硫化铅难溶于水，毒性小。乙酸铅、氯酸铅、亚硝酸铅、氧化铅等较易溶于水,毒性较大。

6.2　铅的污染来源

　　土壤中铅的来源主要分为自然来源和人为来源。土壤中铅的自然来源主要是矿物和岩石中的本底值。土壤中铅的人为来源主要是工业生产和汽车排放的气体降尘、城市污泥和垃圾,以及采矿和金属加工业废弃物的排放。而土壤是植物吸收铅的主要来源(杨金燕等,2005),这就使得过量的铅逐步进入生命系统,进而对整个生态系统造成不利影响。

　　土壤环境中铅污染主要是由人类生产活动造成的,全世界每年消耗铅量为400 万 t,仅有 1/4 回收利用,其余大部分以不同形式污染环境。铅污染的来源广泛,主要来自汽车废气和冶炼、制造及使用铅制品的工矿企业,如蓄电池、铸造合金、电缆包铅、油漆、颜料、农药、陶瓷、塑料、辐射防护材料等。以往汽车使用的含铅汽油中常加入四乙基铅作为防爆剂,在汽油燃烧中四乙基铅绝大部分分解成无机铅盐及铅的氧化物,随汽车尾气排出,成为最严重的铅污染源(孟紫强,2000),并通过大气沉降等不同方式进入土壤,引起土壤污染。另外,利用含铅废水灌溉的污灌区也是土壤铅污染的重要区域。1996 年,日本东京因汽车尾气污染空气引起著名慢性铅中毒事件,该事件引起了全世界的重视,各国明令禁止或限制在汽油中添加四乙基铅,但由汽车尾气造成的土壤铅污染并不能在短期内消除。此外,含铅的皮蛋(松花蛋)、用生铁机器炮制的爆米花、使用过砷酸铅杀虫的水果等,都是铅污染的源头(张正洁等,2005)。

6.3　铅的分布与扩散

6.3.1　铅的分布

　　铅是构成地壳的元素之一,含量约为 13mg/kg。铅最重要的来源是火成岩和变质岩,其铅含量为 10~20mg/kg。深海沉积物的铅含量相当高,一般为100~200mg/kg。

　　不同土壤铅含量差别很大,石灰岩发育的砖红壤高达 134mg/kg,然而同样采自云南勐腊的石灰岩发育的另一种砖红壤的铅含量为 24mg/kg,与平均值一致。花岗岩发育的水稻土、砖红壤、赤红壤,虽然铅含量比较高,分别为53.2mg/kg、33.3mg/kg、33.3mg/kg,但花岗岩发育的棕色针叶林土、暗棕壤等土壤铅含量与此相比低得多,黄土、第四纪红色黏土、石灰性和酸性紫色砂岩、现代河湖冲积物发育的不同类型土壤铅含量接近或低于平均含量(邢光熹和朱建国,2003)。

　　铅主要积累在土壤表层（李天杰，1996），且含量与土壤的性质有关，如酸性土壤一般比碱性土壤的铅含量低。土壤中有机物性质也能影响其铅含量。某些有机物中含有螯合物，这些螯合物能与铅结合，根据整合后复合物的溶解特性既可促进其从土壤中去除，又可将金属固定。在远离人类活动影响的地区，铅的含量一般与岩石中的相似。

　　不同土地利用方式对土壤铅积累有明显影响，郑袁明等（2005）对北京市菜地、稻田、果园、绿化地、麦地及自然土壤等土地利用类型 600 个土壤的监测分析表明，土壤中铅浓度的几何平均值为 26.6mg/kg，显著高于北京市土壤背景值（24.6mg/kg），呈现出明显的积累趋势。其中绿化地土壤的平均铅浓度最高，依次为果园、菜地、稻田、自然土壤，麦地平均铅浓度最低，绿化地土壤的铅浓度要显著高于除果园外的其他土地利用类型。果园土壤的铅浓度同样与其他大多数土地利用类型的土壤有较显著的差别。从行政区域来看，城区土壤铅的浓度高于近郊区，近郊区要明显高于远郊区土壤。大气沉降、垃圾填埋及农药施用等人类活动可能是影响不同土地利用类型下土壤铅积累浓度的重要原因。以往由于汽油里含有四乙基铅，汽车尾气的排放也是土壤铅污染的主要来源之一。胡晓荣和查红平（2007）对成渝高速公路旁土壤铅污染的分析表明，水平方向距离公路 4m 处土壤铅含量最高，总体分布呈先增后减趋势，128m 处铅含量已接近背景浓度；垂直方向上 0～5cm 表层土壤铅含量平均值显著高于以下各层，0～20cm 范围内铅含量向下逐渐减少。

　　地下水中铅浓度一般为 1～60μg/L，深水中的浓度甚至更低。据估计，湖水和河水中铅的总平均浓度是 10μg/L。海水中铅的浓度比淡水低。木本植物的种子和嫩枝中的正常铅含量为 2.5mg/kg（干重）。

　　饮用水中的铅主要来自河流、岩石、土壤和大气沉降。由于酸雨的影响，城市或工业区饮用水的 pH 较低，而酸性水是铅的促溶剂，这样酸性的水环境使水中以沉淀形式存在的铅进一步溶解（杨国营，2002）。

6.3.2　铅的扩散

　　铅的转移和分布到其他环境中主要是通过大气、水体和陆地，但在这些情况下，由于与土壤和水接触所形成的化合物溶解度很低，所以趋于只存在排放点的附近。目前对铅从空气向其他介质的大量转移尚不清楚，而且对铅从空气中排除的各种机制也认识得不够充分。但有资料表明，大部分空气中的铅可以通过沉降而去除，但是，最有效的去除机制可能是降雨。当水通过土壤和底泥时，铅迅速地从水中除去，这是由于有机质与铅牢固结合的能力很强，这也导致铅很容易滞留在土壤中，造成土壤铅含量升高。

　　铅进入土壤时，开始以卤化物形态的铅存在，但很快转化为难溶性化合物，形成碳酸盐、硫酸盐、氧化物和氯化物的混合物及多种磷酸盐，这使铅的移动性和被作物的吸收都大大降低。

世界土壤和岩石中铅的本底值平均为 13mg/kg。铅在世界土壤的环境转归情况为：每年从空气到土壤 15 万 t，从空气到海洋 25 万 t，从土壤到海洋 41.6 万 t。每年从海水转移到底泥为 40 万～60 万 t。水体、土壤、空气中的铅由于被生物吸收而向生物体转移，造成全世界各种植物性食物中铅含量均值范围为 0.1～1mg/kg（干重），食物制品中的铅含量均值为 2.5mg/kg，鱼体铅含量均值范围为 0.2～0.6mg/kg，部分沿海受污染地区甲壳动物和软体动物体内铅含量甚至高达 3000mg/kg 以上（王英辉等，2007）。

铅蓄积的类型和程度在很大程度上受植物生长状况的影响。某些植物从生长旺盛阶段至晚秋生长期，铅的含量增加 10 倍或更多。某些树木明显地具有蓄积大量铅的能力。植物可从土壤和空气中获得铅，但种类之间差异是显著的。然而，沉积在叶表面的铅不能迅速地转移到其他部位。尚不能阐明铅从植物向动物的转移。

根系是植物直接接触土壤的器官，也是植物吸收重金属的主要器官。铅到达根表面，主要有两条途径：一是质体流途径，即污染物随蒸腾拉力，在植物吸收水分时与水一起达到植物根部；另一条途径是扩散途径，即通过扩散而到达根表面。根系对铅的吸收在前期以表面吸附为主，吸附能力大小可能与根系的吸附表面、吸附位点、平衡浓度有关。铅一旦进入根系，可储存在根部或运输到地上部分。从根表面吸收的铅能横穿根的中柱，被送入导管，进入导管后随蒸腾流被动运输到地上部分（伍钧等，2005），并通过食物链进入人和动物体内。

6.4　铅的环境控制标准

铅非人体的必需元素，可通过多种途径进入人体，且有蓄积作用，对健康危害较大。西方发达国家对铅在环境中的标准有严格的限制。我国制定的铅在土壤环境中的限量标准见表 6-1（GB 15618—2008）。

表 6-1　土壤无机污染物的环境质量第二级标准值铅的控制标准（mg/kg）

污染物	土地类型	农业用地按 pH 分组				居住用地	商业用地	工业用地
		≤5.5	5.5～6.5	6.5～7.5	>7.5			
总铅	水田、旱地	80	80	80	80	300	600	600
	菜地	50	50	50	50			

6.5　铅污染的危害

　　土壤遭受铅污染，将使土壤功能受到损害，理化性质变坏，微生物的生命活动受到破坏，肥力下降，导致农作物生长发育不良，造成减产。不仅直接影响农作物的生长和产品质量，而且通过食物链和饮水间接危及人体健康。

　　植物生长在受铅污染的土壤环境中，超过一定限度就会对不同植物产生不同程度的危害，轻则使植物体的代谢过程发生紊乱，生长发育不良，重则导致植物死亡。铅对植物细胞的毒害性表现在：①细胞膜透性增加；②影响酶的正常功能，使细胞代谢失调；③扰乱呼吸作用。在铅胁迫下，植物呼吸作用紊乱，供给正常生命活动的能量减少（王英辉等，2007）。

　　当铅在人体内积蓄到一定程度时，就会出现精神障碍、噩梦、失眠、头痛等慢性中毒症状，严重者可发生乏力、食欲缺乏、恶心、腹胀、腹痛、腹泻等情况。铅还可通过血液进入脑组织，造成脑损伤。铅也可对许多人体器官带来不良影响，特别是对人的肺、肾脏、生殖系统、心血管系统，这些影响表现为智力下降（尤其是对儿童学习方面引起明显问题）、肾损伤、不育、流产及高血压，还可引起铅脑病、腹绞痛、多发性神经炎、溶血性贫血等，儿童对于铅的不良影响特别敏感，低水平暴露对于儿童产生的不良影响主要是对中枢神经系统功能与发育方面，并导致各种行为失常，如精神不能集中、不服从要求或命令、智商测验分数较低等。此外，铅还可能是一种致癌物质，根据对铅致癌性的动物实验和人群研究，美国环境保护局认为铅是可能的人类致癌物（张正洁等，2005）。

6.6　铅污染的预防与修复

6.6.1　预防措施

　　（1）在治理铅企业污染问题上必须强硬，要采取经济的、行政的各种措施，坚决贯彻国家有关文件精神，凡不能达标的铅企业，必须取缔、关停。

　　（2）为保护环境，充分利用铅资源，应淘汰落后的设备和工艺，推广和应用先进的无污染铅工艺技术，对研究使用新技术、新工艺设备和消除污染的单位，在政策、资金等方面应给予支持和鼓励。

　　（3）大力改革排污收费制度，尽快建立铅污染治理的良性运行机制。在提高污染物排放标准的同时，要与各地的环境保护目标和铅环境质量标准结合起来，地方环境标准可严于国家标准，排污要收费，超标排放要罚款，提高收费水平，其总体幅度要高于治理铅污染的全部成本，这样才能刺激企业治污的积极性（李天杰，1996）。

（4）为防止和减少铅对人体的危害，要积极采用新工艺，防治食品制作加工过程中的铅污染。

6.6.2　修复措施

1. 物理修复

物理修复是一种基于物理（机械）、物理化学原理治理重污染土壤且工程量比较大的一类工程技术。这类方法是利用重金属铅在土壤中低的迁移率主要存在于土壤表层的原理，将表层被污染土壤去掉，耕作活化下层土壤或覆盖未被污染的土壤以达到去除土壤铅的目的。它主要包括客土法、隔离法、淋滤法、玻璃化法、电化学法和吸附固定法。

2. 化学修复

化学修复是利用改良剂与铅之间的化学反应对污染土壤中的铅进行固定、分离提取等。它既是一种传统的修复方法，同时由于新材料、新试剂的发展，又是一种仍在不断得以发展的修复技术。具体包括：化学固定法、螯合剂调节法、土壤 pH 控制法、土壤氧化还原电位调节法、土壤重金属离子拮抗法。很多情况下，单一地使用一种方法不但效果不明显，而且使用不当时还可能引起二次污染。因此，在实际的使用过程中，往往是针对不同的土壤环境运用两种以上的方法进行治理，效果较为显著。

3. 生物修复

采用物理化学技术修复铅污染土壤，不仅费用昂贵，难以用于大规模污染土壤的改良，而且常常导致土壤结构破坏、土壤生物活性下降和土壤肥力退化等问题。生物修复技术作为一种新兴高效、绿色廉价的修复途径，现已被科学界和政府部门认可和选用，并逐步走向商业化。它可以最大限度地降低修复时对环境的扰动。但该技术目前还处于田间试验和示范阶段。生物修复法是指利用生物的生命代谢活动减少土壤中有毒有害物的浓度或使其完全无害化，使已被污染的土壤环境部分或完全恢复到原始状态的方法。相同的表达有生物再生、生物恢复、生物清除或生物净化。具体方法包括植物修复法、微生物修复法和低等动物修复法。

目前发现的为数不多的铅超富集植物主要来自国外，国内发现的对铅有较高生物量的物种很少，而具有推广价值的铅超富集植物植株普遍矮小、生物量低、生长周期长。我国物种资源丰富，因此应多致力于发现生物量大、所需时间短的铅超富集植物。在机理方面的研究应着重探讨铅在植物体内的结合方式、反应机理、反应动力学、运移规律等。与一般植物不同的是，超富集植物在重金属含量高的污染土壤，以及重金属含量低的非污染或污染较轻的土壤上，均具强烈的吸收富集能力，并且能将所吸收的重金属元素大量迁移至植物茎叶地上部分器官中。普遍认为富集重金属含量超过一般植物 100 倍的植物属于超富集植物，即 Cr、Co、Ni、Cu、Pb 含量应在 1000mg/kg 以上。但也有人认为普通植物品种通过人工驯化栽培，配合添加土壤改良剂（如螯合剂等），可显著提高植物对重金属的吸收富集能力，因此这些植物也可以称为超富集植物。典型超富集铅的植物有：牧草剪股颖、羊毛草、圆叶遏蓝菜、印度芥菜、高山漆姑草、高河菜属、东南景天（伍钧等，2005）。另有研究发现，花苜蓿、羽叶鬼针草、酸模、白麻、芥子草和普通豚草对铅也有很高的富集量，是很有利用价值的土壤铅污染修复植物。

鉴于铅对人体的危害及土壤铅污染的普遍性和严重性，如何修复铅污染土壤已成为世界各国的研究热点（伍钧等，2005）。到目前为止，铅污染修复最有效的是客土法，但这种方法工程较大，污染物也不能从根本上去掉，且不宜实施，而生物修复无疑是最经济有效的方法。但目前国内关于这方面的研究较少，对于生物对铅的抗性机制方面的研究不够透彻，天然超积累生物有其自身的不足之处，如体积较小、生物量较低、修复效率不高、修复周期长。发现生物量大、生长较快、铅积累效率较高的超积累生物是今后研究的重点。另外，借助于基因技术，培育出具有实际应用价值的转基因积累生物，在提高生物修复的实用性方面的研究将会具有很大的潜力。根据环境的具体情况，采用多种治理技术相结合的综合治理技术，将对我国的铅污染状况有很大的改善作用（余彬和郑钦玉，2007）。

6.7　分析测定方法

《土壤环境质量标准（修订版）》（GB 15618—2008）提供的方法有：

（1）石墨炉原子吸收分光光度法，GB/T 17141—1997。

（2）KI-MIBK 萃取火焰原子吸收分光光度法，GB/T 17140—1997。

（3）电感耦合等离子体发射光谱法，《全国土壤污染状况调查样品分析测试技术规定》，2006 年。

（4）电感耦合等离子体质谱法，《全国土壤污染状况调查样品分析测试技术规定》，2006 年。

主要参考文献

程新伟. 2011. 土壤铅污染研究进展. 地下水, 33 (1): 65-68.

胡晓荣, 查红平. 2007. 成渝高速公路旁土壤铅污染分布及评价. 四川师范大学学报（自然科学版）,
    30 (2): 228-232.

李天杰. 1996. 土壤环境学. 北京: 高等教育出版社.

孟紫强. 环境毒理学. 2000. 北京: 中国环境科学出版社.

王英辉，陈学军，祁士华. 2007. 铅污染土壤的植物修复治理技术. 土壤通报，38（4）：790-794.

伍钧，孟晓霞，李昆. 2005. 铅污染土壤的植物修复研究进展. 土壤，37（3）：258-264.

邢光熹，朱建国. 2003. 土壤微量元素和稀土元素化学. 北京：科学出版社.

杨国营. 2002. 铅的环境生物化学. 河北工业科技，73（19）：31-34.

杨金燕，杨肖娥，何振立. 2005. 土壤中铅的来源及生物有效性. 土壤通报，36（5）：765-771.

余彬，郑钦玉. 2007. 土壤铅污染的防治技术. 安徽农学通报，13（13）：56-60.

张正洁，李东红，许增贵. 2005. 我国铅污染现状原因及对策. 环境保护科学，31（130）：41-42.

郑袁明，陈同斌，陈煌，等. 2005. 北京市不同土地利用方式下土壤铅的积累. 地理学报，60（5）：791-797.

第 7 章 氟

氟（fluorine，F）是一种与人体健康密切相关的必需微量元素，广泛分布于岩石、土壤、水体、动植物及人体，摄入氟元素不足或过量均会对人体健康产生危害（杨成等，2012）。氟污染严重影响人类健康，人体中氟毒通常有氟斑牙、骨骼变形和肌肉萎缩等症状。氟是重要的化工原料，氟及氟化物家族几乎成为各行各业的生产原料添加剂、制冷剂等重要物质，致使氟大量地进入环境，广泛存在于大气、土壤、水域中。全球范围约有几亿人口受到氟污染威胁，其中东非、印度等地区氟污染最为严重，我国大部分地区存在氟污染，氟病患者达 1000 多万。高氟土壤及地下水是造成动植物体内氟含量过高的主要因素之一。土壤和水体的氟含量出现异常，往往会通过物质循环或食物链的传递引起人畜和植物氟中毒（魏世勇和杨小洪，2010）。氟污染成为当今社会各界十分关心的环境问题之一。

7.1 氟的理化性质

氟为苍黄色气体，密度为 1.69g/L，熔点为 −219.62℃，沸点为 −188.14℃。

氟位于元素周期表第二周期第ⅦA族，是一种卤族气体元素，其原子序数为 9，相对原子质量为 18.998，是最活跃的元素之一。有毒，腐蚀性很强，化学性质比较活泼，可以与很多元素形成氟化物，与部分惰性气体在一定条件下反应，与绝大部分非金属元素和金属元素发生剧烈的反应，生成氟化物，并燃烧。氟是制造特种塑料、橡胶和冷冻剂（氟氯烷）的原料。由其制得的氢氟酸是唯一能够与玻璃反应的无机酸。此外，氟利昂作为一种应用广泛的制冷剂被人们所熟知（杨彪，2012）。

氟有强烈刺激性辛辣气味，强毒性。氟元素具有极强的氧化能力，是典型的负电性元素，可以直接或间接地与几乎所有其他元素化合生成相应的氟化物（陈怀满，2005），包括氟化氢、金属氟化物、非金属氟化物及氟化铵等，有时也包括有机氟化物。

氟在土壤中具有多种赋存形态，不同形态的氟相互联系、相互影响、相互转化，共同对环境和生物产生影响。土壤中氟的形态一般可分为水溶态氟（Ws-F）、有机束缚态氟（Or-F）、可交换态氟（Ex-F）、铁锰结合态氟（Fe/Mn-F）

和残渣态氟（Res-F）等五种形态。但其形态组成较为复杂，因环境介质的不同有所差异（薛粟尹等，2012）。

水溶态氟（Ws-F）主要存在于土壤溶液中，是生物体可以直接吸收利用的氟。一般来说，水溶态氟主要以离子形态（F⁻）或络合物形态存在于土壤和土壤水体溶液中，土壤水溶态氟含量能影响地下水氟含量及人体健康。Brewer 指出，土壤中只有水溶性形态的氟才能被植物直接吸收。可见土壤水溶态氟对植物、动物、微生物及人类有较高的有效性，是表征土壤对植物有效性的经济、有效的指标（薛粟尹等，2012）；有机束缚态氟（Or-F）是能与土壤中大量有机质（腐殖质、有机酸）起络合作用的氟，有机质含量多可使土壤氟的生物有效性降低；可交换态氟（Ex-F）是靠静电引力吸附在土壤胶体表面，容易被其他阴离子交换出来的氟，它在环境中可移动性和生物有效性较强（薛粟尹等，2012）；铁锰结合态氟（Fe/Mn-F）是土壤中可与铁、锰及铝的氧化物、氢氧化物和水合氧化物进行吸附和共沉淀的氟；残渣态氟（Res-F）包括实验损失量和大量存在于土壤矿质颗粒晶格内的很难成为生物有效态的氟（阿丽莉等，2013）。

7.2 氟的污染物来源

土壤中氟的主要来源有自然来源和人为来源。土壤中的氟最初来源于成土母质母岩，特别是在一些潮湿的气候条件下，包含于岩石中的氟很容易溶解转移到土壤中。同时，火山喷发和大气中的氟沉降，也是土壤中氟的天然来源。

氟元素的人为来源可以分为工业和农业两个方面。工业生产活动中如钢铁、制铝、磷肥、玻璃、陶瓷、化工、砖瓦等含氟工业及磷矿的开采及加工排出的废水或废渣等，燃煤过程排放大量的含氟气体或尘粒等，通过降水、入渗、淋溶等过程直接或间接地把氟带入土壤。除工业氟排入土壤外，现代农业如含氟磷肥、含氟农药及含氟灌溉水等也会使土壤中的氟含量增加（李随民等，2012）。例如，近年来随着工农业的发展，陶瓷、砖瓦、磷肥、炼铝、水泥、玻璃、火力发电和金属冶炼等部门排放以氟化物为主的大气污染给蚕桑生产带来的危害越来越大（米智等，2013）。此外，引用含氟超标的水源（地表水或地下水）灌溉农田；或因地下水中含氟量较高，干旱时随水分的上升、蒸发而向表层土壤迁移、累积，也可导致土壤环境氟污染。氟在地下水中的富集是长期地质作用和地球化学演变的结果，除受地下水化学类型的影响外，还主要受岩石类型、气候、地形地貌、水文地质等环境因素的影响（何锦等，2010）。

7.3　氟的分布与扩散

7.3.1　氟的分布

自然界中氟主要以萤石存在，其主要成分为氟化钙（CaF_2）、冰晶石（Na_3AlF_6）、氟磷灰石 $[Ca_5(PO_4)_3F]$。地壳岩石圈中平均含氟约为 625mg/kg，占地壳组成的 0.072%～0.078%（桂建业等，2008）。

受岩石、地形、生物、气候等成土因素的影响，不同成土母质形成的土壤，氟含量有较大差异。其中以玄武岩发育的砖红土壤最高，其次是由第四纪红丝黏土发育的砖红壤，再次是由黄土发育的黑垆土和壤土，紫色砂岩发育的酸性紫色土含氟最低（李静等，2006）。我国各土类中氟背景值的分布总趋势是：东部以黄棕壤为最高，由南向北递减，在温带由东向西逐渐减少（利锋，2004）。同时研究表明，氟在自然土壤中的含量有由表层向心土层逐渐集中的趋势，但在氟污染区，表层土壤氟含量明显高于心土层（崔俊学和刘丽，2009）。

不同的土壤利用类型其氟的含量分布也不同。例如，广西某电解铝厂周边土壤总氟含量并非随离电解铝厂距离的增加呈梯次性减少，而是呈不规则波动，土壤中水溶氟含量与采样点到电解铝厂距离成负相关（张西林等，2012）。白银市城郊周边氟化盐厂、磷肥厂和有色金属冶炼厂等生产过程中排放大量含氟气体，土壤环境已表现出不同程度的氟污染，绿洲城郊农田土壤的全氟量过高，超出了世界平均含氟量，农田土壤中水溶态氟平均含量远远高于地氟病区土壤水溶态氟平均含量（薛粟尹等，2012）。湖北地区同一茶园内老叶氟含量高于嫩叶，茶叶氟随着叶片的成熟明显积累，随着土壤深度的增加，总氟含量减少，而其他各形态氟含量变化不一，土壤氟含量均表现为：残渣态＞有机结合态＞铁锰结合态＞水溶态＞可交换态，残渣态氟是茶园土壤中氟的主要形态（王凌霞和胡红青，2011）。

土壤中氟的存在形态极为复杂，一般可分为：水溶态、可交换态、铁锰结合态、有机束缚态和残余态等（利锋，2004）。按量的大小呈如下规律分布，残余态＞可交换态＞水溶态＞有机态＞铁锰结合态，且土壤中水溶态氟、可交换态氟、铁锰结合态氟及有机束缚态氟在一定条件下可相互转化（艾尼瓦尔和地里拜尔，2006）。

7.3.2　氟的扩散

不同形态的氟进入环境后，经过吸附、解吸或迁移，从而引起环境恶化。
大量资料证实，在酸性介质环境中，氟能与铝、钙、铁、镁等离子形成络合物，溶解度低，不易迁移到地下水中而易被黏土矿物吸附而富集于土壤中。土壤的理化特性，尤其是 pH，对氟离子在水土系统中的迁移有很大的影响。碱性条件下，土壤中难溶的氟化钙能得到活化，可与大多数阳离子形成易溶性化合物，当降雨时，土壤中的水溶氟被雨水淋溶下渗到浅层地下水中，形成浅层高氟地下水。深层土壤中由于缺少淋溶解吸、蒸发浓缩作用，土壤中的氟难以通过垂直交替进入水中（汪旸等，2012）。例如，土壤 pH 小于 5 时，土壤中的活性 Al^{3+} 增加，F^- 可与 Al^{3+} 形成络阳离子 AlF_2^+、AlF^{2+}，而这两种络离子可被植物吸收，并在植物体内累积。植物吸收富集土壤或空气中的氟，牛羊等家畜或其他脊椎动物嚼食含氟量高的植物或误食高氟土壤，就有可能导致氟中毒，并通过土壤-植物-动物-人体迁移、富集造成环境污染和健康危害问题（吴代赦等，2008）。

氟在土壤中的吸附及解吸受多种因素影响，如 pH、有机质、黏粒含量、阳离子交换量、无定形和结晶铁、铝氧化物等，并且通过沉淀-溶解、络合-解离、吸附-解吸等一系列反应在土壤中达到动态平衡（刘金华等，2012）。

7.4　氟的环境控制标准

近几年来，氟污染状况受到了人们的广泛关注，国家环境保护部门也在逐步完善对大气、水体、食品中氟含量限制标准的规定，希望可以通过法规的形式来约束人们的生产活动，进而控制氟污染。我国制定的氟在土壤环境中的限量标准见表 7-1（GB 15618—2008）。

表 7-1　土壤无机污染物的环境质量第二级标准值铅的控制标准　（mg/kg）

污染物	农业用地按 pH 分组				居住用地	商业用地	工业用地
	≤5.5	5.5~6.5	6.5~7.5	>7.5			
氟化物（以氟计）	暂定水溶性氟 5.0				1000	2000	2000

7.5　氟污染的危害

氟具有高度的生物活性，在土壤中有不同的存在形式且各种形态在一定条件下可相互转换、迁移进入植物和动物体内，对许多生物具有明显的毒性，而且氟不能生物降解，可以通过生物富集和食物链作用在生物体内富集，因此低水平的氟污染也能对人造成危害（崔俊学和刘丽，2009）。

土壤氟是植物中氟的重要来源，氟通过土壤-植物-动物-人体等食物链进行迁移、富集，导致一系列的环境污染和健康危害问题。土壤氟污染对作物的危害是慢性积累的生理障碍过程。氟对作物的危害主要表现为干物质积累量少、产量降低、分蘖少、成穗率低、光合组织受损伤、出现叶尖坏死、绿叶退色变为红褐色等（雷绍民和郭振华，2012）。牲畜吃了含有过量氟的植物后，也会引起慢性氟中毒（张强国和谢果，2005）。氟化物是一类原生质毒剂，研究表明，氟化物随桑叶进入蚕体累积于消化液、肠壁和体壁等处，抑制生长发育，出现氟中毒症状。氟中毒能损害中枢神经系统，内分泌系统及心、肝、肾等，并引起生物酶学和免疫力改变（米智等，2013）。

当氟在人体内积蓄到一定程度时，就会抑制人体内的酶化过程，破坏人体正常的钙、磷代谢，造成血钙减少；氟的矿化作用还可破坏骨骼中正常的氟磷比；过量的氟还可能引起氟骨症、工业性氟病等（张强国和谢果，2005）。不但如此，儿童在6～7岁前长期摄入高氟会使牙釉质发育不全，氟沉积到受损的牙齿上可形成氟斑牙。

7.6　氟污染的预防与修复

氟污染对人体、动植物及环境都造成了极大危害，因此应积极展开氟污染的预防与修复工作，特别是对氟背景值高、易发生氟中毒的地区，应加强工作力度。

7.6.1　预防措施

（1）要加强含氟废水、废气、废渣的治理。造成污染的企业、厂矿，应积极承担起治理责任，这样就可以极大地避免含氟物进入土壤，使土壤免受氟污染。

（2）在工业布局上要考虑到尽量避免在养蚕区、茶叶区、放牧区建立氟污染严重的工厂，合理的产业布局可有效防治恶性氟污染事件的发生。

7.6.2　修复途径

1. 物理修复

恒定1V/cm电压下，以去离子水及NaOH溶液作为电解液时，碱性溶液可提高土壤氟的去除效率，电解液的不同循环方式也对土壤氟的去除产生显著影响，两极溶液串联循环时土壤氟的去除率明显升高。利用碱液循环强化电动力学技术能够有效修复氟污染土壤，土壤氟的去除率随着电解液浓度的升高而增大，最高去除率可达57.3%。污染土壤中的氟在碱性条件下进行解吸，通过电迁移和电渗析的共同作用使氟从土壤中移出（朱书法等，2009）。

2. 化学修复

国外除氟技术主要是用活性氧化铝进行吸附过滤，除此之外还有电渗析法、反渗透法、铝盐混凝沉淀法等，其中吸附剂法中一些煤炭生产产生的中间产物如焦炭、煤矸石，还有常用的吸附剂活性炭、氧化铝等也已经被孟紫强等学者研究（杨彪，2012）。

王昶等（2010）以聚合氯化铝（PAC）改性土壤为吸氟剂去除水体中的氟。为了提高黏土对氟的吸附能力，采用聚合氯化铝对天然黏土进行改性，通过改变吸附剂的制备条件和吸附试验条件，得到以下结论：①改性土壤吸附剂的最佳制备条件是在 PAC 投加质量分数为 1%，300℃下煅烧 45min。②在静态吸附试验中，吸附时间为 5h；当废液 pH 为 6～7 时，是改性土壤吸附剂的最佳吸附条件。改性黏土吸附剂对 F^- 具有较好的吸附效果，对高含氟废水吸附效果明显，吸附容量随着 F^- 含量的增加而增加。③通过对铝的溶出率的考察，改性黏土吸附剂中还有大量的铝没有被利用，这说明改性黏土吸附剂有再生利用的可能性，需要进一步研究。

阴离子交换、表面配位、静电作用和"F-键桥"是针铁矿、针铁矿-高岭石复合体、高岭石 3 种矿物吸附氟的重要机制，样品的比表面积、表面分形度、团聚状态、表面羟基含量、表面电荷性质及其电荷量等特性是影响其吸附氟的主要内在因素（魏世勇和杨小洪，2010）。

通过在茶园中施用含钙物质，如在酸化土壤上施用适量白云石粉、氢氧化钙等，在偏碱性土壤上施用适量 $CaCl_2$、$Ca(NO_3)_2$，使土壤 pH 调整到 5.0 左右，可能达到降低土壤水溶态氟含量、减少茶树吸氟量的目的，但具体效果有待进一步研究证明（张永利等，2013）。

3. 生物修复

从生态地质学角度提出的一种新型的降低土壤氟的方法，利用植物的根系分层特性研究植物对土壤氟进行吸收的功能，通过对研究区植被的根群特征进行调查分析，可以构建根群坝、农林复合系统等，人为地把氟在土壤包气带中由源到汇的运动过程进行层层拦截、吸收，实现对土壤氟经淋滤进入地下水的迁移过程分层、分阶段拦截的效果，从而达到降低土壤及农作物氟含量水平的目的（冯园和宁立波，2012）。

7.7　分析测定方法

秦宗会等（2010）就目前测定氟含量的方法进行了总结，并对部分测定的精密度和准确度进行比较，为简便、准确、快速测定不同品质（尤其是蚕桑）的氟含量提供借鉴。其测定方法有：离子选择电极法、分光光度法、荧光测定法、离子色谱法、电子探针 X 射线显微分析法、高效液相色谱法、极谱法、气相色谱法、中子活化法、流动注射测氟仪、比色法。

吴卫红等（2003）应用氟离子选择电极测定土壤全氟的含量，对标准曲线测定法、TISAB 标准加入法和高氯酸标准加入法进行了比较。结果表明，TISAB 标准加入法的回收率最高，加标回收率为 86.9%～102.3%，平均回收率达 96.8%。高氯酸标准加入法次之，平均回收率为 93.8%，标准曲线测定方法平均回收率最低，只有 88.4%。实测结果表明，3 种方法所得数据之间无显著差异，TISAB 标准加入法和高氯酸标准加入法的测量结果较为接近，但相比较而言，后者试剂更为简单、价廉，更具实用性。

氟的测定方法常用离子选择电极法和氟试剂比色法。离子选择电极法测定范围宽，干扰少，操作简便。氟试剂比色法属于增色法，测定灵敏度高，重现性好，但操作繁琐，在实际测定中可采用离子选择电极法（陈怀满，2005）。

主要参考文献

阿丽莉，王心义，尹国勋. 2013. 焦作市某排氟厂周围典型土壤剖面中不同形态氟的分布特征研究. 土壤通报，44（1）：236-239.

艾尼瓦尔·买买提，地里拜尔·苏力坦. 2006. 污灌土壤中氟及硫的形态分布特征. 水土保持研究，13（5）：238-244.

陈怀满. 2005. 环境土壤学. 北京：科学出版社.

崔俊学，刘丽. 2009. 土壤中氟的形态与危害. 广州化工，37（9）：16-17，28.

冯园，宁立波. 2012. 降低土壤中氟含量的生态地质学方法探讨. 地球与环境，40（2）：271-277.

桂建业，韩占涛，张向阳，等. 2008. 土壤中氟的形态分析. 岩矿测试，27（4）：284-286.

何锦，张福，韩双宝，等. 2010. 中国北方高氟地下水分布特征和成因分析. 中国地质，37（6）：621-626.

雷绍民，郭振华. 2012. 氟污染的危害及含氟废水处理技术研究进展. 金属矿山，（4）：152-155.

李静，谢正苗，徐建明. 2006. 我国氟的土壤环境质量指标与人体健康关系的研究概况. 土壤通报，37（1）：194-199.

李随民，栾文楼，韩腾飞，等. 2012. 冀中南平原区土壤氟元素来源分析. 中国地质，39（3）：794-803.

利锋. 2004. 土壤氟与植物. 广东微量元素科学，11（5）：6-10.

刘金华，赵兰坡，王鸿斌，等. 2012. 硫酸铝对苏打盐碱土中氟迁移规律的影响. 水土保持学报，26（2）：271-274.

米智，阮成龙，李姣蓉，等. 2013. 氟化物对家蚕血液羧酸酯酶及全酯酶活性的影响. 生态学报，33（4）：1134-1141.

秦宗会，谢兵，刘艳. 2010. 氟含量测定方法综述. 中国西部科技，9（21）：1-2.

孙方强. 2011. 成都土壤中氟的形态与理化性质的关系分析. 科技信息，（23）：71.

汪旸，王彩生，陈晓东，等. 2012. 地方性氟中毒地区水氟含量与土壤氟含量关系的初步探讨. 江苏预防医学，23（4）：17-18.

王昶，季璇，徐永为，等. 2010. 改性粘土对氟的吸附研究. 水处理技术，36（10）：48-56.

王凌霞. 2011. 茶园土壤氟的形态分布特征及降低水溶态氟措施研究. 武汉：华中农业大学硕士学位论文.

魏世勇，杨小洪. 2010. 针铁矿-高岭石复合体的表面性质和吸附氟的特性. 环境科学，31（9）：2134-2142.

吴代赦，吴铁，董瑞斌，等. 2008. 植物对土壤中氟吸收、富集的研究进展. 南昌大学学报（工科版），
　　30（2）：103-111.

吴卫红，谢正苗，徐建明，等. 2003. 土壤全氟含量测定方法的比较. 浙江大学学报（农业与生命科学版），
　　29（1）：103-107.

薛粟尹，李萍，王胜利，等. 2012. 干旱区工矿型绿洲城郊农田土壤氟的形态分布特征及其影响因素研
　　究——以白银绿洲为例. 农业环境科学学报，31（12）：2407-2414.

杨彪. 2012. 高氟病区水氟与土壤、作物氟积累的相关关系研究. 太原：山西大学硕士学位论文.

杨成，罗绪强，王娅，等. 2012. 电解铝厂周边蔬菜氟含量特征. 环境科学与技术，35（11）：186-190.

张强国，谢果. 2005. 氟危害及重庆氟污染的对策. 重庆科技学院学报（自然科学版），7（4）：17-19.

张西林，马超，熊如意，等. 2012. 对电解铝厂周边氟污染的环境影响评价. 中国环境产业：41-43，46.

张永利，廖万有，王烨军，等. 2013. 添加含钙化合物对茶园土壤 pH 及有效氟的影响. 中国农学通报，
　　29（1）：132-137.

朱书法，杜锦屏，索美玉，等. 2009. 碱液循环强化电动力学修复氟污染土壤. 生态环境学报，18（5）：
　　1767-1771.

Du J Y, Zhuang Y Y, Gu W X. 2003. Adsorption of mercaptan in kerosene on copper-containing alumina.
　　Acta Scientiarum Naturallum：Universitatis Nakaiensis, 36（3）：26-31.

Guo H M, Stuben D, Berner Z. 2007. Removal of arsenic from aqueous solution by natural siderite and hema-
　　tite. Applied Geo-chemistry, 22（5）：1039-1051.

Makanjuola O M. 2012. Preliminary assessment of fluorine level of spring and stream water in south west Ni-
　　geria. Pakistan Journal of Nutrition, 11（3）：279-281.

Zhu L, Zhang H H. 2007. Total fluoride in Guangdong soil profiles, China：spatial distribution and vertical
　　variation. Environment International, 33：302-308.

第8章 汞

汞（mercury，Hg）是一种高毒性的人体非必需液态金属元素，广泛应用于各个行业，工业上，用于制造温度计、蓄电池，提取有色金属，作为加热介质等；农业上，铬酸汞作为杀虫剂、杀菌剂、防腐剂等；医学上，红汞用来杀菌、消毒，汞铟合金为重要的牙科材料；军事上，汞为钛原子反应堆的冷却剂。随着人类对自然资源的利用，以及工农业的迅速发展，全球范围内汞本底浓度不断升高。土壤中过量的汞，容易被植物吸收并且通过食物链在生物体内逐级富集，对人体健康造成危害，引起肢体麻木和疼痛、肌肉震颤、运动失调及性格变化等症状，特别是甲基汞很容易穿越胎盘屏障和血脑屏障，对胎儿脑的发育产生不良影响。由于汞的广泛应用，造成汞污染的土壤分布范围也非常广泛，主要有工商业区、农业用地、居民居住区等地（孙淑兰，2006）。

8.1 汞的理化性质

汞在常温下是银白色而有金属光泽的液体，是唯一的液体金属。原子序数为80，相对原子质量为200.6，熔点为 −38.842℃，沸点为 35.7℃，密度为13.546g/cm³（20℃），三相点为−38.8344℃。

汞位于元素周期表第六周期ⅡB族。常见的无机汞主要有硝酸汞[$Hg(NO_3)_2$]、升汞（$HgCl_2$）、甘汞（Hg_2Cl_2）、溴化汞（$HgBr_2$）、砷酸汞（$HgHAsO_4$）、硫化汞（HgS）、硫酸汞（$HgSO_4$）、氧化汞（HgO）、氰化汞[$Hg(CN)_2$]等。一价汞大部分微溶于水，二价汞盐如硫酸汞、硝酸汞、氯化汞、溴化汞等均易溶于水，但硫化汞、碘化汞、硫酸氰汞、碳酸汞、磷酸汞等几乎不溶于水。有机汞化物均为脂溶性，也有一定的水溶性和挥发性。

汞在土壤中以金属汞、无机汞和有机汞的形式存在。汞几乎不溶于水，能溶于硝酸、硫酸和王水，一般不与碱溶液反应，但能溶解 Na、Ag、K、Zn 和 Pb 等金属而形成汞齐。金属汞在常温下即可蒸发，其蒸气无色无味，比空气重 7 倍，吸附性强、容易被生物体吸收，富集中毒；无机汞，部分对生物体有效，$HgCl_2$ 和 $HgCl_4^{2-}$ 容易被吸收利用，而 HgS 难以被植物吸收利用；有机汞中，甲基汞毒性较大、生物有效性较高，容易被植物吸收并且通过食物链在生物体内逐级富集，对生物和人体健康造成危害，而土壤中有机汞约占总汞的 2%，但生物有效性较低，不容易被作物吸收，而且毒性也较低。

8.2 汞污染的来源

土壤中汞污染来自于自然源和人为源两部分，其中自然源包括：火山活动、岩石分化、植被释放，最主要为成土岩石风化，据估计全球每年至少有 8000t 的汞随自然风化从岩石中释放出来，其中一部分进入土壤而使局部地区土壤含汞量较高（陈怀满，1996）。人为来源主要是人类活动：工业上，以汞为原料的金属冶炼（矿石含汞）、氯碱（含汞废水）、电子产品、塑料等工业生产过程中产生的含汞废水、废气和废渣，目前全世界每年开采利用的汞量在 10 000t 以上，造成的汞污染问题也十分严重（邱蓉等，2013）。农业上，含汞农药（杀虫剂、杀菌剂、防霉剂和选种剂）、化肥的使用是造成大面积农田土壤含汞量普遍增加的一个原因，虽然现在包括中国在内的许多国家已经停止了含汞农药的施用，但是已经受到汞污染的土壤对生态系统的影响将是长期的；生活中，洗涤用品、含汞电器、温度计、中药（如朱砂）、含汞化妆品等的使用也是土壤中汞的主要来源。

8.3 汞的分布与扩散

8.3.1 分布

汞是构成地壳的物质，在自然界中分布比较广泛（刘燕和罗津晶，2012）。一般认为，地壳岩石中汞平均含量为 0.8mg/kg，而土壤中的背景值为 0.01～0.05mg/kg（李川江和冉鸣，2009）。我国土壤中汞的含量平均值为 0.04mg/kg，范围值为 0.06～0.272mg/kg，高于世界土壤中汞的自然含量平均值。从总体上来说，我国南方土壤汞的含量较低，为 0.032～0.05mg/kg，北方土壤较高，为 0.17～0.24mg/kg（李川江和冉鸣，2009）。

不同土壤汞的含量差别很大，表 8-1 为我国若干土壤类型剖面中汞的自然含量。11 种土壤中砖红壤、红壤、暗棕壤和黄褐土的含量较高，A 层都达到 0.11mg/kg 以上，这几种土壤除暗棕壤（酸性）分布在吉林山地外，都属我国热带和亚热带酸性或微酸性土壤。在亚热带土壤中，仅紫色土的含汞量相对较低。在其余的 6 个土壤中，汞的含量都较低，在 0.032～0.056mg/kg 变动。

表 8-1　土壤汞含量（mg/kg）

土壤号	土壤类型	A 层	B 层	C 层	采样地点
1	砖红壤	0.132	0.088	0.064	广东海康
2	紫色土	0.056	0.040	0.035	四川达县
3	红壤	0.116	0.076	0.084	湖南衡山
4	暗棕壤	0.112	0.044	0.076	吉林华甸
5	黄褐土	0.116	0.076	0.028	河南南阳
6	淡黑钙土	0.044	0.044	0.048	吉林白城
7	褐色土	0.030	0.030	0.040	陕西黄龙
8	灰钙土	0.052	0.044	0.044	甘肃永昌
9	灰漠土	0.035	0.044	0.033	新疆阜康
10	黑土	0.056	0.052	0.064	黑龙江北安
11	栗钙土	0.032	0.026	0.026	内蒙古察木尔台
	平均	0.071	0.051	0.049	

　　不同土地利用类型中土壤汞的含量也不同，以东北老工业基地北部城市群为例来说明（李玉文等，2011）。汞在旱田、林地、未利用地的平均含量略高于背景值，而在蔬菜地、草地、工业用地的平均含量均低于土壤背景值，其中未利用地类型中不同区域的汞含量差异性较大（表 8-2）。

表 8-2　东北老工业基地不同土地利用类型中土壤汞的含量（mg/kg）

重金属/本底值	利用类型	平均含量	最小值	最大值
	旱田	0.045	0.011	0.183
	蔬菜地	0.030	0.024	0.036
汞	草地	0.027	0.012	0.052
0.037mg/kg	林地	0.043	0.033	0.054
	工业用地	0.028	0.010	0.050
	未利用地	0.073	0.012	8.066

　　土壤对汞有较强的吸持能力，大气、水体汞进入土壤后，经土壤固定，很难向下迁移，土壤汞垂直分布有明显的表土富集现象。汞在土壤中主要以金属汞、无机化合态汞和有机化合态汞的形式存在（侯明等，2005）。汞能以零价状态存在并且对植物高度有效，金属汞只占土壤总汞的1%以下，植物可通过叶片、根系直接吸收利用，进而进入人体。

8.3.2　汞的扩散

在自然条件下，汞在大气、土壤和水体中均有分布，所以汞的迁移转化也在陆、水、空之间发生。大气中气态和颗粒态的汞随风飘散，通过湿沉降或干沉降落到土壤或水体中。土壤中的汞可分为金属汞、无机化合态汞和有机化合态汞，其中单质汞是主要形态，占总汞量的 90% 以上，在一定的条件下它们可以相互转化（鲁洪娟等，2007），通过微生物还原作用、有机质还原作用、化学还原作用使二价汞还原为零价的金属汞，而金属汞易从土壤中挥发进入大气；也可被降水冲淋进入地面水和渗透入地下水中；还可以以金属汞、Hg^{2+}、乙基汞和甲基汞的形态通过植物根系进入植物体累积。植被在汞的生物地球化学循环中起着相当重要的作用，全球森林向大气释放汞 850～2000t/年，热带森林占其中 50% 以上；植物中的汞还能进入人体，Hg^{2+} 与体内大分子发生共价结合（如巯基、羰基、羧基、羟基、氨基、磷酰基等），使这些大分子失去活性，而对机体生理生化功能产生巨大影响。地面水中的汞一部分由于挥发进入大气，一部分沉淀进入底泥。底泥中的汞，不论呈何种形态，都会直接或间接地在微生物的作用下转化为甲基汞或二甲基汞。二甲基汞在酸性条件下可以分解为甲基汞。甲基汞可溶于水，因此又从底泥回到水中。水生生物摄入的甲基汞，可以在体内积累，并通过食物链不断富集。受汞污染水体中的鱼，体内甲基汞浓度比水中高上万倍，危及鱼类并通过食物链危害人体。

8.4　汞的环境控制标准

为防止土壤污染，保护生态环境，保障农林生产，维护人体健康，世界上许多国家制定了相应的土壤环境质量标准。我国制定的汞在土壤环境中的限量标准见表 8-3（GB 15618—2008）。

表 8-3　土壤无机污染物的环境质量第二级标准值汞的控制标准 （mg/kg）

污染物	土地类型	农业用地按 pH 分组				居住用地	商业用地	工业用地
		≤5.5	5.5～6.5	6.5～7.5	>7.5			
总汞	水田	0.20	0.30	0.50	1.0	4.0	20	20
	旱地	0.25	0.35	0.70	1.5			
	菜地	0.20	0.3	0.4	0.8			

8.5 汞污染的危害

土壤遭受汞污染，将导致土壤功能受到损害，理化性质变坏，微生物的生命活动受到破坏，肥力下降，导致农作物生长发育不良，造成减产，不仅直接影响农作物的生长和产品质量，还能通过食物链和饮水间接危及人体健康。汞进入人体后被血液吸收并迅速弥散到全身各个器官，血液和组织中蛋白质的巯基与汞迅速结合，并转移到肝脏和肾脏中蓄积起来，过量可引起头痛、头晕、肢体麻木和疼痛、肌肉震颤、运动失调症状；长期的汞暴露可导致肝炎、肾炎、蛋白尿和尿毒症等病症，引起性格变化、精神恍惚及昏迷，并会带来严重的后遗症和较高的死亡率；还可以通过母体遗传给婴儿，使新生儿发生先天性疾病，如 2000 年 7 月美国国家科学院的报告指出，在美国出生的儿童每年有 60 000 位由于在母亲子宫内接触到甲基汞而患有神经损伤的疾病。

当植物体内的汞积累到一定程度时，植物就会表现毒害症状。植物根功能受到伤害，进而影响植物的形态结构和生理生化过程，如抑制植物种子萌发和幼苗的生长、抑制植物的生长及阻碍植物根对营养成分的吸收作用、降低光合作用和呼吸作用、降低作物的产量；根部扭曲，呈褐色，有锈斑，根系发育不良。相应地，地上部分的生长发育也受到影响，叶子发黄，植株高度变矮，有的甚至枯萎死亡。

汞污染严重的土壤对有益微生物具有很强的杀伤力和很高的毒性。在所有添加葡萄糖的标准呼吸实验中，汞比其他重金属表现出了更强的毒性，当土壤汞含量达到 0.06~0.038mg/kg 后，土壤微生物过程就因为汞毒性开始先后的影响。当土壤中汞含量达到 1.3mg/kg 后，呼吸作用则下降 20%。土壤中许多重要酶的活性也极易受到汞的毒害。

8.6 汞污染的预防与修复

8.6.1 预防措施

（1）在治理汞企业污染问题上必须强硬，要采取经济的、行政的各种措施，坚决贯彻国家有关文件精神，凡不能达标的汞企业，必须取缔、关停。

（2）汞污染的预防主要是采取积极措施，综合治理"三废"；改革工艺流程及工程配套，尽量少用或不用含汞制剂；必须使用时要采用防护、净化、回收综合利用措施；对已经造成的污染结合污染规律采取针对性措施。减少汞矿开采及造成汞排放的原料和产品消费；用无汞替代品和无汞工艺取代或排除含汞产品和需汞工艺。

（3）用不含汞的产品和生产过程代替含汞产品和有汞的生产过程，可能是影响经济和环境中整体汞流动最有力的预防措施之一。它可以充分减少家庭中（破碎的温度计）、环境中、废物流、焚化装置排放及垃圾中的汞。替代品方法通常具有成本效益，尤其是在市场需求越来越多的时候。这类措施也包括将化石燃料发电转成一种非化石技术。

（4）通过国际和区域间合作控制汞污染，建立有效的管理制度和管理体系是预防汞污染的一个有效措施。

8.6.2 修复途径

目前对土壤汞污染治理主要采用物理、化学、生物等方法改变汞在土壤中的存在形态，使其由活化态转化为稳定态，或者是使土壤中汞的浓度接近或达到土壤汞背景值浓度水平。

1. 物理修复

目前处理土壤汞污染的物理方法主要有热处理技术、电动修复技术、淋滤法、洗土法、施用调控剂等。其中热处理技术是采用通入热蒸汽或用低频加热的方法，促使汞从土壤中挥发并回收再处理。在处理土壤时，首先将土壤破碎，向土壤中加入能够使汞化合物分解的添加剂。然后，再分两个阶段通入低温气体和高温气体使土壤干燥，去除其他易挥发物质，最后使土壤汞气化，并收集挥发的汞蒸气。应用热处理法可使砂性土、黏土、壤土中汞含量分别从 15 000mg/kg、900mg/kg 和 225mg/kg 降至 0.07mg/kg、0.12mg/kg 和 0.15mg/kg，回收的汞蒸气纯度达 99%。热处理技术对于修复汞污染土壤是一种行之有效的方法，并可以回收汞。

2. 化学修复

施用化学添加剂等手段来活化土壤重金属或难溶有机物，提高植物对土壤中污染物的有效吸收和转化。Meng 等报道了用旧轮胎橡胶可固化污染土壤中的二价汞，用乙酸浸提经旧轮胎橡胶固化的土壤，滤液中汞的浓度可从未处理的 3500μg/kg 降到 34μg/kg。张瑞华等（2007）的研究表明，废铁屑能减少含汞废水对土壤的污染，废铁屑对修复已染毒的土壤，尤其是对高染毒程度的砂性土壤起较大的作用；在不引起对土壤二次污染的前提下，适当增加铁屑用量有助于对染毒土壤的修复。淋滤-铁 PRB 技术联用能有效降低染毒土壤中的有效汞含量，且不会造成后续的水体污染，是一种有潜力的土壤修复技术。

3. 生物修复

生物修复包括利用植物、动物和微生物吸收、降解、转化土壤和水体中的污染物，使污染物的浓度降低到可接受的水平，或将有毒有害的污染物转化为无害的物质，也包括将污染物稳定化，以减少其向周边环境的扩散，其中植物修复是处理各种重金属污染较好的方法。

   植物修复是一种有效且廉价的处理污染的新方法，这种方法在美国等发达国家已开展了大规模的试验，我国也曾在植物修复方面做过大量研究。加拿大杨、红树等树木对土壤中汞的吸收及储存能力强，加拿大杨生长期内对土壤中汞的吸收积累高达 6779.11μg/株。对汞污染的稻田改种苎麻，可使土壤中的汞年净化率较种植水稻提高 8 倍，而且当土壤汞含量小于 130mg/kg 时，苎麻的产量和质量不会受到影响。这一技术不仅可以大量去除土壤汞，还可美化环境，并且能带来一定的经济效益，是今后治理土壤汞及其他重金属污染最有前景的一种方法。此外，柳树的根部也能积累大量的汞，而且与其他植物如豌豆（*Pisum sativum*）、小麦（*Triticum aestivum*）、苜蓿（*Medicago sativa*）及油菜（*Brassica campestris*）等相比，其叶面未有向大气释汞的现象。柳树虽然不能作为理想的污染土壤中汞的提取植物，但由于其生物量大且根系发达，可以被用于土壤中汞的固化。

   采用转基因技术培育更经济、更有效的清除汞污染的绿色植物，是汞污染土壤植物修复领域的主攻方向之一。中国科学院上海生命科学研究院从微生物中分离出一种可将无机汞转化为气态汞的基因，经过序列改造，再将其转入烟草，这种烟草即可大量"吞食"土壤和水中的汞，使之转化为气态汞后，再释放到大气中。转基因烟草食汞效果比常规烟草提高了 5～8 倍，一块汞污染严重的土壤，种植三四茬转基因烟草，汞含量即可明显降低。除了汞之外，这种转基因烟草还可吸收金和银，加之烟草具有植株大、生长快、吸附性强、种植范围广等特点，因此，具有重要的环保和经济价值。

   目前植物提取是应用前景最好的植物修复技术，而植物提取修复在较大程度上是依赖超积累植物来实现的，迄今为止，尚未有汞的超积累植物的报道。因此，汞超积累植物的筛选和找寻，是该项技术发展的关键所在（刘平等，2007）。

   利用微生物对某些重金属的吸收、沉积、氧化和还原等作用，减少植物摄取，从而降低重金属的毒性。分子汞在常温下以液态存在并容易挥发，在自然环境中汞主要以二价离子 Hg^{2+} 存在。一些细菌利用汞还原酶可把汞离子还原成分子汞。Rugh 等成功地把细菌的 Hg^{2+} 还原酶基因导入拟南芥植株，使植株耐汞能力大大提高，植株对汞的耐受性提高到 100μmol/L，且 Hg^{2+} 被转基因植物还原，可以促进汞从土壤中的挥发（He，2001）。

8.7   分析测定方法

   对于环境安全，汞是最重要的元素之一，而从生物学角度，汞也是毒性最大的元素之一。因此，汞的测定是关系到土壤安全和农产品安全生产的重要项目。

《土壤环境质量标准（修订版）》（GB 15618—2008）提供的方法为：冷原子吸收分光光度法，GB/T 17136—1997。

主要参考文献

陈怀满. 1996. 土壤圈物质循环系列专著-土壤植物系统中的重金属污染. 北京：科学出版社.

侯明，钱建平，殷辉安. 2005. 桂林市土壤汞存在形态的研究. 土壤通报，36（3）：399-401.

李川江，冉鸣. 2009. 土壤汞污染与土壤汞污染防治. 重庆三峡学院学报，25（117）：67-70.

李玉文，王粟，崔晓阳. 2011. 东北老工业基地不同土地利用类型土壤重金属污染特点. 环境科学与管理，36（3）：118-122.

刘平，优广乐，高立海. 2007. 汞污染土壤植物修复技术研究进展. 生态学杂志，26（6）：933-937.

刘燕，罗津晶. 2012. 大气汞形态分布的研究进展. 环境科学导刊，31（6）：9-12.

鲁洪娟，倪吾钟，叶正钱，等. 2007. 土壤中汞的存在形态及过量汞对生物的不良影响. 土壤通报，38（3）：595-600.

邱蓉，董泽琴，张军方，等. 2013. 土壤汞污染及修复措施研究进展. 环保科技，19（3）：21-26.

孙淑兰. 2006. 汞的来源、特性、用途及对环境的污染和对人类健康的危害. 上海计量测试，（5）：6-9.

张瑞华，孙红文，燕启社. 2007. 废铁屑修复汞污染土壤的实验研究. 生态环境，16（2）：437-441.

He Y K. 2001. Differential mercury volatilization by tobacco organs expression a modified bacterial *merA* gene. Cell Research，（11）：231-236.

第 9 章　锌

锌（zinc，Zn）是日常生活中常见的一种化学元素，是植物、动物和人体生长发育所必需的一种微量元素。目前，锌被广泛应用于工业生产部门，如在油漆工业、机器制造、医药、制革及陶瓷工业中都需要使用锌及锌化合物。随着这些生产活动的增加，大量的重金属锌被带入城市土壤中，造成土壤中重金属锌的积累，并通过大气、水体或食物链的运输直接或间接地威胁着人类的健康甚至生命。少量的锌能提高作物子实产量和颗粒重，提高植物的抗寒性和耐盐性，但是锌过量或者不足都会对生物产生不利的影响。土壤被锌污染后，作物吸收土壤中的这些营养物质会导致减产，严重时甚至造成绝收，失去自然生产力。所以，土壤锌污染成为必须研究的重要课题之一。

9.1　锌的理化性质

锌是一种白色略带蓝灰色的金属，具有金属光泽，在自然界中多以硫化物状态存在。熔点为 419.5℃，沸点为 906℃，密度为 7.2g/cm³。锌较软，仅比铅和锡硬，展性比铅小，比铁大。

锌位于元素周期表中第四周期 ⅡB 族，原子序数为 30，相对原子质量为 65.39（刘英俊等，1984）。已知锌有 15 个同位素，是很好的导热体和导电体。在常温下不会被干燥空气、不含二氧化碳的空气或干燥的氧所氧化。但在与湿空气接触时，其表面会逐渐被氧化，生成一层灰白色致密的碱性碳酸锌，保护内部不再被侵蚀。纯锌不溶于纯硫酸或盐酸，但锌中若有少量杂质存在则会被酸所溶解。因此，一般的商品锌极易被酸所溶解，也可溶于碱中。锌具有强还原性，与水、酸类或碱金属氢氧化物接触能放出易燃的氢气；与氧化剂、硫磺反应会引起燃烧或爆炸。锌粉末能与空气形成爆炸性混合物，易被明火点燃引起爆炸，潮湿锌粉尘在空气中易自行发热燃烧。

土壤中的锌主要以水溶态、交换态、有机态、闭蓄态及残留态等形式存在。水溶态锌是土壤溶液中以离子形式存在的锌，以及与可溶性有机质络合和螯合的锌，能够被植物直接吸收利用；交换态锌位于黏土矿物、腐殖质等活性土壤组分的交换位置，NH_4^+ 和 Ca^{2+} 均可与土壤表面上的锌等当量地互相交换；有机态锌是与土壤有机质螯合或络合的锌；闭蓄态锌是与铁、铝或锰的氧化物和氢氧化物结合的锌，这部分锌一般吸留在这些氧化物和氢氧化物中，或形成共沉淀。闭蓄态锌大部分都是专性吸附的锌，对植物一般无效；残留态锌存在于原生矿物和次生矿物的晶格中，残留态锌难以被植物吸收和利用。大气中锌的主要存在形态是铁锰氧化物结合态。锌不溶于水，但在地质风化过程中所形成的锌盐易溶于水，在天然水中锌以二价离子状态存在。例如，Zn^{2+}、$Zn(OH)^+$ 及 $Zn(CO_3)$，在一定 pH 范围内，Zn^{2+} 经水解生成多核羟基络合物，羟基与 Zn^{2+} 的络合作用可大大提高氧化锌的溶解度。

9.2　锌的污染来源

9.2.1　矿产开采"三废"排放带来的锌污染

矿区土壤锌污染来源主要有以下两个方面：一方面，矿物开采和冶炼过程中含锌废渣和矿渣排放，产生的含锌有害气体和粉尘随自然沉降和降雨进入土壤。例如，岩溶地区受铅锌矿开采的影响，农田土壤中普遍存在锌的积累现象（李忠义等，2009）。另外，矿山产生的酸性废水进入水环境（如河流等）进而进入土壤，造成污染（翟丽梅等，2008），矿山尾砂周围土样中的锌含量超过了保障农林业生产和植物正常生长的土壤临界浓度，矿尾砂坝坍塌也会造成矿区土壤锌含量超标（张慧智等，2004）。另一方面，矿业废弃物（尾矿砂、矿石等）在堆放或处理过程中重金属锌向周围土壤、水体扩散（邓超冰等，2009）。

9.2.2　农业生产带来的锌污染

近代农业生产过程中含有重金属锌的化肥、畜禽粪便、农药等的施用，已经造成了土壤中锌含量的升高。一般来说，混杂有锌的化肥主要是磷肥、含磷复合肥、含锌复合肥，以及以城市垃圾、污泥为原料的肥料。随着耕种历史的延长，施用含锌肥料和农药使得表层土壤的锌含量呈增加趋势（张民和龚子同，1996）。含锌重金属添加剂可改善畜禽的生长性能，高剂量锌添加剂通过动物体内排出导致动物粪污中重金属锌元素含量提高（张树清等，2005）。

9.2.3　城市化进程带来的锌污染

城市土壤锌污染主要来源于城市交通运输、城市生活垃圾和工业废弃物的堆放及填埋。城市交通运输产生的重金属锌污染物主要来源于汽车行驶中产生的汽车尾气、轮胎和机械部件磨损污染物、燃料油、润滑油的泄漏及机动车运载货物导致的扬尘（战锡林等，2012）。城市生活垃圾的卫生填埋、焚烧和堆肥都会向土壤释放重金属锌，使得土壤重金属锌含量升高。电池、电器元件和部分工业垃圾进入生活垃圾填埋场可能会导致锌污染（安晓雯等，2007）。

9.2.4　污水、污泥带来的污染

长期施用锌含量较高的污泥，造成污泥地区土壤的锌残留水平升高，最高污染土壤的锌含量为清灌区的 16 倍（陈俭霖和史公军，2005）。污水灌区占耕地面积的比例虽然不大，但往往是我国人口密度最大的地区，是粮食、蔬菜、水果等农产品的主产区。污泥在提供养分、改善土壤团粒结构和提高土壤生物活性等方面具备很大的潜力，但是向农田施用污泥会不同程度地造成土壤的锌污染。

9.3　锌的分布与扩散

9.3.1　锌的分布

锌在自然界中分布较广，在地壳中的含量约为十万分之一。我国锌资源丰富，储量居世界前列。天然土壤中的锌主要来源于母岩，不同母岩的锌含量有所差别，锌在砂岩、石灰岩和白云岩中含量（10～30mg/kg）最低，泥页岩含量为 80～100mg/kg，玄武岩含量为 100mg/kg，酸性岩石（花岗岩）平均含量为 40mg/kg。普通土壤中锌的总含量为 10～300mg/kg，平均为 50mg/kg，我国土壤中的锌含量为 28～160mg/kg（均值为 100mg/kg），比世界土壤的平均含锌量高出 1 倍。我国土壤锌背景值为 68.0mg/kg，其含量范围值为 28.4～161.1mg/kg。其中，土壤锌背景值高于全国土壤背景值的土类排序是：石灰土＞寒漠土＞棕色针叶林土＞水稻土＞灰褐土。石灰岩中的锌，在风化过程中可溶成分因淋洗而损失，锌相对浓缩，所发育的土壤中往往锌含量较高，但可溶态锌较少（刘铮，1994）。

我国土壤中锌含量有一定的地带性分布规律，分布趋势是由南向北和由东向西逐渐降低（仇荣亮，1998），南方酸性土壤锌含量较北方石灰性土壤高。我国西南部广泛分布着石灰岩，石灰岩土与石灰岩发育的其他土壤常有较高的锌含量。污染农田土壤中的锌含量与未受污染农田土壤锌含量相比呈明显增加的趋势，且主要分布在表层土壤（0～30cm）范围内（翟丽梅等，2008）。

9.3.2　锌的扩散

1. 物理迁移

土壤溶液中的重金属锌离子或络合物离子在土壤中随着水分从土壤表层迁移至土壤下部，从地势高处运移到地势低处。在多雨地区的坡地土壤，包含于土壤颗粒中的重金属或吸附在胶体表面上的重金属可以通过多种途径随水流冲刷而被机械搬运。在干旱地区，矿物颗粒或土壤胶粒会以尘土飞扬的形式随风而发生机械搬运。

2. 化学迁移

重金属锌在土壤中的化学迁移主要是通过吸附-解吸反应、沉淀-溶解反应和其他化学反应进行。土壤锌污染比大气和水体中的污染物更难迁移，也不易被生物吸收，更不容易扩散和稀释，但它们在土壤中容易形成氢氧化物、硫化物、碳酸盐等沉淀物。此外，锌作为中心离子易与水、羟基、氨、有机酸等形成络合物，也能与土壤中的某些有机质中的某些分子形成螯合物。由于这些络合物和螯合物在水中的溶解度比较大，因而易在土壤中迁移或被植物或微生物吸收和利用。经风化或者成土作用及物理、化学和生物的迁移作用，雨淋、地表径流的腐蚀后极易渗入土壤，经过长期过量积累，不仅会杀死土壤中的微生物，而且会使土壤盐碱化、中毒，危害农作物的生长，并且使得锌在土壤中不断扩散和积累。

3. 生物迁移

生物迁移主要是指植物通过根系吸收土壤中某些重金属如锌，并在植物体内积累的过程。这种迁移既可认为是植物对土壤中重金属污染物锌的净化，也可认为是重金属锌通过土壤对植物的污染，特别是当植物富集的重金属锌通过食物链进入人体后，污染危害将更加严重。微生物对土壤重金属锌的吸收及土壤动物啃食和搬运土壤等过程是重金属锌在土壤中生物迁移的另一种途径，但生物残体最终又将重金属锌归还于土壤（陈国丽，2011）。

土壤中锌的迁移性取决于土壤的 pH。锌在酸性土壤中容易发生迁移。当土壤为酸性时，被黏土矿物吸附的锌易于解脱，土壤中不溶的氢氧化锌可与酸作用，转变成可溶性的 Zn^{2+} 状态，土壤中锌以 Zn^{2+} 为主，容易淋失迁移或被植物吸收，进入土壤-植物-环境循环系统造成其扩散。

9.4 锌的环境控制标准

锌可通过多种途径进入人体，且有蓄积作用，对健康危害较大。西方发达国家对锌在环境中的标准有严格的限制。我国制定的锌在土壤环境中的限量标准见表 9-1（GB 15618—2008）。

表 9-1 土壤无机污染物的环境质量第二级标准值锌的控制标准 （mg/kg）

污染物	土地类型	农业用地按 pH 分组				居住用地	商业用地	工业用地
		≤5.5	5.5~6.5	6.5~7.5	>7.5			
总锌	水田、旱地	150	200	250	300	500	700	700
	菜地	150	200	250	300			

9.5　锌污染的危害

　　重金属锌在土壤中相对稳定，但是大量的重金属锌进入土壤后就很难在生物物质循环和能量交换过程中分解，更难以从土壤中迁出，逐渐对土壤的理化性质、土壤生物特性和微生物群落结构产生明显不良影响，进而影响土壤生态结构和功能的稳定。重金属锌污染过的土壤，其微生物生物量比正常使用有机粪肥的土壤低得多，且减少了土壤微生物群落的多样性，导致农产品质量下降。土壤重金属锌的吸附-解吸作用在很大程度上控制着重金属在土壤中的化学活性及其对生物的毒害程度（陈国丽，2011）。

　　土壤环境是植物生长的地方，植物可通过积累、吸收作用降解土壤环境中的污染物质，化学元素在土壤-植物-环境中不断循环。土壤中的污染物（如重金属锌）会通过各种食物链，经过逐级生物富集对人体健康产生直接危害，还可以通过影响水体和大气环境质量间接对人类健康造成威胁（林凡华等，2007），甚至会引起锌中毒，其症状主要局限于胃肠道，出现呕吐、肠功能失调和腹泻，严重者可导致肠道坏死和溃底，或由于胃穿孔引起腹膜炎、休克死亡。锌经长期富集后出现病症，逐渐影响正常生活，有些中毒症状甚至要经十年或二十年以后才能显现出来。

　　重金属锌通过大气沉降或地表径流迁移到道路两侧的土壤和作物中，严重影响了道路两侧土壤和植物的安全，进而对环境和人类自身安全产生威胁。此外，公路两旁植物会通过根系从土壤吸收、叶面吸附、吸收等方式来富集重金属锌。

9.6　锌污染的预防与修复

9.6.1　预防措施

　　切断重金属污染源是削减、消除重金属污染的有效措施。对于锌过多的土壤，可以采取以下措施防止作物锌中毒：①施用石灰调节，使土壤 pH 保持在 5.5~7.0 范围内，可使锌形成氢氧化锌沉淀；②使土壤呈还原状态，形成硫化锌沉淀；③施用含锌量很低的磷肥，使之形成难溶性的磷酸和锌的复合物。

9.6.2　修复途径

　　锌污染土壤的修复方法和种类较多，从修复的原理来考虑大致可分为物理修复、化学修复及生物修复三大类。

1. 物理修复

　　锌污染土壤的物理修复是指利用翻土、客土、热处理、萃取、固化、填埋等物理方法进行锌污染土壤的修复。物理工程措施治理效果通常较为彻底、稳定，是改善重金属土壤的有效方法。用土法炼锌区客土法进行复垦后，废渣中锌没有向上层土壤出现明显的迁移，隔离层能有效控制废渣锌向下层土壤的迁移（林文杰等，2009）。重金属锌污染农田通过客土换土的综合整理修复方法后，农作物单产、土地利用率等土地整理指标均有提高（王岩和成杰民，2013）。受工程量大、投资大、易引起土壤肥力减弱和二次污染等问题的影响，在实际过程中利用固化剂、淋洗剂、电动修复配合物理措施对于土壤锌污染更有效。用重金属螯合剂的药剂稳定化和水泥固化相结合的方法处理锌渣，其重金属含量可以低于固体废物毒性浸出标准的限值，能有效控制对周围环境的污染（吴少林等，2007）。

2. 化学修复

化学修复主要是基于污染物土壤化学行为的改良措施，通过添加改良剂、抑制剂、淋洗剂、生物表面活性剂等化学物质来降低土壤中污染物的水溶性、扩散性和生物有效性，从而使污染物得以降解或者转化为低毒性或移动性较低的化学形态，以减轻污染物对生态和环境的危害。该方法的关键技术在于寻找一种既不破坏土壤结构，又能提取各种形态的重金属的淋洗液（董汉英等，2011）。

在土壤受重金属锌污染的情况下，施用石灰性物质提高土壤 pH 可使重金属锌形成氢氧化物沉淀；施用促进还原的有机物质可使重金属锌形成硫化物沉淀；施用磷酸盐类物质可使重金属锌形成难溶性磷酸盐，利用离子拮抗作用可减少植物对重金属锌的吸收；施用石灰硫磺合剂、硫化钠和硫磺及其他含硫物质，在促进土壤还原的同时，又可促进硫化氢和硫化物的生成，锌与 S^{2-} 反应，产生硫化物沉淀。

3. 生物修复

生物修复是利用生物技术治理污染土壤的一种环境友好型技术，主要是指利用某些特定的动植物和微生物降低土壤中重金属锌污染物而达到净化土壤的目的。生物修复的优点在于成本低廉、环境效果佳及扰动小，但也存在治理效率低、高耐重金属生物不容易驯化引种、治理对象专一性强的缺点。植物修复技术就是利用这些作用吸收固定土壤中的重金属锌，将其转移到地面，然后采用收割植物的方式加以去除。重金属锌的生物修复有两种途径：①在污染土壤上种植木本植物、经济作物及生长的野生植物，利用其对重金属的吸收、积累和耐性除去重金属。②利用生物化学、生物有效性和生物活性原则，把重金属转化为毒性较低的产物（络合态、脱烷基、改变价态）；或利用重金属与微生物的亲和性进行吸附及生物学活性最佳的机会，降低重金属的毒性和迁移能力（崔德杰和张玉龙，2004）。一般说来，水生动植物体内锌的浓度比水相中锌的浓度高出1000～100 000 倍。

藻类细胞同样具有富集金属锌的能力，而且死亡的藻类细胞比活的藻类细胞对金属锌有更强的吸附能力。金属离子首先与细胞壁或膜发生作用，细胞外表面含有的蛋白质和碳水化合物可以和金属离子结合，藻酸对 Zn^{2+} 同样具有吸附作用。因此，凤眼莲、菹草、金鱼草、浮萍可作为污水中锌的净化植物。

9.7　分析测定方法

《土壤环境质量标准（修订版）》（GB 15618—2008）提供的方法有：

（1）火焰原子吸收分光光度法，GB/T 17138—1997。

（2）电感耦合等离子体发射光谱法，《全国土壤污染状况调查样品分析测试技术规定》，2006 年。

（3）电感耦合等离子体质谱法，《全国土壤污染状况调查样品分析测试技术规定》，2006 年。

主要参考文献

安晓雯，杨凤林，仇春华，等. 2007. 大连市城市垃圾填埋场垃圾重金属污染物分析. 中央民族大学学报（自然科学版），16（3）：206-209.

陈国丽. 2011. 硫铁矿冶炼废渣重金属污染环境危害及迁移扩散规律研究. 重庆：重庆大学硕士学位论文.

陈俭霖，史公军. 2005. 城郊菜地土壤和蔬菜重金属污染研究进展. 北方园艺，（3）：8-9.

陈玉真，王峰，王果，等. 2012. 土壤锌污染及其修复技术研究进展. 福建农业学报，27（8）：901-908.

崔德杰，张玉龙. 2004. 土壤重金属污染现状与修复技术研究进展. 土壤通报，35（3）：366-370.

邓超冰，李丽，王双飞，等. 2009. 典型铅锌矿区水田土壤重金属污染特征. 农业环境科学学报，28（11）：2297-2301.

董汉英，仇荣亮，赵芝灏，等. 2011. 工业废弃地多金属污染土壤组合淋洗修复技术研究. 土壤学报，47（6）：1126-1133.

李忠义，张超兰，邓超冰，等. 2009. 铅锌矿区农田土壤重金属有效态空间分布及其影响因子分析. 生态环境学报，18（5）：1772-1776.

林凡华，陈海博，白军. 2007. 土壤环境中重金属污染危害的研究. 环境科学与管理，7（32）：74-76.

林文杰，周晚春，敖子强，等. 2009. 肖唐土法炼锌区土地复垦的重金属迁移特征. 安徽农业科学，37（12）：5608-5610.

刘英俊，曹励明，李兆麟. 1984. 元素地球化学. 北京：科学出版社.

王岩，成杰民. 2013. 重金属污染农田土地整理技术研究. 环境科学与技术，35（5）：164-168.

吴少林，钟玉凤，黄芃. 2007. 锌渣的固化处理及浸出毒性试验研究. 南昌航空大学学报（自然科学版），21（2）：67-71.

翟丽梅，陈同斌，廖晓勇，等. 2008. 广西环江铅锌矿尾砂坝坍塌对农田土壤的污染及其特征. 环境科学学报，28（6）：1206-1211.

战锡林，马保民，邓保军，等. 2012. 济青高速两侧土壤重金属污染分布特征研究. 三峡环境与生态，36（1）：23-26.

张慧智，刘云国，魏薇，等. 2004. 湖南省矿山尾砂土壤污染现状分析. 矿冶工程，24（5）：27-30.

张树清，张夫道，刘秀梅，等. 2005. 规模化养殖畜禽粪主要有害成分测定分析研究. 植物营养与肥料学报，11（6）：822-829.

第10章　镉

镉（cadmium，Cd）是一种重要的材料金属，在工业上得到广泛的应用，如冶金、军工设施、科研用材、生物化工、制药、石油勘探、造纸、颜料、油漆等行业。镉还是一种吸收中子的优良金属，制成棒条可在原子反应炉内减缓核子连锁反应速率，而且在锌镉电池中颇为有用。镉的鲜明硫化物所制成的镉黄颜料广受艺术家的欢迎。但是由于镉是一种剧毒元素，在工业生产和利用过程中对土壤及整个生态环境产生了较大的影响，极其容易对土壤等环境造成污染。近些年，随着对镉需求的不断增加，随之产生的镉污染也日益严重，重大的镉污染事故屡有发生。镉进入土壤环境以后，难以消除，不仅影响土壤的理化性质，而且会通过食物链进入人和动物体内蓄积下来，对人体内各个系统造成严重危害。因此，对镉的污染和防治要引起足够的重视。

10.1　镉的理化性质

镉是一种银白色有光泽的金属，熔点为 320.9℃，沸点为 765℃，密度为 8.642g/cm³，并且具有韧性和延展性。

镉是第五周期ⅡB族元素，相对原子质量为 112.4，原子序数为 48。镉主要以正二价形式存在，有时可见正一价。金属镉、氧化镉和氢氧化镉均难溶于水，但硝酸镉、卤化镉（除氟化镉）及硫酸镉均易溶于水。镉化物多数溶于酸，但不溶于碱。镉在空气中可氧化生成氧化镉、硫化镉等，其中氧化镉毒性最大，且在动物体内有累积性。

土壤中镉一般可分为水溶态、交换态、碳酸盐结合态、铁锰氧化物结合态、有机质结合态和残留态，其稳定性依次升高。水溶性镉可直接被植物吸收，危害最大。一般随着土壤镉总含量增加，可交换态镉含量上升，会相对增加镉的活性和毒性。在大多数土壤溶液中镉主要以 Cd^{2+}、$CdCl^+$、$CdSO_4$ 形态存在。

10.2　镉的污染来源

镉的来源一般分为两部分，自然界镉的来源和人类生产活动中产生的镉污染。镉在自然界中含量很少，自然来源于岩石风化和火山活动等地质和环境地球化学过程。人为造成的镉对土壤的污染是镉污染的主要来源，主要有工业污染、农业污染和生活污染。

工业污染主要有气型污染和水型污染两种。气型污染主要来自工业废气，包括矿物冶炼和矿石的燃烧。在自然界中镉主要以硫化物形式存在于各种锌、铅和铜矿中，常与硫锌矿一起开采、冶炼，产生大量有毒气体，煤和石油燃烧排出的烟气也含有镉污染。其中镉毒的化学形态主要有 $CdSO_4$、CdS 和 CdO 等，主要存在于固体颗粒物中（也有少量 $CdCl_2$ 以细微的气溶胶状态存在）。由此形成的颗粒（气溶胶）状镉毒污染物是空心球、椭圆和不规则的各种形状的镉粉尘毒（黄宝圣，2005）。镉毒随工业废气扩散到工厂的周边环境，废气中的落尘镉毒自然沉降，蓄积于工厂周边 $6\sim9km$ 范围的表层土壤中，使其镉的质量分数达 $0.004\%\sim0.006\%$（夏立江和王宏康，2001），土壤中镉的平均含量约为 $50mg/kg$，因此金属冶炼的废气是土壤中镉污染的重要来源之一。水型污染主要是由锌、铅、铜矿的选矿和电镀、碱性电池等工艺的废水排入地面水或渗入地下水引起土壤的污染。例如，电镀工业、军工生产排放的废水（含镉量约为 $0.065mg/L$）和硫酸矿石制取硫酸、磷矿石制取磷肥等工艺排出的废水（含镉量高达 $0.089mg/L$）通过地表径流或是地下水的下渗，导致污染水体周围的土壤中镉污染物浓度大幅上升，导致污染被镉毒污染。

农业生产也是镉污染的来源。含镉磷肥和地膜等的长期不恰当使用，会给土壤带来极为严重的镉污染。据估计，人类活动对土壤的贡献中磷肥占 $54\%\sim58\%$，全球磷肥中平均含镉量为 $7mg/kg$，这些含有镉元素的肥料通过雨水等作用下渗到土壤中，给全球土壤带来 $66\,000kg$ 的镉，是镉元素对土壤污染的重要来源。

人类的生活也对环境造成严重的镉污染，如电池、雷达、半导体元件、照相材料、杀虫剂、塑料的不恰当废弃过程均可向环境排放含镉废物，这些含有镉元素的生活用品通过填埋或是雨水淋洗，导致镉元素进入土壤中，使土壤中含镉量严重超标。餐饮器具和食品包装也存在镉污染问题，如在上釉的陶器中储存食品，可引起明显的镉污染。

10.3　镉的分布与扩散

10.3.1　镉的分布

镉的自然来源很少，在地壳中的丰度仅为 0.2×10^{-6}，是一种极为分散的化学元素，因此不易形成独立矿物，特别是在地质作用的早期相中不能形成独立矿物，只是在晚期的热液阶段产生某些富集（叶霖等，2005），土壤中的镉一般在 $0.2mg/kg$ 以下。我国土壤镉的背景值为 $0.1097mg/kg$，含镉矿床更多集中于云南、四川、广西、广东、江西、湖南和福建等地区，其中滇东北 18 个铅锌矿床中伴生镉的储量就达 9 万多吨，约占全国总储量的五分之一。

镉在土壤中的硫化物矿床中主要以三种形式存在。

（1）以类质同象赋存于其他硫化物中。镉的地球化学性质与锌极其相似，因此镉主要呈类质同象赋存于闪锌矿中，其含量一般在 $n\times10^{-3}$ 以上。其次为方铅矿，镉含量一般为 $n\times10^{-4}$，比闪锌矿低 1～2 个数量级。此外，在部分黝铜矿、块硫锑铅矿、车轮矿、氧化带中的菱锌矿、含锌的蒙脱石、氧化锰及褐铁矿中也含有少量的镉（叶霖和刘铁庚，2001；叶霖等，2000）。

（2）独立矿物。硫化物矿床中常见的是硫镉矿，部分硫镉矿呈固溶体形式分布在闪锌矿中（如吉林籍安郭家岭铅锌矿）或与菱锌矿、纤锌矿共生。镉的独立矿物中既有单质，又有氧化物、碳酸盐和硒化物，而以硫化物和硫盐种类最多，说明镉既具有一定的亲石性，又具有很强的亲硫性，且亲硫性要大大强于亲石性。

（3）吸附状态。大量研究表明，自然界硫化物如闪锌矿、方铅矿、黄铁矿等对 Cd^{2+} 具有较强的吸附能力，特别是闪锌矿对 Cd^{2+} 吸附能力极强。此外，胶状菱锌矿、褐铁矿和白云石（方解石）等因矿物表面特性，也会对 Cd^{2+} 产生较强吸附作用（叶霖和刘铁庚，2001）。

根据我国"土壤环境容量课题组"对土壤元素环境质量基准的推荐值表（夏增禄，1992），表 10-1 在不同土壤中镉的基准值也不同。

表 10-1　不同土壤中的镉元素背景值含量（mg/kg）

土壤	黑土	黄棕壤	红壤	赤红壤	砖红壤	灰钙土	紫色土	褐土	棕壤	红壤
含量	1.3	0.3	0.6	0.5	0.6	2.3	0.5	1.57	1.31	0.67

工业用地周围土壤镉含量为 40～50mg/kg，主要集中在土壤表层并有可能随工业废水下渗到土壤 0～15cm 处被土壤吸附。农用土壤中的镉主要集中在地表 20cm 左右的耕作层内，尤其在几厘米内的土层中浓度最高。

10.3.2　镉的扩散

镉在土壤中很稳定，不能被分解，难以去除，迁移只不过是在各环境要素之间和生物体内的迁移。在 pH 为 6 时，大多数被土壤吸附，吸附率为 80%～95%，并依腐殖质土壤＞重壤质冲积土＞壤质土＞砂质冲积土的顺序递降。此外，碳酸钙对镉的吸附非常强烈，尤其在旱地土壤，以碳酸盐结合态（如 $CdCO_3$）存在，在 pH 大于 7 的石灰性土壤中也以 $Cd_3(PO_4)_2$ 和 $Cd(OH)_2$ 存在。在水田，镉多以 CdS 的形式存在于土壤中。土壤中部分镉还以铁锰结合态和有机结合态形式存在，不过所占比例甚小。土壤中影响镉存在形态的因素较多，但主要受到土壤 pH 及 Eh 的影响。总地来讲，随着土壤 Eh 的下降和 pH 的上升，土壤中难溶态的镉增加而水溶态的镉下降；土壤酸度的增加会增大 $CdCO_3$ 和 CdS 的溶解度，使水溶态的镉含量增大。此外，土壤 pH 还可影响上壤胶体上吸附镉的量。一般随 pH 的下降，胶体上吸附镉的溶出率增加，当 pH 为 4 时，溶出率超 50%；而 pH 为 7～15 时，交换吸附态的镉则难被溶出。在土壤 Eh 较低的情况下，水溶性的镉含量降低，而多以 CdS 沉淀的形式存在，在土壤 Eh 较高的情况下，非水溶性的 CdS 可参与氧化还原反应。由于 S^{2-} 被氧化生成单质硫的形态沉淀，从而使 CdS 的溶解度增大，Cd^{2+} 浓度增加。此外，硫还可以进一步被氧化为硫酸，使土壤 pH 降低，也可使 CdS 溶解度增大。对镉污染的土壤研究证明，Cd 和 Zn、Pb、Cu 等含量存在一定的相关性。镉含量高的地方，Zn、Pb、Cu 也相应较高。

10.4　镉污染的危害

过量的镉进入土壤，严重抑制土壤中细菌和真菌的生长，导致土壤生物量大幅减少，土壤中分解者减少，土壤肥力下降，对土壤肥力有一定的负面影响。而且镉在土壤中的吸附和扩散过程也和土壤的 pH 和有机物含量有一定的关系（古一帆等，2009）。

镉对植物的影响也是通过土壤来实施的。许多研究表明，土壤中含有过量的镉会影响植物根系的发育和植物叶片的正常发育，从而影响整个植株的发育（马引利和余小平，2006）。植物体内各部分的含镉量依根＞茎＞叶＞荚＞子粒的次序递减。受镉胁迫，光合作用暗反应过程中的许多酶活性降低，从而限制光合速率。由于离体原生质体和叶绿体中镉抑制 CO_2 固定对光化学反应无任何影响，因此有人认为光合作用受到抑制并不完全是重金属离子对光反应的直接干预结果。

镉对人体的影响也很明显。镉是人体不需要的化学元素之一。新生儿的身体内几乎没有镉（黄宝圣，2005）。空气、土壤和食物链中含有过量的镉，进入人身体后，通过血液传输至全身，主要蓄积于肾、肝脏中；其次蓄积于甲状腺、脾和胰等器官中。在人类的生命代谢活动中，镉在人身体内进行着若干生物毒性（化学）反应。镉与含羟基（—OH）、氨基（—NH_2）、巯基（—SH）的蛋白质分子结合，生成镉–蛋白质，能使许多酶系统受到抑制（甚至使酶失去生物活性），从而破坏肾、肝等器官中酶系统正常的生理功能，影响人体对蛋白质、脂肪和糖类等营养物质的消化吸收，引患高血压和心血管病（孔庆瑚等，2003）；长期摄入镉将会导致骨质疏松、脆化、腰病、脊柱畸形，镉与磷质（骨质磷酸钙）发生亲和反应，将骨质磷酸钙中的钙置换出来，使骨骼严重缺钙而变得疏松、软化，然后发生萎缩、变形和骨折，这正是前面所言"骨痛病"患者的典型症状；镉与锌蛋白酶发生亲和反应，置换出锌，干扰、降低那些需要锌的酶的生物活性和生理功能，不仅使人易患糖尿病、动脉性胃萎缩和慢性球体肾炎，而且使人严重缺锌，诱发食管癌、胃癌、肝癌和大肠癌；镉还可以导致男性生殖系统损害，雄性激素增高的发生率随接触水平的升高而增加，前列腺特殊抗体的发生率也同时增加（徐培娟和古桂雄，2004）。

但镉除了对植物有危害作用还有一些有益的作用。例如，当 Cd^{2+} 浓度低时，对黄豆、玉米的萌发有刺激作用，提高发芽率和发芽势，而高浓度则抑制。有研究表明，低浓度镉使植物净光合速率、最大光化学效率及实际光化学效率等均有所上升。

10.5　镉的环境控制标准

我国对土壤中镉的环境控制标准作出了严格的规定（GB/T 17141—2008），详见表 10-2。

表 10-2　土壤无机污染物镉的环境质量第二级标准值（mg/kg）

污染物	土地类型	农业用地按 pH 分组				居住用地	商业用地	工业用地
		≤5.5	5.5~6.5	6.5~7.5	>7.5			
总镉	水田	0.25	0.30	0.50	1.0			
	旱地	0.25	0.30	0.45	0.8	10	20	20
	菜地	0.25	0.30	0.40	0.6			

10.6　镉污染的预防与修复

10.6.1　预防措施

环境一旦遭受镉的污染，很难消除，因此要坚持环境监测，以防为主。

1. 要严格控制三废排放，加强对工业镉三废的治理

一般情况下，镉废气的治理是采用离心法除镉尘；硫化物沉淀法和离子交换法是治理镉（Cd^{2+}）污水的有效方法。按照该"三化"原则，常采用"水泥固化处理技术"来治理镉渣垃圾，即以普通硅酸盐水泥为固化剂将镉渣垃圾进行固化的一种处理方法（黄宝圣，2005）。

2. 合理采矿和冶炼

镉的产量逐年增加（现今美国消耗镉高达 $6.0 \times 10^6 kg/$年）。在镉的自然循环中，岩石风化量约为 $4.0 \times 10^5 kg/$年；河流输送量约为 $3.7 \times 10^6 kg/$年。然而，镉的开采量却约为 $8.0 \times 10^6 kg/$年，矿物煅烧排放量约为 $6.5 \times 10^4 kg/$年，两者相加，超过了自然循环量近 1 倍（黄宝圣，2005），合理的开采和冶炼能有效降低自然条件下镉污染物的排放量。

3. 回收镉污染源

由于镉在电池工业中用量巨大，并且流入环境，因此各个环节对电池中镉污染的防治要引起足够的重视。首先，各级人民政府应制定鼓励性经济政策等措施，加快符合环境保护要求的废电池分类收集、储存、资源再生及处理处置体系和设施建设，推动废电池污染防治工作。其次，制定有关电池分类标志的技术标准，以利于废电池的分类收集、资源利用和处理处置。同时，要鼓励发展锂离子和金属氢化物镍电池（简称氢镍电池）等可充电电池的生产，替代镉镍可充电电池，减少镉镍电池的生产和使用，最终在民用市场淘汰镉镍电池。再次，要加强宣传和教育，鼓励和支持消费者使用高能碱性锌锰电池；鼓励和支持消费者使用氢镍电池和锂离子电池等可充电电池替代镉镍电池；鼓励和支持消费者拒绝购买、使用劣质和冒牌的电池产品及没有正确标注有关标志的电池产品。最后，要做好废旧电池的回收和储存工作。

10.6.2　修复措施

1. 物理措施

物理措施主要是排土、换土、去表土、客土、深耕翻土、电泳、填埋、焚烧、电解、客土改良等措施。排土、换土、去表土、客土被认为是四种治本的好方法，但是工程量大，并有污土的处理问题（李永涛和吴启常，1997）。电泳措施是目前新兴的重金属处理方法，即在土壤中插入两个石墨电极，在稳定的直流电作用下，金属离子向两极移动、聚集，然后再进行处理（王秀珍和战玮，1998）。

2. 化学措施

目前用得比较多的方法是向土壤中添加改良剂、表面活性剂、重金属拮抗剂等，主要有磷酸盐、石灰、硅酸盐。杨景辉（1995）的研究表明，施用磷酸盐类物质可使重金属形成难溶性的磷酸盐。而如果用膨润土合成沸石等硅铝酸盐作为添加剂钝化土壤中的重金属，可显著降低受镉污染土壤中的镉的作用浓度（Gworek 和肖辉林，1992）。土壤镉浓度为 $4915mg/kg$ 时，加入量为土重的 $1\% \sim 2\%$，莴苣叶中镉的浓度降低量达 $60\% \sim 80\%$。此外，还可以通过离子之间的拮抗作用来降低植物对镉污染土壤中镉的吸收。法国农科院波尔多试验站的研究结果表明，在污染土壤上施加铁丰富的物资，如铁渣、废铁矿等，能明显降低植物中镉、锌的含量。

3. 生物方法

十字花科遏蓝菜属的遏蓝菜（*Thlaspi caerulescens*）是目前公认的超积累镉植物之一（贾秀英和陈志伟，2003；柏世军和许梓荣，2007）。十字花科芸薹属植物印度芥菜（*Brassica juncea*）是筛选出的另一种生长快、生物量大的积累镉植物，同样条件下其生物量是遏蓝菜的 10 倍以上。刘威等通过野外调查和水培试验，发现并证实宝山堇菜（*Viola baoshanensis*）是一种镉超富集植物。自然条件下宝山堇菜地上部分镉平均含量为 1168mg/kg。但宝山堇菜生物量也较小，不适于大面积镉污染土壤的修复。研究表明，菠菜、小麦、大豆对镉的吸收量较高，不宜种植；而玉米、水稻等较低，可以种植。在中轻度重金属污染的土壤上，不宜种植叶菜、块根类蔬菜，而改种瓜果类蔬菜或果树，能有效地降低农产品中镉的浓度（李永涛和吴启常，1997），选育一些早育和抗镉污染作物品种，可以减少污染物在作物中的积累期和积累量。同时，还可以筛选出在可食用部分累积污染物少的品种，以用于进一步选育抗镉污染的品种（李国良，2006）。

由于土壤镉污染对人体没有直接接触性的影响，因此对于一些土壤镉污染严重，而且治理比较困难的情况，应结合实际的经济发展需求，将其改为建筑用地、绿化用地等非农用地。生物措施投资少，且无副作用，但处理效果较差，且周期较长，适合中轻度镉污染土壤。如果配合生物修复法和化学法等措施，可以取得更快、更好的综合效果。

10.7　分析测定方法

土壤中镉的测定有四种国标方法：石墨炉原子吸收分光光度法、KI-MIBK 萃取火焰原子吸收分光光度法、电感耦合等离子体发射光谱法和电感耦合等离子体质谱法。石墨炉原子吸收分光光度法（GB/T 17141—1997）是最为常用的一种测定土壤镉含量的方法。

主要参考文献

柏世军，许梓荣. 2007. 镉对罗非鱼鳃线粒体结构和能量代谢的影响. 环境科学，28（1）：160-164.

古一帆，何明，李进玲，等. 2009. 上海奉贤区土壤理化性质与重金属含量的关系. 上海交通大学学报（自然科学版），28（6）：601-606.

黄宝圣. 2005. 镉的生物毒性及其防治策略. 生物学通报，40（11）：26-28.

贾秀英，陈志伟. 2003. 铜、镉对鲫鱼组织 Na^+-K^+-ATPase 活性的影响. 科技通报，19（1）：50-53.

孔庆瑚，汪再娟，金锋. 2003. 环境镉污染对人体健康影响的研究. 医学研究通讯，32（11）：20-21.

李国良. 2006. 重金属镉污染对玉米种子萌发及幼苗生长的影响. 国土与自然资源研究，（2）：91-92.

李永涛，吴启常. 1997. 土壤污染治理方法研究. 农业环境保护，16（3）：118 -122.

马引利，余小平. 2006. 铝、镉对小麦幼苗生长的影响及其 DNA 损伤效应研究. 西北植物学报，26（4）：
　　729-735.

于秀珍，战玮. 1998. 土壤镉污染防治对策的研究. 城市环境与城市生态，11（3）：42-44.

夏立江，王宏康. 2001. 土壤污染及其治理. 上海：华东理工大学出版社.

夏增禄. 1992. 中国土壤容量研究. 北京：地震出版社.

徐培娟，古桂雄. 2004. 环境镉对健康和生殖的危害. 国外医学妇幼保健分册，15（1）：35-37.

杨景辉. 1995. 土壤污染与防治. 北京：科学出版社.

叶霖，刘铁庚，邵树勋. 2000. 富镉锌矿的成矿流体地球化学研究—以贵州都匀牛角塘富镉锌矿床为例. 地
　　球化学，29（6）：597-603.

叶霖，刘铁庚. 2001. 贵州都匀牛角塘富镉锌矿中镉的赋存状态. 矿物学报，21（1）：115-118.

叶霖，潘自平，李朝阳，等. 2005. 镉的地球化学研究现状及展望. 岩石矿物学杂志，24（4）：340-348.

Chang X L，Wang W H，Feng Y M. 2003. Investigation of heavy metal biosorption on algae. Bulletin of
　　Marine Science，2（2）：39-44.

Gworek B，肖辉林. 1992. 利用合成沸石钝化污染土壤的镉. 热带亚热带土壤科学，1（1）：58-60.

第11章 钒

钒（vanadium，V）是稀有元素之一，遍布于整个地壳中，是人和动物必需的微量元素。钒可应用于工业、冶金等领域（陈迪和张强，2009）。工业上，钒可以清除天然气中有毒的硫化氢和矿物燃料发电厂废水中有毒的氧化氮；可改善电视和计算机屏幕的颜色质量；可应用于交通及工厂照明灯。我国钒资源主要伴生于钒钛磁铁矿炭质页岩中（商正松等，2010）。因此，从炭质页岩中提钒成为我国利用钒资源的一个重要发展方向（熊威娜，2008）。但是钒冶炼过程中，钒会随废水、废气、废渣排入环境中，各种钒冶炼厂及钒合金厂的气溶胶和粉尘也会造成其周围地区的高浓度钒污染。大量固体废弃物中含有的钒经过风化、淋滤后进入土壤，使得土壤中钒的平均含量增加（杨金燕等，2010）。随着现代工农业的发展，土壤受到钒的人为污染日渐严重，因此对钒的污染和防治需要引起足够的重视。

11.1 钒的理化性质

钒是一种银灰色、高熔点金属，密度为 6.19g/cm³（20℃），熔点为（1890±10）℃，沸点为 3380℃。

钒位于元素周期表第四周期和ⅤB族，原子序数为 23，相对原子质量为 50.941。自然界的钒存在两种稳定同位素，即 ^{50}V 和 ^{51}V，其中 ^{51}V 的含量为 99.76%。钒是一种过渡元素，化合价有+2、+3、+4 和+5，其中以+5 价态最为稳定，在溶液中以钒离子、正钒酸根离子、偏钒酸根离子等多种形式存在；+4价态在溶液中通常以氧钒离子形式存在；而中性和碱性溶液中+3 价态极易被氧化（周金星等，2006）。钒在氧气中可燃烧，生成 V_2O_5，同时也有一些低价化合物产生，如 VO、V_2O_3、VO_2。在高温的条件下，钒还能与碳、氮、硫、硅、氯等化合生成 VC、VN、VS、V_2S_5、V_2Si、VCl_4 等。钒的化合物都有毒，其毒性随化合态升高而增大，金属钒的毒性很低，+5 价钒的毒性最大。

土壤中的钒以 VO_3^- 阴离子状态存在，这部分钒容易被植物吸收。土壤的氧化价越高，碱性越大，钒越易形成 VO_3^-；当土壤中的酸度增大时，VO_3^- 易转变成钒酸根复合阴离子，但是 VO_3^- 和钒酸根复合阴离子都容易被黏土及腐殖质固定而失去活性，因此钒在土壤中的迁移性弱（王云，1995）。在生命体中，VO_3^- 很容易被吸收，但 VO_2^+ 不被生物所用。

11.2　钒的污染来源

土壤中的钒来源于成土母质和人为污染两方面。自然情况下，来源于成土母质的钒通常不会对环境造成污染。而随着现代工农业的发展，人类生产过程中产生的钒进入生物圈对环境造成的污染日渐严重。

钒污染土壤的途径主要有大气沉降、含钒废水灌溉、含钒工业废渣和废弃物的堆积与扩散等（王利平和张成江，2004；矫旭东和滕彦国，2008）。钒的开采、钒及钒合金的冶炼、矿物燃料燃烧等生产活动大大促进了岩石矿物中钒向土壤的释放（吴涛和兰昌云，2004）。在钒冶炼过程中，即使采用较先进的冶炼技术，钒的回收率也只有60%～70%，还有30%～40%的钒随废水、废气、废渣排入环境中，各种钒冶炼厂及钒合金厂的气溶胶和粉尘也会造成其周围地区的高浓度钒污染（矫旭东和滕彦国，2008）。

11.3　钒的分布与扩散

11.3.1　钒的分布

钒在自然界中分布相当广泛，也比较分散，如在水圈、大气圈、岩石圈、土壤圈及生物圈中都有分布。钒在自然界主要分布在土壤中，地壳中钒的平均含量为135.0mg/kg，较铜、锌、钴等含量要高得多。土壤中的钒一般是+3价，淡水中的钒一般是+5价（周金星等，2006）。钒在天然水中的浓度很低，一般河水中为0.01～20mg/kg，平均为4mg/kg；在海洋沉积物和淤泥中钒浓度为10.0～100.0mg/kg。大气中钒来源于天然源和人类活动，天然源（火山爆发、森林火灾、扬尘等）向全球大气中排放的重金属钒平均为8.4t/年（1.6～54.2t/年），人类活动（化石燃料、钢铁冶炼）向大气中排放的重金属钒为70 000～210 000t/年,其中58 500t来自于原油燃烧，33 500t来自于亚洲发展中国家或经济体，14 500t来自于东欧（郑艳红和滕彦国，2012）。

未受污染的土壤钒含量取决于母质，母质含量越高，土壤中钒含量也越高。土壤中钒含量一般为2～310mg/kg，全球土壤平均含钒量为100mg/kg（杨金燕等，2010）。被不同植被覆盖，钒在土壤中的含量差异明显（吴涛和兰昌云，2004）。例如，对西藏地区的调查表明，不同植被覆盖土壤钒的含量由高到低排序为耕地、灌木、草原、森林、沼泽及其他（Zhang et al.，2002）。污染区中，被粉煤灰污染的土壤中钒含量可高达400mg/kg，被开采和冶炼钒的粉尘、飘尘污染的土壤钒含量可高达1884mg/kg。燃烧20～30t重油，即可排出20kg的

V_2O_5，因此导致局部地区钒污染，以重油、煤为燃料的工业区、火力发电场等周围最为严重（王利平和张成江，2004）。

钒元素在土壤中的分布与成土母质、成土过程、生物、气候等条件有关。不同岩类发育而成的土壤，其钒含量变化差异很大。由基性和超基性岩发育而成的土壤中钒的含量较高，由酸性岩发育而成的土壤中钒的含量则较低。在酸性土壤中，全钒的含量顺序为黄壤＞红壤＞黄棕壤＞砖红壤。土壤中钒的积累还与土壤质地有关，黏质或者质地较细的土壤比砂土含钒量多。此外，土壤腐殖质可吸附固定钒，一般说来，土壤腐殖质层含钒量较多。

我国土壤中的全钒含量平均为 86mg/kg，南部地区土壤全钒含量多高于平均值，北部地区土壤全钒含量低于平均值，中部地区土壤全钒含量与平均值接近；在剖面分布中，有底层富集型、表层聚集型和均匀型三种类型；影响土壤全钒含量和可溶态钒含量的主要因素是土壤全铁含量，而决定全钒量的是土壤母质。钒在基性岩中含量最高，高达 200mg/kg；在酸性岩中含量最低，仅有40mg/kg，在由基性和超基性岩发育而成的土壤中钒含量较高，在由酸性岩发育而成的土壤中钒含量较低；在黏粒部分含量较高，细砂、粉砂和粗砂粒部分含量相对较低。因此，不同岩类发育而成的土壤中钒含量变化很大（Zhang et al.，2002）。

11.3.2　钒的扩散

大气中的钒可随降雨落入土壤，大气悬浮颗粒物中的钒也可自行沉降进入土壤（吴涛和兰昌云，2004）。另外，进入水体的钒会随灌溉用水进入农田土壤，被土壤中的黏土矿物或有机质吸附，在有机质含量较高、pH 较低的土壤中，全钒和可溶态钒的含量也较高（何翊和吴海，2005）。大气和水体中的钒最终沉积在土壤中，会被植物所吸收（王利平和张成江，2004）。一般情况下，植物有很强的控制钒向地上部分运输的能力，大多数钒富集在植物根部，这部分钒可能以 $CaVO_4$ 形式沉淀在细胞外，而很难向上迁移，因此土壤钒对植物地上部分产生直接伤害的可能性很小。但是随着土壤中钒含量的不断增加，植物根部富集的钒会向植物的茎、叶移动。钒富集植物品种较少，现已发现的钒富集植物主要有薇菜（$V=28\mu g/g$）、紫阳春茶（$V=21\mu g/g$）、紫阳毛尖茶（$V=17\mu g/g$）、油菜子（$V=13\mu g/g$）、菜根（$V=21\mu g/g$）、大叶绞股蓝（$V=18\mu g/g$）等（方维萱等，2005）。种植于土壤中的植物从土壤中吸收获取具有生物有效性的钒，通过食物链可传递至人和其他动物，对人和其他动物体的健康构成威胁。

11.4　钒的环境控制标准

钒是人体所必需的微量元素，但在人体内过量会对人体造成危害，且长期接触钒会对人体造成多方面的危害，为此各国都对其在环境中的卫生标准进行了严格的限制。我国制定的钒在土壤环境中的限量标准见表 11-1（GB 15618—2008）。

表 11-1　土壤无机污染物的环境质量第二级标准值钒的控制标准（mg/kg）

污染物	土地类型	农业用地按 pH 分组				居住用地	商业用地	工业用地
		≤5.5	5.5~6.5	6.5~7.5	>7.5			
总钒		130				200	250	250

11.5　钒污染的危害

钒进入土壤中，有 50%~80% 存在于土壤黏粒中，黏粒含钒量一般随粒径降低而增高。一般情况下，钒以多种价态与有机物形成化合物，经过物理、化学一系列变化，将导致土壤功能受到损害，微生物的生命活动受到破坏，农田肥力下降，并对土壤酶系统产生干扰作用，进而影响土壤的生态功能和植物对养分的吸收。高浓度的钒会导致植物中毒引起枯萎症和限制植物的生长，出现减产甚至死亡。钒对 Na、K-ATP 酶和一些磷酸水解酶也有显著的抑制作用，能使植物对无机磷等养分的主动吸收过程受到阻碍，同时过量的钒也会减少植物对钙、磷酸盐等营养物质的吸收（胡莹等，2003）。

进入植物中的钒，通过食物链可传递至人和其他动物，危害人和其他动物体的健康。人体内钒化物过量会产生多种毒理作用，可引起呼吸系统、神经系统、造血系统、肠胃系统、皮肤等的损伤和新陈代谢的改变。当人体发生钒中毒时，人体中的钒沉淀物散布于所有的组织和器官中，尤以肾脏、肝脏和肺部的浓度最高，所以这些部位的伤害也最大（周金星，2006）。金属钒的毒性很低，钒化合物的毒性随钒的化合价升高而升高和溶解度的增大而增强，+5 价钒的毒性最大，+5 价钒化合物的毒性超过 +3 价钒化合物毒性 3~5 倍（方维萱等，2005）。随着化合价降低，钒化合物的溶解度降低，它同人体内的酶、维生素、激素形成配位化合物的能力减弱，则毒性也减弱（方维萱等，2005）。有研究者认为，土壤中钒含量与胃癌死亡率有非常显著的相关性（$P<0.005$），与大肠癌死亡率有较显著的相关性（$P<0.05$）（曾昭华和廖苏平，2002）。

11.6　钒污染的预防与修复

11.6.1　预防措施

1. 严格控制"钒源"的排放

彻底关闭一些无法进行废物处理的小工厂，严防"钒源"的扩张。冶炼厂排放的含钒废水要经处理后排放。原油燃烧释放到空气中的钒约占总量的 85%，其中工业和交通运输业是最主要的耗油行业，二者约占原油消耗量的 80%，交通运输业释放到大气中的重金属钒的比例将会持续上升（郑艳红和滕彦国，2012），应减少工业和交通运输业中钒的排放。

2. 深入研究土壤钒污染机理和治理技术

对钒在土壤中可能出现的富集与形态转化等过程的研究，是研究钒在食物链循环中重要作用的基础（杨金燕等，2010）。目前对于土壤中钒的化学结合形态与迁移转化等化学行为过程的研究报道很少。现有资料表明，影响可溶态钒转化的因素主要有温度、氧化还原电位、土壤溶液的酸碱度等。一般而言，在较高的温度、较强的还原条件及酸性土壤条件下，土壤中其他化学结合态钒更多地向可溶态钒转化，除有机质结合态钒外，其他形态钒的含量都与土壤全铁含量成显著正相关。酸性土壤耐钒的缓冲能力强，缓冲容量大，不易产生钒污染（汪金舫和刘铮，1995）。

钒污染土壤的治理和修复，需要综合考虑修复技术发展水平、仪器检出水平和当地土壤中钒的背景含量水平、土壤生态系统与人体健康等各种变量，另外还必须结合现有的各种环境保护法规和标准（杨金燕等，2010）。因而，在今后的研究中应加强以下几个方面的研究：①土壤中钒污染等级尚无标准，将土壤钒的生态毒理学和植物对钒的吸收、输运、分布规律研究结合起来，建立土壤钒污染生态风险评价的方法和指标体系；②针对土壤中钒的生物地球化学特点，利用土壤中广泛分布的天然矿物治理土壤中的钒污染，体现天然净化作用的特色；③由于无机钒的毒性往往较大，因此把无机钒通过一定的途径转化为适当形式的有机钒，利用钒富集植物对钒污染土壤进行修复，重点研究钒超富集植物和富集植物的生态地球化学特征、污染土地修复治理的有效物种筛选、钒超富集植物提取抗癌的钒化合物、开发富钒保健食品等具有重要的应用价值（杨金燕等，2010）。

废水中的钒渗到土壤中也会造成土壤钒污染，因此，应该采用先进的生产工艺和清洁的生产技术，提高矿石的提取率，减少钒在选矿废水中的含量；另外，也可以应用废水处理工艺，对采矿和选矿废水进行处理（谢先军和韩吟文，2003）。

3. 加强钒资源效应的研究

我国的钒资源非常丰富，尤其是石煤的储量相当大，但由于其品位低，开发利用难度大。虽然我国的石煤提钒技术在近几年有了很大的进步，而且在世界上也处于领先地位，但依然存在提取率低、产业化程度不高的问题，因钒矿开采而造成的环境污染问题日趋严重。因此，将资源效应和环境效应结合起来，实现资源、环境和谐稳定和可持续发展是当前的重点，为此必须加强以下几个方面的研究：①利用生态学和地球化学原理，研究钒及其化合物在生态系统中的迁移、转化机制，建立完善的钒的生物地球化学循环理论；②研究钒资源富集地区土壤、水和大气环境质量变化规律，揭示钒矿产资源开发利用过程对生态系统的致损过程和机制；③研究钒在人类食物链的迁移规律及农产品安全与健康效应；④创新钒矿废水、废渣的处置技术，研究钒污染土壤生态修复技术和受损生态系统恢复重建试验示范；⑤建立地方病和矿山职业病的生态环境地球化学预防预警体系。钒在矿物-土壤-水体-植物-动物及人类之间的传输过程、赋存形式、慢性积累过程与毒害机理及其环境效应研究应受到高度重视（杨金燕等，2010）。

11.6.2　修复措施

土壤遭受钒污染后，不仅作物产量低，质量变差，而且会通过食物链危害人体健康。常见的修复方法有以下几种。

1. 物理修复

目前处理钒污染土壤的物理措施主要有改土法和电化法。改土法是在受钒污染的土壤上覆盖一层非污染土壤，也可将污染土壤部分或全部换掉，用作铺设道路路基和建筑物，覆土和换土的厚度应大于耕层土壤的厚度。或者是将污染土壤深翻后混合，其本质是减少钒与植物根系的接触或将污染土中钒稀释，使浓度下降到临界危害浓度以下，从而达到减轻危害的目的。改土法可使近 1/3 的田地恢复正常（华珞等，1992）。电化法是美国路易斯州立大学研究的一种净化土壤污染的方法，亦称电动修复（Ho et al.，1995）。该方法是在饱和的黏土（细粒）中通入低强度直流电（1~5mA），电场能能打破土壤对钒的束缚，钒能以电渗透的方法移到电极附近或被吸到土壤表层以达到清除。此法经济合理，特别适合于低渗透性的黏土和淤泥土，每立方米污染土壤需要花费 100 美元左右，在欧美一些国家已进入商业化阶段（李振奇，2000；Ho et al.，1995）。

2. 化学修复

目前处理钒污染土壤的化学修复措施主要有化学清洗还原法、化学固化法和施用改良剂。化学清洗还原法是利用水的压力推动清水或含有能增加金属水溶性的某些化学物质的清洗液通过污染土壤而将钒从土壤中清洗出去或与土壤组分发生各种还原反应。例如，在酸性介质中，伴随着螯合作用，胡敏酸能使 VO_3^- 还

原成 VO_2^+。当钒以钒酸盐状态加入胡敏酸后用含水乙醇淋洗，并用 HCl 进一步淋洗，胡敏酸中的钒酸盐离子被还原成 VO_2^+，并与胡敏酸形成稳定的络合物（郑喜坤等，2002）。

化学固化法是将被钒污染的土壤与某种黏合剂混合。在这里，黏合剂可以使用 $Al(OH)_3$、$Si(OH)_4$、$Fe(OH)_3$，它们都对钒有很强的亲和力，而且土壤矿物组成不同，对钒的亲和力也不同。利用土壤中广泛分布的天然矿物治理土壤中的钒污染，体现了天然净化作用的特色。这种方法成本低、效果好、无二次污染，展现出广阔的研究与应用前景。

另外，处理钒污染的土壤还可以施用改良剂。通过施用改良剂，提高土壤的 pH，降低钒的活性，从而抑制植物对钒的吸收。实践表明，按 $750kg/hm^2$ 左右施消石灰，土壤中钒的有效态可降低 15%。施用改良剂操作简单，费用适中，在轻微的土壤钒污染地区使用可以得到比较好的效果，对于污染较重地区效果不佳，容易出现钒的再度活化。

3. 生物修复

目前，针对土壤中钒污染问题，利用富集植物降低土壤钒含量是一项重要治理措施。与常规治理方法相比，植物修复技术实施简单，投资费用小，不会对植物所需的土壤环境产生破坏，不产生二次污染，是目前最清洁的污染处理技术。此外，还可采用微生物技术进行修复。微生物修复是利用微生物代谢产物的表面基团对重金属具有吸附作用，可去除土壤中的钒。目前，筛选出的对修复钒污染土壤效果较好的菌是土著菌。施用该菌剂 1 个月后，浸出液钒离子浓度为 $10\sim55mg/L$ 的污染土壤，钒离子的还原效果都可达到 90% 以上，高于化学法，这说明该菌剂可有效应用于钒离子土壤的修复。

由于土壤中钒来源复杂，土壤中钒不同形态、各种形态与其他污染物的相互作用产生各种复合污染的复杂性增加了对土壤钒污染研究和治理的难度，在选择钒污染治理和修复技术的实际应用中，需要综合使用多种修复技术的组合，以期达到优势互补、取长补短，低耗、高效的双重效果。

11.7 分析测定方法

土壤质量总钒的分析测定主要采用 N-苯甲酰苯胲（BPHA）光度法。具体操作可参考相关文献。

主要参考文献

陈迪，张强. 2009. 浅议钒矿开采过程中的环境问题及解决措施. 污染防治术，22（4）：81-84.

方维萱，兀鹏武，左建莉，等. 2005. 硒、钼、钒污染环境的生态地球化学修复物种筛选与展望. 矿物岩石

　　　地球化学通报，24（3）：222-231.

何翊，吴海. 2005. 生物修复技术在重金属污染治理中的应用. 化学通报，1：36-42.

胡莹，黄益宗，刘云霞. 2003. 钒对水稻生长的影响溶液培养研究. 环境化学，22（5）：507-510.

华珞，陈承慈，刘全义. 1992. 土壤污染的治理方法研究. 农业工程学报，8（增刊）：90-99.

矫旭东，滕彦国. 2008. 土壤中钒污染的修复与治理技术研究. 土壤通报，39（2）：448-452.

李振奇. 2000. 美国科学家采用电化法净化土壤. 环境科学动态，（3）：31.

商正松，刘方，刘荣，等. 2010. 酸性淋溶下湘西钒矿区废渣及土壤重金属的释放特征. 环保科技，2：
　　　10-14.

汪金舫，刘铮. 1995. 土壤中钒的化学结合形态与转化条件的研究. 中国环境科学，15（1）：34-39.

王利平，张成江. 2004. 土壤中钒的环境地球化学研究现状. 物探化探计算技术，26（3）：247-251.

王云. 1995. 土壤环境元素化学. 北京：科学出版社.

吴涛，兰昌云. 2004. 环境中的钒及其对人体健康的影响. 广东微量元素科学，11（1）：11-15.

谢先军，韩吟文. 2003. 黄石巷子口地区水环境重金属污染评价与防治对策. 安全与环境工程，10（4）：
　　　34-36.

熊威娜. 2008. 钒矿开发对水环境的影响及治理. 能源环境保护，22（6）：39-41.

杨金燕，唐亚，李廷强，等. 2010. 我国钒资源现状及土壤中钒的生物效应. 土壤通报，42（6）：1511-1516.

曾昭华，廖苏平. 2002. 中国癌症与土壤环境中钒元素的关系. 吉林地质，21（3）：93-98.

郑喜坤，鲁安怀，高翔. 2002. 土壤中重金属污染现状与防治方法. 土壤与环境，11（1）：79-84.

郑艳红，滕彦国. 2012. 中国大气中重金属钒的排放特征. 环境科学与管理，37（8）：20-24.

周金星，王珧，金光明，等. 2006. 微量元素钒的生物学研究. 饲料业，27（16）：59-62.

邹宝方，何增耀. 1993. 钒对大豆结瘤和固氮的影响. 农业环境保护，12（5）：198-200，203.

Ho Sa V，Sheridan P W，Christopher J. 1995. Interargrated in situ soil remediation technology：the lasagna
　　　process. Environmental Science & Technology，29（10）：2528-2534.

Zhang X P，Deng W，Yang X M. 2002. The background concentrations of 13 soil trace elements and their
　　　relationships to parent materials and vegetation in Xizang (Tibet)，China. Journal Asian Earth Sciences，
　　　21：167-176.

第 12 章　镍

镍（nickel，Ni）是某些低等生物和植物的必需微量营养元素之一，也是一种致癌的毒性元素。土壤中镍的来源主要受成土母岩成分的制约，土壤中微量的镍能刺激植物生长，过量的镍则阻滞作物生长发育，对植物造成危害，直至死亡。植物体内镍积蓄超标并进入食物链时，就会影响动物乃至人类的健康。一直以来，镍及其合金广泛用于特殊用途的零部件、仪器制造、机器制造、碱性蓄电池、多孔过滤器、催化剂及零部件与半成品的防蚀电镀层等，镍被视为国民经济建设的重要战略资源，其资源的有效开发和综合利用一直被各国重视。但是随着工业的发展，人类向环境中排放的镍及其化合物越来越多，污水、废渣等不经处理排放，直接或间接污染水体和土壤；矿山开采带来的粉尘、尾矿则直接污染土壤，造成了一定的环境污染（刘艳，2007）。因此，世界各国普遍把它列为重点防治对象。

12.1　镍的理化性质

镍在常温常压下是银白色的固体，熔点为 1453℃、沸点为 2730℃、密度为 8.902g/cm³。质地坚硬，耐摩擦、有可塑性，是热和电的良导体（王云和魏复盛，1995）。常温下，镍在潮湿空气中表面形成致密的氧化膜，阻止继续氧化。镍能耐氟、碱、盐水和很多有机物质的腐蚀，在稀硝酸中缓慢溶解，发烟硝酸能使镍表面钝化而具有抗蚀性。镍同铂、钯一样，能吸收大量的氢，粒度越小，吸收量越大。镍的重要盐类为硫酸镍和氯化镍。

镍属于元素周期表中Ⅷ族，原子序数为 28，相对原子质量为 58.71。镍不溶于水，溶于稀硝酸溶液，微溶于盐酸和硫酸溶液，不溶于 NH_4OH 溶液。在自然界中镍有 5 种同位素，分别是 $^{58}Ni(68.27)$、$^{60}Ni(26.10)$、$^{61}Ni(1.13)$、$^{62}Ni(3.59)$、$^{64}Ni(0.91)$。镍能与许多有机配位基形成稳定的化合物，但仅能在很小的程度上与自然界中的无机配位基形成化合物，其结合的顺序为 $OH^->SO_4^{2-}>Cl^->NH_3$。

土壤中的镍随着土壤理化性质的不同通过溶解、沉淀、络合、吸附等各种反应而以不同的化学形态存在。目前，土壤中镍的形态一般分为 5 级：交换态、碳酸盐结合态、铁锰氧化物结合态、有机结合态和残留态。

12.2　镍的污染来源

镍污染是由镍及其化合物所引起的环境污染。镍在地壳中的平均丰度为
75g/t，在微量元素中是含量比较丰富的元素。它有很强的亲硫性，主要以硫化
镍矿和氧化镍矿的形态存在，在铁、钴、铜和一些稀土矿中，往往有镍共生。全
世界每年镍的迁移状况是：岩石风化量为 320 000t，河流输送量为 19 000t，开
采量为 560 000t，矿物燃料燃烧排放 5600t。目前，认为镍对环境只是一种潜在
的危害物。

自然界中的镍主要来源于火山岩，经过岩石的风化、火山爆发等自然现象而
进入环境（王云和魏复盛，1995）。土壤中的镍污染主要有三个来源：

（1）采矿废弃池。我国镍储量达 867.72 万 t，平均镍含量为 0.2%～7%，
广泛分布于甘肃、新疆、四川、广东、吉林、湖北等 18 省区，采矿的尾矿、沸
石、剥离土等均会引起污染。镍进入土壤后，在土壤中不易随水淋溶，不易被生
物降解，具有明显的生物富集作用，进而对人体及生态系统造成危害。

（2）高背景含镍土壤。蛇纹岩一般含镍量高，镍蛇纹岩发育土壤含镍量可达
500～1000mg/kg，如广东信宜该类土壤分布达 1000hm^2。

（3）工业生产污染土壤。由于镍被广泛用于电气工业、化学工业、机械工
业、建筑工业和食品工业中，因而也引起了严重的环境污染，是城市郊区土壤中
广泛存在的主要污染重金属之一（万云兵等，2009）。

12.3　镍的分布与扩散

12.3.1　镍的分布

地壳中镍的平均含量为 80mg/kg，在地壳中各元素含量顺序中占第 23 位（万
云兵等，2009）。镍普遍存在于自然环境中。在各类岩石中，镍的含量变化相当大。

土壤中的镍含量一般为 5～500mg/kg。镍污染土壤中镍含量可高达
53 000mg/kg。生长在正常土壤中的植物体内镍的含量一般为 0.1～1mg/g，而生
长在镍富集地区的植物体内镍含量可为上述含量的 100～1000 倍。镍的富集量各
地不同，如从蛇纹岩上发育的土壤总镍可达 5000mg/kg，从熔岩及火山灰上发
育的土壤总镍可达 1500mg/kg（McGrath et al.，1995）。中国土壤 A 层平均为
26.9mg/kg，而广东省土壤含镍范围为 3～162mg/kg，平均为 27.68mg/kg。由
于黏土、有机质对镍强烈的吸附持留作用，因此，富镍土壤往往为黏土、壤土及
富含有机质的土壤。镍在指示物种苔藓植物体中的累积程度最高，人类活动有时
也会在很大程度上影响土壤中的镍浓度（Genoni et al.，2000）。镍是植物生长

必需的元素，在整体含量较低时，深层粉煤灰中的镍元素向表层土壤转移对作物生长是有利的（胡振琪，2003）。

中国土壤中镍元素平均含量为 24.9mg/kg。由于我国地域广阔、各地地质条件、生物-气候条件、成土过程及开发程度差异很大，因而各类土壤中镍元素的背景含量有较大的差异。其中，石灰岩土、灰褐土、灰钙土、草毡土镍含量较高，一般都大于 30mg/kg；而磷质石灰土、砖红壤、赤红壤、风沙土、燥红土则含镍很低，甚至低于 10mg/kg（王云和魏复盛，1995）。

不同土地利用方式对土壤镍积累的影响并不十分明显，郑袁明等（2005）通过对北京市菜地、稻田、果园、绿化地、麦地及自然土壤等土地利用类型 607 个土壤的监测分析表明，土壤中镍浓度的几何平均值为 26.8mg/kg，与北京市土壤背景值（26.8mg/kg）差异不显著。但是在 6 种土地利用中，菜地土壤的镍浓度显著高于北京市土壤镍的背景值，平均镍浓度的最低值为果园土壤，仅 24.3mg/kg。绿化地的土壤镍浓度为 27.8mg/kg，属于 6 种类型中较高的土地类型。其原因可能是由于绿化地位于公路附近，容易受到汽车尾气的影响，从而使其镍浓度受到石油燃烧（如汽油、柴油）等影响。

12.3.2　镍的扩散

由于工农业的发展，废气、废水、废渣等不经处理排放，直接或间接地污染土壤。镍进入土壤后，一部分可以吸附在土壤中；还有一部分通过排水离开土体；此外，还可以有一部分因挥发进入大气（陈怀满，2005）。土壤中的镍会随着土壤理化性质的不同而发生迁移和价态、形态的转化。镍在土壤中可分别与水、富里酸、碳酸钙、无定形氧化铁、无定形氧化锰、蒙脱石、高岭石、蛭石等结合形成化合物，在这些化合物中镍的存在形态可划分为 5 种形态：交换态、碳酸盐结合态、铁锰氧化物结合态、有机结合态和残渣态。土壤中可交换态的镍含量不高，一般不超过全镍含量的 2%。碳酸盐结合态镍因土壤类型而有很大差异。镍与铁锰氧化物也有较强的结合能力，土壤中铁锰氧化物结合态镍可占全镍含量的 20%～30%。有机结合态镍和交换态镍与土壤溶液中简单离子和络合离子处于相互平衡中，这种平衡受体系的 pH、Eh 和配位体等因素的影响，尤其是在较高的氧化条件下，镍离子可随有机物质的降解而释放出来。多数土壤残留态镍均可占各自全量的 50% 以上。这部分镍非常稳定，一般不会转化为被植物可利用的形态。

镍在植物体内主要以二价的形式存在。Ni^{2+} 可以形成许多配位数为 4、5、6 的络合物，许多与生物有关的物质，如某些有机酸是其配位体。据报道，在一些微生物细胞中还存在三价的镍。植物主要通过根系吸收镍，但叶片追施的镍也可能被植物吸收。叶片吸收的镍则通过韧皮部运输。植物吸收的镍在体内的分布并不均匀，常富集于某些器官内。

12.4　镍的环境控制标准

我国制定的铅在土壤环境中的限量标准见表 12-1（GB 15618—2008）。

表 12-1　土壤无机污染物的环境质量第二级标准值镍的控制标准 （mg/kg）

污染物	土地类型	农业用地按 pH 分组				居住用地	商业用地	工业用地
		≤5.5	5.5～6.5	6.5～7.5	>7.5			
总镍	水田、旱地	60	80	90	100	150	200	200
	菜地	60	70	80	90			

12.5　镍污染的危害

由于工农业生产的不断发展，各种污染物质从多种途径进入土壤，对土壤质量和环境生物造成严重威胁。中国受镍污染的农田面积在不断增加、土壤污染程度有加重的趋势。据估计，全球每年释放到环境中的有毒重金属高达数百万吨，其中镍为 38.1×10^5 t（马放等，2003）。镍是重要的除了环境污染元素，过量的镍还会损害植物，并出现中毒症状（赵美微等，2007；刘洪泉等，2010）。植物生长在受镍污染的土壤环境中，超过一定限度就会对不同植物产生不同程度的危害。镍胁迫可抑制作物体内酶活性及扰乱能量代谢过程，叶片叶绿素含量和过氧化物酶活性显著降低，使作物生长受抑，生物产量下降。

植物体内镍积蓄超标并进入食物链时，就会影响动物乃至人类的健康。人类接触或摄入过多的镍和镍盐，对人体健康危害很大，特别是羰基镍由呼吸道进入体内，首先伤害肺，引起肺水肿、急性肺炎，并诱发呼吸系统癌。人体暴露于镍污染环境中可以产生一系列的健康危害效应。金属镍的毒性小，吞入大量的镍也不会产生急性中毒，而由粪便排出。但经常接触镍制品会引起皮肤炎，如有些妇女戴镀镍的耳环，2～6 周后耳垂可出现湿疹；戴镍制手表的皮肤开始出现痒和痛，继之会发生红斑。吸入金属镍的粉尘易导致呼吸器官障碍，肺泡肥大。

12.6　镍污染的预防与修复

12.6.1　预防措施

随着社会的发展，我国土壤重金属的污染来源更加广泛，污染形态日趋多样，重金属污染土壤的面积在逐渐扩大，程度在不断加深。目前对镍污染的预防措施主要是采用清洁生产。清洁生产是指不断采取改进设计、使用清洁的能源和原料、采用先进的工艺技术和设备、改善管理、综合利用等从源头削减的措施，提高资源利用效率，减少或避免生产、服务和产品使用过程中污染物的产生和排放，以减轻或消除对人类健康和环境的危害（周以富和董亚英，2003）。

12.6.2　修复措施

目前，治理土壤重金属污染的途径主要有两种：一种途径是改变重金属在土壤中的存在形式，将重金属固定下来，以此来降低它在环境中的迁移性和生物可利用性；另一种是将土壤中重金属通过各种方式去除。围绕这两种方式国内外发展了各种物理、化学、生物等治理方法。

1. 物理修复

通过各种物理过程将污染物（特别是有机污染物）从土壤中去除或分离的技术。热处理技术是应用于工业企业场地土壤有机污染的主要物理修复技术，包括热脱附、微波加热和蒸气浸提等技术，已经应用于苯系物、多环芳烃、多氯联苯和二噁英等污染土壤的修复。

2. 化学修复

污染土壤的化学修复技术发展较早，是利用改良剂与镍之间的化学反应从而对污染土壤中的镍进行固定、分离提取等。具体包括：化学固定法、螯合剂调节法、土壤 pH 控制法、土壤氧化还原电位调节法、土壤重金属离子拮抗法、淋洗技术、光催化降解技术和电动力学修复等。这些方法，不仅费用昂贵、需要特殊的仪器设备和培训专门的技术人员，并且大多只能暂时缓解重金属的危害，还可能导致二次污染，不能从根本上解决问题。

3. 生物修复

植物修复技术利用植物原位处理污染土壤，使环境污染通过"绿色"治理技术得以恢复，是一种前景广泛、能有效处理重金属污染土壤的实用技术。今后很长一段时间植物修复的研究热点仍将集中在超富集植物的筛选与优化上。为了提高植物修复效率，也可以尝试将植物修复技术和其他修复技术联合以发挥各自的优势。植物修复技术具有如下几个优点：①治理效果的永久性和治理过程的原位性；②治理成本的低廉性；③环境美学的兼容性；④后期处理的简易性。目前，对镍污染修复的主要方法是植物修复。

镍污染的土壤可用植物进行修复。镍不同于有机物，它不能被生物降解，只有通过生物吸收才能从土壤中去除。用微生物进行大面积现场修复时，不仅微生物吸收的镍较少，而且富集镍的微生物的后处理也比较困难。植物具有生物量大且易于后处理的优势，因此植物修复是解决镍污染问题的一个有效手段。植物主要通过植物提取、植物挥发和植物钝化等方式去除土壤中重金属离子或降低其生物活性（夏立江和王宏康，2001）。

12.7　分析测定方法

目前，对镍的分析测定方法有：

（1）火焰原子吸收分光光度法，GB/T 17139—1997。

（2）电感耦合等离子体发射光谱法，日本环境省：《底质调查方法》。

（3）电感耦合等离子体质谱法，日本环境省：《底质调查方法》。

主要参考文献

陈怀满. 2005. 环境土壤学. 北京：科学出版社.

胡振琪，戚家忠，司继涛. 2003. 不同复垦时间的粉煤灰充填复垦土壤重金属污染与评价. 农业工程学报，19（2）：214-218.

刘洪泉，杨亚玲，张丹扬. 2010. 靛红-过硫酸钠体系催化动力学光度法测定土壤中镍. 光谱实验室，27（1）：77-79.

刘艳. 2007. 重金属镍污染土壤的生态风险评价. 北京：北京林业大学硕士学位论文.

马放，玛玉杰，任南琪. 2003. 环境生物技术. 北京：化学工业出版社.

万云兵，李伟中，庞金满. 2009. 提高镍污染土壤的植物修复效率研究. 环境科学与技术，32（B06）：109-111.

王云，魏复盛. 1995. 土壤环境元素化学. 北京：中国环境科学出版社.

夏立江，王宏康. 2001. 土壤污染及其防治. 上海：华东理工大学出版社.

赵美微，塔莉，李萍. 2007. 土壤重金属污染及其预防修复研究. 环境科学与管理，32（6）：70-72.

郑袁明，陈同斌，郑国砥，等. 2005. 北京市不同土地利用方式下土壤铬和镍的积累. 资源科学，27（6）：162-166.

周以富，董亚英. 2003. 几种重金属土壤污染及其防治的研究进展. 环境科学动态，（1）：15-17.

Genoni P，Parco V，Santagostino A. 2000. Metal bio-monitoring with mosses in the surrounding so fan oil fered power plant in Italy. Chemosphere，41：729-733.

McGrath S P，Chaudhri A M，Giller K E. 1995. Long-term effects of metals in sewage on soils microorganisms and plants. Journal of industrial microbiology，14：94-101.

第 13 章　铊

铊 （thallium，Tl） 是一种高度分散的稀贵金属元素，有剧毒，作为地壳的天然组成元素，铊几乎存在于各种自然环境介质中。20 世纪 80 年代以来，铊被广泛用于超导、合金、电子、光学、化工、医学、农业等领域，被用来制作光敏电池、计算器、红外探测器、超导材料、高精密度的光学仪、光学透镜等，含铊及其化合物的污染物通过各种途径大量进入土壤。铊具有蓄积性，土壤中铊的富集、迁移、转化等可通过食物链和大气、水体等介质在人体、动植物体内累积，使生命体致毒，其为强烈的神经毒物。目前，铊元素的研究主要集中在环境地球化学性质及其在土壤、水体等环境中的迁移转化效应。如何有效地控制及治理土壤中铊污染，改良土壤质量，是土壤保护工作中的一项重要内容。

13.1　铊的理化性质

铊是一种高度分散，具有剧毒的略带淡蓝色的银白色重金属，质量重而且柔软，且富有延展性。其密度为 11.588g/cm³，溶点为 303.5℃，沸点较高，为 1457℃。

铊位于元素周期表的第六周期ⅢA族，为周期表中的第 81 号元素，相对原子质量为 204.39。铊无色、无味，一般人不易取得，毒性强烈，是一种跟踪元素，铊不溶于水和碱溶液，易溶于硫酸和硝酸，其水溶液无色、无味、无臭，也易于氧化，长期置于空气中，能与空气中的氧作用形成氧化膜而保护内部，使颜色变暗。

铊通常主要以 Tl^+ （也有以 Tl^{3+}） 形态存在。土壤中铊主要以水溶态、硅酸盐结合态、硫化物结合态和有机质结合态的形态存在，铊盐一般为无色、无味的结晶，溶于水后形成亚铊化合物（高金燕等，2005）。

13.2　铊的污染来源

土壤中铊的自然来源主要是成土母质，不同的母质、成土过程所形成的土壤铊含量的差异很大，这是决定土壤中铊含量与分布的重要原因之一，如复合岩中铊含量为 0.05 ～ 0.52mg/kg，石灰岩中为 0.11 ～ 21.56mg/kg（刘敬勇等，2007）。

　　土壤中铊的人为来源主要是工业生产过程中的释放。铊的亲硫性，使得铊常与铅、锌、铜、铁等在硫化物中形成元素共生组合。铊的硫化物矿物和硫盐矿物，在表生地球化学作用下铊很容易被释放出来，而成为一种潜在的环境危害（何立斌等，2005）。铊的化合物多数具有高挥发性，在冶炼过程中铊能以气态形式进入大气，在焙烧时 60%～70%的铊可进入焙烧烟尘，铊就会从烟囱中扩散到大气中，再加上雨淋沉降，铊通常会滞留于土壤，被土壤中的黏土矿物和有机物的吸附或固定，富集于土壤中，造成土壤铊污染（吴颖娟等，2001）。在植被破坏、水土流失和土壤反酸等条件影响下，矿渣中的铊化合物（铊含量高达 106mg/kg）被溶淋流出，而进入附近的土壤（铊含量高达 50mg/kg），造成土壤中铊浓度的升高。而废弃的硫化矿物、尾矿等在经过外界环境的氧化、风化、分解等导致产生大量的酸性废水，铊在酸性条件下活化并随废水一起在地表迁移，工业废水中含有的金属离子，也会随着污水灌溉而进入土壤，污染土壤。此外，农业上含铊化肥的使用也使得土壤中的铊含量增加。

13.3　铊的分布与扩散

13.3.1　铊的分布

　　世界范围土壤中铊的含量为 0.1～0.8mg/kg，平均约 0.12mg/kg（Heim et al.，2002），我国为 0.29～1.17mg/kg。铊在自然界主要以 Tl^+ 状态存在，在土壤中的形态主要有水溶态、硅酸盐结合态、硫化物结合态和有机质结合态，受土壤来源、pH、Eh、土壤溶液的离子强度、有机质、黏土矿物和铁锰氧化物等多种因素的共同制约，铊的分布具有不均一性。

　　我国土壤的含铊量因土壤性质的不同而不同。张飞等（2011）利用一次平衡法研究红壤和黄土对 Tl^+ 吸附的热力学和动力学过程表明，在试验所采用的 Tl^+ 浓度范围内，黄土对 Tl^+ 的吸附能力明显高于红壤。有的研究中指出，从燥红壤到红壤呈现出南高北低的规律性，同一种土壤（如黑土）根据经度呈现出东大西小的规律（吴颖娟等，2001）。我国地域上铊的分布还可能与煤的开采和利用有关。研究表明，我国黔西南地区由于金汞矿（伴生有铊）资源的开发利用，大量的矿渣废料中的铊含量达 25～106mg/kg；贵州滥木厂铊矿区环境中铊含量比较高，为地壳丰度值（0.45×10^{-6}）的几倍、几十倍，甚至几万倍不等，土壤含铊量变化在 22.9×10^{-6}～611×10^{-6} 范围内，其平均值为 263.925×10^{-6}；（刘敬勇等，2007；王春霖和陈永亨，2007；张宝贵等，2009）。某硫酸厂周边农田中铊分布的研究表明，土壤中铊含量变化范围为 3.763～7.24mg/kg，其中种植生菜的农田中铊含量最高，为 7.24mg/kg；种植毛豆的农田中铊含量最小，为 3.76mg/kg（王春霖等，2011）。在垂直分布上，各土层中的铊含量存在差异，通常表土的铊含量较高，深层土壤与土壤下伏的基岩中铊含量低（陈永亨等，2001）。酸性土壤中的铊滞留量要比碱性土壤差（王春霖和陈永亨，2007）。

植物体中，铊主要分布在根和叶，其次是茎、果实和块茎。铊污染区植物调查显示，铊含量由高到低依次为乔木、灌木、野生草本植物，乔木的含铊范围为 $140.0 \sim 435 \mu g/kg$；铊在植物中的富集程度以蕨类植物较高，在蔬菜中以甘蓝（莲花白）较高（李德先等，2002；吴颖娟等，2001）。

13.3.2　铊的扩散

铊的化合物多数具高挥发性，在冶炼过程中能以气态形式向大气中扩散，并且随着灰尘的沉降进入水体和土壤，气态铊迁移的主要形式是 TlF，其次是被硫磺细粒吸附，以气溶胶形式迁移（周涛发等，2005）。水溶态的铊在土壤溶液中以 Tl^+、Tl^{3+} 和以 $[TlCl_4]^-$ 等卤素配合物及 SO_4^{2-}、AsO_2^- 的配合物形式存在（张忠等，1999），可直接被植物吸收，易被淋溶入土壤深层或随淋溶液迁移。硫化物结合态的铊易氧化分解，释放出可交换性铊并发生迁移。而硅酸盐结合态的铊被嵌在 SiO_4 四面体晶格中，通常不能移动，但在特定条件下（酸度、温度、氧化还原条件适宜时），非水溶态存在的铊也会向深层土壤或地下水活化迁移。另外，尾矿及矿山废物中的铊在地表风化淋滤作用下也会释放进入土壤。从大气中沉降下来的铊通常会滞留于土壤，铊滞留量的多少与土壤中所含的黏土矿物、有机质，以及铁氧化合物的含量有明显的正相关性（刘敬勇等，2007；王春霖和陈永亨，2007）。

土壤中的 Tl^+ 和 Tl^{3+} 均可被植物根吸收，但 Tl^+ 较 Tl^{3+} 更易被植物吸收，而 Tl^{3+} 只能通过离子交换和扩散作用进入植物根系。另外，铊可由食物链、皮肤接触、飘尘烟雾进入动物及人体中，通过呼吸道、消化道和皮肤吸收（周涛发等，2005）。

13.4　铊的环境控制标准

目前，我国制定的《中华人民共和国环境保护行业标准（HJ 350—2007）》，适用于展览会用地土壤环境质量评价。

根据不同的土地开发用途对土壤中污染物的含量控制要求，将土地利用类型分为两类：Ⅰ类主要为土壤直接暴露于人体，可能对人体健康存在潜在威胁的土地利用类型；Ⅱ类主要为除Ⅰ类以外的其他土地利用类型，如场馆用地、绿化用地、商业用地、公共市政用地等。

土壤环境质量评价标准分为 A、B 两级。A 级标准为土壤环境质量目标值，代表了土壤未受污染的环境水平，符合 A 级标准的土壤可适用于各类土地利用类型。B级标准为土壤修复行动值，当某场地土壤污染物监测值超过B级标准限值时，该场地必须实施土壤修复工程，使之符合A级标准。符合B级标准但超过A级标准的土壤可适用于Ⅱ类土地利用类型。

本标准中规定的铊的土壤环境质量评价标准限值见表13-1。

表 13-1　铊的土壤环境质量评价标准限值（mg/kg）

项目	A级	B级
铊	2	14

13.5　铊污染的危害

土壤问题直接影响土壤的质量、水质状况、作物生长、农业产量、农产品品质等（郑喜坤等，2002），土壤中铊的富集、迁移、转化等可通过食物链和大气、水体等介质在动植物体内累积，使生命体致毒。铊对植物的毒性远大于铅、镉、汞等其他重金属（马海燕，2005），在植物体中，铊可以取代钾、镁等植物必需的元素（孙勇和范必威，2004），即铊与钾有相互拮抗作用。Tl^+ 与 K^+ 一样在植物体内以离子形态自由活动，并抑制钾在植物体内运输，即抑制其营养传输，使植物的生长受到影响（吴颖娟等，2001）。因此，铊取代钾后，植株会表现为长势低矮、发黄、叶子卷曲等。

一般认为，铊的最小致死量约为 12mg/kg，铊常伴生在一些矿物中，随着矿物的开采和加工过程进入环境，可以通过食物、饮水、呼吸而进入人体（周清平等，2009）。因为铊具有蓄积性，往往滞后发病，造成慢性铊中毒。早期将含铊化合物用作医药和农药，并且由于用量过大而导致中毒甚至死亡的事件是最好的例证（Peter and Viraraghavan，2005）。铊对人体的危害机理主要有：①Tl^+可代替 K^+，使生物体内由 K^+ 驱动的生理过程受到影响，造成代谢紊乱；②Tl^+ 与含硫基团（如巯基等）螯合，改变含硫化合物（主要是蛋白质和酶）的结构和功能，从而影响代谢过程（马海燕，2005）。

13.6　铊污染的预防与修复

13.6.1　预防措施

（1）对铊矿床和含铊矿床的开采、选矿、冶炼、尾矿等操作过程进行严格的控制；降低可能产生含铊废石和废水的生产量；降低三废的排放量；集中处理含铊工业废水，加大废渣中铊的回收力度；对于废渣的堆放及含铊矿床的开采、选矿和加工，企业应该进行严格的选址和进行合理的管理，并对其周围进行严格的环境监测，远离城市和人口密集区。

（2）利用超积累植物提取和富集土壤中的铊，土壤修复与植物采矿相结合，减轻土壤的铊污染。

（3）对产生含铊烟尘的冶炼厂、发电厂的烟囱加装过滤网及铊回收装置，降低烟尘中铊的含量，阻隔含铊烟尘直接排入大气，并对这些企业附近大气中的铊含量进行监控。

（4）在铊高背景值地区进行普查，对暴露在地表的岩石单元释放铊的潜力进行评价，确定铊从岩石迁移进入水、土壤、植物等环境介质的潜力。建筑工程（如道路等）应避开含铊高的地区和地质体。调查铊的传播途径，同时，减少直至停止严重铊污染区粮食和蔬菜等的种植。

（5）调控食物链中铊的迁移。选用对铊的富集系数小的作物种类或品种，降低农产品中的铊含量，减少人体通过食物链途径吸收铊。

（6）加强对接触含铊物质工作人员的劳动保护，对工作人员应及时定期进行体检，此外，还应减少含铊化肥的产量（刘敬勇等，2007；范裕等，2004；周涛发等，2005；刘志宏等，2007；戴华等，2011）。

13.6.2　修复措施

目前关于土壤铊污染和治理可从以下几个方面进行修复。

1. 物理修复

根据铊在土壤剖面和不同类型土壤中的分布特征，通过客土（在污染的土壤上加入未污染的新土）、换土（将已污染的土壤移去，换上未污染的新土）、翻土（将污染的表土翻至下层）、去表土（将污染的表土移去）等技术改变铊污染土壤的物理性质对其进行治理。该类方法已广泛地被采用，但没能彻底清除环境中的污染，其中的铊还有通过淋洗渗透的方式污染地下水和通过尘土扩散污染空气的可能，也就是说它还可成为二次污染源，因此治理方法及技术尚需进一步研究。

2. 化学修复

在铊污染土壤中加入改良剂，如加入石灰等碱性物质改变土壤的 pH，降低铊的化学活动性改变铊在土壤中的存在形式，使其固定，从而降低其在环境中的迁移性和生物可利用性。该法的缺点在于不能回避铊种类形态的复杂性，处理过程复杂程度较高，可能破坏土壤生物活性，因此只适合小面积严重污染土壤的处理（范裕等，2004；周涛发等，2005）。

3. 植物修复

利用植物修复的方式降低土壤污染，不应在污染土壤上种植进入食物链的植物（如包心菜、油菜等），而是种植一些非食用植物（如花卉、林木），不要施用含铊化肥。

　　另外，利用铊超富集植物的特性，种植能容忍和超强富集铊的植物，如用中亚灌木（*Biscutella laevigate*）和屈曲花科植物（*Iberis intermedia*）来清除土壤中可交换态铊（Leblanc et al.，1999；Anderson et al.，1999）。目前采用的持续的植物提取方法在室内实验和田间试验均证明在净化重金属污染土壤方面具有极大的潜力。此种方法被认为是其他两种方法所无法比拟的，具有费用低廉、不破坏场地结构、不造成地下水的二次污染、能起到美化环境作用、易于被社会所接受等优点，是一项很有发展前途的修复技术。从国内外已发表的文献资料来看，目前可用于提高植物吸收重金属的主要技术包括基因工程技术、螯合诱导修复技术、接种菌根强化植物吸收技术、二氧化碳诱导植物超积累技术（周涛发等，2005；鲍桐等，2008）。

13.7　分析测定方法

　　我国制定的《中华人民共和国环境保护行业标准（HJ 350—2007）》，规定了土壤中铊电感耦合等离子体原子发射光谱分析方法。该方法的原理为：土壤样品经过消解后加入内标溶液，样品溶液通过进样装置被引入电感耦合等离子体中，根据元素的发光强度测定铊浓度。铊最低检出限为 0.800mg/kg。

主要参考文献

鲍桐，廉梅花，孙丽娜，等. 2008. 重金属污染土壤植物修复研究进展. 生态环境，17（2）：861.

陈永亨，谢文彪，吴颖娟，等. 2001. 中国含铊资源开发与铊环境污染. 深圳大学学报（理工版），18（1）：57-63.

戴华，郑相宇，卢开聪. 2011. 铊污染的危害特性及防治. 广东化工，38（7）：108-109.

高金燕，陈红兵，余迎利. 2005. 铊-人体的毒害元素. 微量元素与健康研究，22（4）：59.

何立斌，孙伟清，肖唐付. 2005. 铊的分布、存在形式与环境危害. 矿物学报，25（3）：230-236.

李德先，高振敏，朱咏暄. 2002. 环境介质中铊的分布及其分析测试方法. 地质通报，21（10）：682-688.

李汉帆. 2004. 铊类化合物及其中毒. 湖北预防医学杂志，15（1）：5.

刘敬勇，常向阳，涂湘林. 2007. 重金属铊污染及防治对策研究进展. 土壤，39（4）：528-535.

刘志宏，李鸿飞，李启厚，等. 2007. 铊在有色冶炼过程中的行为、危害及防治. 四川有色金属，（4）：2-7.

马海燕. 2005. 铊污染及其生态健康效应. 广东微量元素科学，12（9）：2-3.

孙勇，范必威. 2004. 自然界中铊的分布及对人体健康的影响. 广东微量元素科学，11（1）：8-10.

王春霖，陈永亨，齐剑英，等. 2011. 粤西某硫酸厂周边作物及其种植土壤中铊污染及其潜在生态风险. 农业环境科学学报，30（7）：1276-1281.

王春霖，陈永亨. 2007. 环境中的铊及其健康效应. 广州大学学报（自然科学版），6（5）：50-54.

吴颖娟，陈永亨，王正辉. 2001. 环境介质中铊的分布和运移综述. 地质地球化学，29（1）：52-56.

闫兴凤，李高平，王党，等. 2007. 土壤重金属污染及其治理技术. 微量元素与健康研究，24（1）：54.

张宝贵，张忠，胡静，等. 2009. 铊，铊中毒及铊在生态系中迁移径迹. 地球与环境，37（2）：131-135.

张飞，李祥平，齐剑英，等. 2011. 红壤和黄土对铊的吸附行为研究. 安徽农业科学，39（21）：12747-12749.

张忠，陈国丽，张宝贵，等. 1999. 滥木厂铊矿床及其环境地球化学研究. 中国科学（D 辑），29（5）：433-441.

郑喜坤，鲁安怀，高翔，等. 2002. 土壤中重金属污染现状与防治方法. 土壤与环境，11（1）：79-84.

周清平，胡劲，姚顺忠. 2009. 铊的应用以及对人体的危害. 有色金属加工，（3）：14-17.

周涛发，范裕，袁峰，等. 2005. 铊的环境地球化学研究进展及铊污染的防治对策. 地质评论，51（2）：183-185.

Anderson C W N，Brooks R R，Chiarucci A. 1999. Phytomining for nickel，thallium and gold. Journal of Geochemical Exploration，67（13）：407-415.

Heim M，Wappelhorst O，Markert B. 2002. Thallium in terrestrial environments-occurrence and effects. Ecotoxicology,11（5）：369-377.

Leblanc M P，Petit D，Deram A，et al. 1999. The phytomining and environmental significance of hyperaccumulation of thallium by Iberis intermedia from southern France. Economic Geology，94（1）：109-113.

Peter A L J，Viraraghavan T. 2005. Thallium：A review of public health and environmental concerns. Environment International，31（4）：493-501.

第14章 钼

重金属钼（molybdenum，Mo）不仅是动植物体必需的微量元素之一，同时也是各种合金钢的增强抗蚀添加剂，是性能优异的超合金的重要组分，也是石油加氢脱硫催化剂、氨氧化催化剂等的主要活性元素，用钼阻燃剂可制成难燃电缆、难燃织物、难燃塑料制品、难燃纸制品和难燃涂料，钼还用作含钼纳米材料的生产（张文钲，2007）。然而常因钼矿开采技术落后，尾矿管理力度不够，导致部分地区产生了相对严重的钼污染事件，过量的钼进入土壤中会对植物生长产生不利影响，同时还可以在植物体内积累，并通过食物链进入人体，危害人的身体健康，因此随着钼的应用越来越广泛，钼及其衍生物越来越受到人们青睐的同时，钼污染也逐渐受到人们的关注。

14.1 钼的理化性质

钼为银白色金属，坚硬而有延展性，密度为 $10.2g/cm^3$，熔点为 2610℃，沸点为 5560℃。

钼位于元素周期表第五周期ⅥB族，原子序数为 42，稳定同位素有 92、94、95。化合价有 +2、+4 和 +6，其中 +6 价是最稳定的价态，可形成多种化合物，最主要的化合物为氧化物，常见的有 MoO_3、MoO_2、Mo_2O_5。此外，还有钼酸及各种类型的钼酸盐。在常温下钼在空气或水中都是稳定的，但当温度达到 400℃时开始发生轻微的氧化，当达到 600℃后则发生剧烈的氧化而生成 MoO_3。钼不溶于盐酸、氢氟酸、稀硝酸及碱溶液，可溶于硝酸、王水或热硫酸溶液中。

钼在土壤中大多数以无机或有机形态存在于土壤中。土壤中的钼分为水溶钼（可溶解于水中）、有机态钼（存在于有机物质中）、难溶态钼（为原生矿物和铁铝氧化物所固定的钼）、代换态钼（以 MoO_4^{2-} 和 $HMoO_4^-$ 形式被土壤胶体所吸附）四种类型，它们在一定条件下可相互转化（刘鹏和杨玉爱，2001）。

14.2 钼的污染来源

钼的来源广泛，自然土壤中的钼主要来自成土母质，岩石中的钼通过风化、地质灾害、生物转化等自然现象而进入土壤。估计每年有 1000t 钼通过风化作用从岩石中释放出来，进入水体和土壤，并在环境中迁移。

人类生产活动中钼的广泛应用及含钼矿物燃料（如煤）燃烧，加大了钼在土壤中的含量。工业上，尾矿是产生土壤钼污染的源头，钼尾矿在地表环境中发生风化淋滤和降雨动力溶出，成为钼污染物进入土壤的重要途径之一（于常武等，2008）。全世界钼产量为 10 万 t/年，燃烧排入环境的钼为 800t/年。此外，还可通过大气中含钼粉尘的沉降、含钼工业废水的灌溉及含钼废渣作为农用微肥的施用，均可导致土壤钼污染。在现代化饲养业中，为了提高饲料的利用率、转化率和预防畜禽铜中毒，人为地在饲料中添加钼盐来调节钼铜比，这些外援钼可随粪便进入土壤，也是土壤中钼的来源之一。

14.3　钼的分布与扩散

14.3.1　钼的分布

钼在土壤中的总含量很少，一般范围为 0.5～5mg/kg，平均含量约为 2.3mg/kg，土壤中钼的平均含量与地壳的平均含量基本一致。我国土壤的全钼范围为 0.1～6mg/kg，平均含量为 1.7mg/kg。

不同的土壤类型含钼量有较大的差异，如我国东北地区土壤母质以玄武岩风化的土壤含钼量最高，其次是安山岩和贡岩，而以砂土和黄土性物质的含钼量最少（刘鹏和杨玉爱，2001）。各种森林土和白浆土的钼含量最丰富，为 1.3～6mg/kg；其次是草甸土、黑土、黑钙土和褐色土，为 0.2～5mg/kg；碱土和盐土为 0.5～2mg/kg，栗钙土为 0.1～1.2mg/kg；而以砂土最低，仅为 0.1～0.7mg/kg（鲍士旦，2000）。此外，钼的含量还与土壤的形成过程、土壤的风化程度、土壤中有机质的丰富度及地理区域有关，还与土壤 pH 及土壤湿度有关（刘鹏和杨玉爱，2001）。

钼主要积累在土壤表层，也会随降水下渗，但钼从土壤表层到深层的含量是逐渐减少的。

不同土地利用类型对钼的积累明显不同，海南部分胶园土壤有效钼含量平均值为 0.033mg/kg（曹启民，2012），黔南山地植烟土壤有效钼含量平均值为 0.1469mg/kg（武德传和陈永安，2012），福建省铁观音茶园土壤有效钼含量为 0.01～1.46mg/kg，平均值为 0.17mg/kg（叶欣等，2011），上述地区钼含量均偏低；辽宁葫芦岛连山区的钼矿区各片土壤中钼元素的含量为 720.61～5341.75mg/kg，钼矿周边各片农田土壤中钼元素的含量为 228.38～704.14mg/kg，显著高于背景值（曲蛟，2007）。

14.3.2　钼的扩散

环境中的钼在自然界中的扩散主要是通过大气、水和生物链完成的。通过采矿活动中产生的含钼粉尘和运输过程中矿石的散落及在降雨动力下尾矿的渗出，还有含钼废渣和微肥的施用，废液的灌溉等途径进入土壤，在土壤中的钼以 MoO_4^{2-} 的形式被植物吸收利用，参与食物链的循环，通过动物再到人体，这部分钼通过动植物残体和人畜粪便回归土壤；另有部分钼被土壤生物固定，成为有机体的一部分。绝大多数的钼污染主要来源于钼矿精选和冶炼厂排放的"三废"，它污染土壤、河流或通过飞散的粉尘落入土壤及饲草中而发生污染，一经污染，钼及其化合物即可长期储存于水、土壤和植物体内，特别是植物对钼具有浓集能力，可使土壤中的钼浓集，产生高钼饲料，造成极大的危害。高钼植物被牛羊采食后，大部分钼随粪便排出，若直接用于肥田，则其中的钼再被吸收，形成恶性循环。

14.4　钼的环境控制标准

目前我国土壤质量标准中尚未对土壤重金属钼给出土壤污染的限制浓度范围，仅是对地下水质量标准进行了规定。

中国（GB/T 14848—1993）地下水质量标准（mg/L）：Ⅰ类 0.001；Ⅱ类 0.01；Ⅲ类 0.1；Ⅳ类 0.5；Ⅴ类＞0.5。

14.5　钼污染的危害

受钼污染的土壤，通过食物链和饮用水间接地危及人体健康，当人体中的钼积蓄过多时，黄嘌呤氧化酶活性大大增加，使人体中产生的尿酸比正常水平高，可能导致痛风症，典型的痛风症状有膝关节、指关节等多个小关节受累、肿胀、疼痛，并经常伴有关节畸形。部分有症状的人肝大、胃肠道和肾脏受损，血清尿酸盐含量偏高。钼过多不仅能引起心脏体积和各心腔扩张，还可使心脏重量明显增加，对血液系统也有明显的致病作用，不仅损伤红细胞系统，而且对白细胞和血小板系统也有一定的损伤作用，白血病、缺铁性贫血时钼会增多。但总体上相对于其他元素的化合物和配合物对人体毒副作用，钼过多对人体的损害不是很大（邓元等，2005）。

土壤中钼含量增多时，会进入植物体，植物体有富集作用，当达到一定量时植物就会产生钼中毒，叶片将产生褪绿和黄化现象，这可能与铁的代谢受到阻碍有关，植物还会出现叶片畸形化，植物组织变为金黄色，可能是由于叶片中形成了钼儿茶酚复合体。

植物在大田产生钼中毒的情况不多，但对于饲用植物，植物中钼含量超过 10mg/kg 时，动物食用含钼过量的植物后将对动物，尤其是反刍动物产生毒害，常见的是腹泻、消瘦、贫血、被毛褪色、皮肤发红和不育等症状。不同种类的动物，对钼的忍耐能力也不同，牛最不稳定，羊次之，而马和猪忍耐力最大。一般要求饲料中含钼量不超过 5mg/kg，以防止动物中毒。当饲料含钼大于 5mg/kg 时，钼和铜的平衡失调，将导致动物生长受阻和畸形（刘鹏和杨玉爱，2001）。

14.6　钼污染的预防与修复

14.6.1　预防措施

（1）各种含钼矿藏的开采，以及冶金、电子、导弹和航天、原子能、化学等工业都是土壤中钼的重要来源，为此必须加强这些矿物开采、冶炼及提取过程的管理与监督，提高钼的回收率，尽量减少钼的排放，矿厂在精选和冶炼过程中，必须改进工艺，提高回收率，使排放废水的含钼量在相应标准以下。

（2）对特殊地区（冶金工厂、制药厂、涂料厂、化工厂）空气、饮用水源等要加强监测和监管力度，建立钼污染预报机制，以便提早发现污染情况，及早制止污染物的扩散，杜绝毒源。其中反刍动物的钼中毒表现，可作为环境钼污染的监测参考（郑红，2007）。

（3）改良土壤，合理利用，植物的钼水平除与土壤含钼量有关，还与土壤 pH 有关，因此，改良土壤的性质非常重要，同时，施用含硫的肥料，可以有效减少植物对钼的吸收。加强对含钼农药和医药使用的指导和监管，严格控制钼的施用量，避免钼通过食物链进入人体，从而危害人体健康（邓元等，2005）。

14.6.2　修复措施

土壤被污染后，为了避免其对植物生长和通过食物链对人类造成危害，需将其从土壤中清除。重金属污染的土地的修复技术主要有两条途径：①改变重金属元素在土壤中的存在形态，使其由活化态转变为稳定态；②从土壤中去除重金属元素，使土壤中的重金属元素的浓度接近或达到背景含量水平（周以富和董亚英，2003）。以下是具体处理方法。

1. 物理修复

物理方法主要包括换土、深翻、刮土，轻度污染的土壤用深耕翻土，重污染区常用换土法，但是对换出的污染土壤必须妥善处理，防止二次污染，将污染的土壤翻到下层，掩埋深度应根据不同作物根系发育特点，以不致污染作物为原则。这种工程措施治理土壤重金属污染彻底、稳定，但工程量大、投资费用高，破坏土体结构，引起土壤肥力下降，并且还要对换出的污土进行堆放或处理。

2. 化学修复

化学修复主要利用化学还原法，钼在土壤中溶解度的提高很可能是土壤氧化还原电位降低的结果。在这种条件下发生高铁还原成亚铁的反应，钼酸高铁的化合物或螯合物的溶解也会增多。因此许多研究者早已指出，施用生理酸性肥料则减少植物对钼的吸收，从而降低钼在环境中的迁移和生物可利用性，减轻钼污染的危害。还可采取增施抑制剂的方法，对于重金属污染的土壤，施用石灰、磷酸盐、硅酸盐等，它们与重金属污染物生成难溶化合物，降低重金属在土壤及植物体内的迁移，减少对生态环境的危害。化学修复是在土壤原位上进行的修复技术，简单易行，但并不是一种永久的修复措施，因为它只改变了重金属钼在土壤中的存在形态，金属元素仍保留在土壤中，容易再度活化导致二次污染。

3. 生物修复

生物修复包括植物修复、微生物修复、动物修复。对于钼污染，微生物修复是比较有效的方法。微生物具有固定钼的能力，Loutite 的实验更加清晰地表明根际微生物对钼的有效性影响很大。钼可以大量富集于豆科植物的根瘤中，豆科植物受其根瘤菌的作用，可以吸收固定大量的钼。它的原理是利用土壤中的某些微生物的生物活性对重金属钼进行吸收和生物氧化还原。与传统的污染土壤治理技术相比，微生物修复技术的主要优点是：操作简单，处理形式多样，费用低，而且适于污染范围大、污染物浓度低的土壤修复；对环境的扰动较小，一般不会破坏植物生长所需的土壤环境，不易造成二次污染，是一项廉价的绿色治理方案（常文越等，2007）。

植物修复是采用重金属超积累植物将土壤中的钼转移到植物体内，然后收割地上部分并进行处理，连续种植该作物，可有效降低和去除土壤中的钼。这种方法修复潜力大，可维持土壤肥力和营造良好的生态环境。

此外，还有农业生态修复措施，它包括农艺修复和生态修复。前者改变耕作制度，调整作物品种，种植不进入食物链的植物，选择能降低土壤重金属污染的化肥，或增施能固定重金属的有机肥等来降低土壤中钼的污染的化肥；后者通过调节土壤水分、养分、pH 和土壤氧化还原状况及气温、湿度等生态因子，调控污染物所处环境介质。其优点是易操作、费用低；缺点是周期长，效果不显著。

另外，还有天然矿物治理、土壤电动修复、固化剂修复、加拮抗剂修复等措施（赵美微等，2007）。

14.7　分析测定方法

目前，钼的测定方法主要有光度法、极谱法、石墨炉原子吸收光谱法、电感耦合等离子体原子发射光谱法（ICP-AES）和电感耦合等离子体质谱法（ICP-MS）等（付爱瑞等，2012）。极谱法具有设备简单、灵敏度高、测定结果稳定等特点，因此被广泛应用。土壤中有效钼的提取通常采用草酸-草酸铵溶液作为提取剂，极谱法测定有效钼一般采用干灰化法，在 450℃灼烧后消解破坏草酸盐及有机质。该方法以硫酸-二苯基乙醇酸-二苯胍-氯酸钠-钛铁试剂为催化体系的极谱法测定土壤中有效钼，用高锰酸钾-硫酸湿法消解浸出液，并在强碱性介质中利用氢氧化锰共沉淀分离铁、锰、钛等干扰元素。

主要参考文献

鲍士旦. 2000. 土壤农化分析. 北京：中国农业出版社.

曹启民，赵春梅，覃姜薇，等. 2012. 海南植胶区部分胶园土壤有效钼含量极其影响因素分析. 南方农业学报，43（10）：1514-1517.

常文越，陈晓东，王磊. 2007. 土著微生物修复铬（Ⅵ）污染土壤的条件实验研究. 环境保护科学，33（1）：42-44.

邓元，鲁晓明，庞小丽. 2005. 含钼化合物及其配合物的抗癌抗肿瘤活性. 化学通报，（7）：522-527.

付爱瑞，肖凡，罗治定，等. 2012. 氢氧化锰共沉淀分离-催化极谱法测定土壤中有效钼. 理化检验-化学分册，48（4）：417-419.

刘鹏，杨玉爱. 2001. 土壤中的钼及其植物效应的研究进展. 农业环境保护，20（4）：280-282.

曲蛟. 2007. 钼矿区及周边农田土壤重金属污染现状分析及评价. 长春：东北师范大学硕士学位论文.

武德传，陈永安. 2012. 黔南山地植烟土壤有效钼空间变异分析. 云南农业大学学报，27（6）：851-857.

叶欣，郭雅玲，王果，等. 2011. 福建省铁观音茶园土壤钼含量状况调查与分析. 植物营养与肥料学报，17（6）：1372-1378.

于常武，周立岱，陈国伟. 2008. 钼污染物的产生及在环境中的迁移. 化工环保，28（5）：413-417.

张文钲. 2007. 2006 年钼业年评. 中国钼业，31（1）：3-8.

赵美微，塔莉，李萍. 2007. 土壤重金属污染及其预防修复研究. 有色矿冶，32（6）：70-72.

郑红. 2007. 提高钼焙烧回收率综合措施. 有色矿冶，23（1）：28-29.

周以富，董亚英. 2003. 几种重金属土壤污染及其防治的研究进展. 环境科学动态，（1）：15-16.

Loutite M W. 1968. Soil microorganisms and molybdenum concentration in plants. Trans 9th Int Congr Soil Sci，3：491-499.

第15章 铜

铜（copper，Cu）是生命所必需的微量元素，作为多种酶的组分之一，参与很多生理代谢过程，但同时也是一种具有潜在毒性的元素，是作物和土壤的主要污染重金属。过量的铜不仅对动植物产生毒害作用，还可以通过食物链进入人体，威胁人类健康（郑袁明等，2005）。铜在环境中的浓度一般较低，在非污染土壤和沉积物中为 $20\sim30\text{mg/kg}$，在非污染自然水体中低于 $2\mu\text{g/kg}$，随着现代工农业的迅速发展，铜污染土壤面积逐年扩大，污染土壤中铜的含量也越来越多，在一些金属冶炼厂附近的地区，土壤铜浓度甚至高达 2000mg/kg（田生科等，2006）。含铜杀菌剂（波尔多液等）大范围的应用导致土壤生态系统中的铜逐渐积累，土壤环境铜污染日益严重。遭受城市和工业污水的淡水中可溶性铜浓度比背景值高出数倍，受采矿废水污染的河流中铜含量可高达 $500\sim2000\mu\text{g/kg}$（Freedman and Hutchinson，2000）。

15.1 铜的理化性质

铜为浅玫瑰色或淡红色金属，密度为 8.92g/cm^3，熔点为（1083.4 ± 0.2）℃，沸点为 2567℃。铜热导率很高，抗张强度大，具可塑性，延展性。

铜是第三周期ⅠB族元素。原子序数为 29，相对原子质量为 63.546，常见化合价为 +1 和 +2（+3 价铜仅在少数不稳定的化合物中出现）。在常温下不与干燥空气中的氧反应。但加热时能氧化合成黑色的氧化铜 CuO，继续在很高的温度下燃烧生成红色的氧化亚铜 Cu_2O，Cu_2O 有毒，在潮湿的空气中，铜的表面慢慢生成一层绿色的铜锈，其成分主要是碱式碳酸铜；但在空气中铜可以缓慢溶解于稀酸中生成铜盐；铜容易被硝酸或热浓硫酸等氧化性酸氧化而溶解；常温下铜就能与卤素直接化合，加热时铜能与硫直接化合生成 CuS。水溶态铜在土壤全铜中所占比例较低，pH 6.0 时土壤中水溶性铜占全铜的比例仅为 $1.2\%\sim2.8\%$，DOCCu（与可溶有机物结合铜）占全铜与水溶态铜的比例分别为 $0.11\%\sim0.28\%$ 和 $8\%\sim10\%$，离子态铜占全铜与水溶态铜的比例分别为 $0.0003\%\sim0.018\%$ 和 $0.01\%\sim1.4\%$，pH 降低，形态所占的比例均升高。

15.2　铜的污染来源

土壤铜的来源受成土母质、气候、人类活动等多种因素的影响。土壤铜来源于土壤中原生矿物的各种风化作用使得土壤中铜自然富集或自然矿化致使局部地区土壤中的铜过量。不同地区、不同种类的土壤，特别是人类活动较为纷繁复杂、容易受到扰动和污染的土壤中铜浓度一般较高。

铜的主要污染来源是铜锌矿的开采和冶炼、金属加工、机械制造、钢铁生产等。电镀工业和金属加工排放的废水中含铜量较高，每升废水达几十至几百毫克。用这些废水灌溉农田，会使铜在土壤中大量累积。含铜农药（如波尔多液）的使用，是造成土壤铜含量增加的重要原因，我国部分果园由于长期使用波尔多液，其土壤中铜含量增加，平均铜浓度超过 100mg/kg（单正军等，2002）。生物有机肥和配合饲料中都要加铜，这使得厩肥中也含有较高的铜。任顺荣等研究分析了天津市 5 个有机肥料厂以不同畜禽废弃物为原料生产的商品有机肥料中的重金属含量，结果表明，猪粪堆制的商品有机肥铜含量高达 1454mg/kg，大大超过了中国的有机堆肥重金属最大允许浓度。刘荣乐等（2005）对我国畜禽粪便中重金属的含量状况进行了调查分析，结果发现，参照德国腐熟堆肥标准（镉、铜、锌的最高限量分别为 1.5mg/kg、100mg/kg、400mg/kg），所采的猪粪、牛粪、鸡粪等畜禽粪便中都有一种或多种重金属超标，猪粪的铜超标最为突出，超标率为 69.0%。

冶炼排放的烟尘是大气铜污染的主要来源。另外，机动车辆是土壤中铜等重金属浓度增加的一个重要原因。这不仅是由于汽车尾气的影响，车辆的正常损耗、汽车的刹车系统同样会消耗大量的铜，也会导致大气、土壤等介质中铜的增加。垃圾填埋处理很可能是导致其周围土壤中铜浓度升高的另一个重要原因，调查发现，在昌平区 11 个超标样点中，有 9 个样点分布在同一个垃圾填埋场周围，铜最高浓度超过 100mg/kg。填埋场周围的样点中，约 80% 高于背景值（郑袁明等，2005）。

15.3　铜的分布与扩散

15.3.1　铜的分布

地壳中铜的平均丰度为 50mg/kg。在自然界中，铜分布很广，主要以硫化物矿和氧化物矿形式存在。我国土壤中全铜的含量一般为 4～150mg/kg，平均约 22mg/kg（鲍士旦，2000）。铜在土壤中绝大部分被土壤的各个组分吸附或结合，主要形态有水溶态、交换吸附态、弱专性吸附态（碳酸根结合态）、氧化物结合态、有机结合态、残留态。在自然土壤中，土壤铜主要以残留态、有机结合态和氧化物结合态为主。根据土壤铜形态的分级，残留态铜被视作无效态铜，其他形态铜都可能是土壤生物有效态铜的来源（彭红云和杨肖娥，2005）。

通过灌溉过程及硫酸铜杀虫剂等农药的施用进入土壤中的铜，被植物吸收后，在植物各部分的累积分布多数是根＞茎、叶＞果实，但少数植物体内铜的分布与此相反，如丛桦叶则是果＞枝＞叶。

不同土地利用方式下土壤铜的平均浓度存在较大差异。郑袁明等（2005）研究表明，果园土壤的平均铜浓度最高，为 29.1mg/kg，远远高于其他土地利用类型；其次为稻田土壤，为 24.7mg/kg；再次为绿化地和菜地土壤，分别为 22.9mg/kg 和 21.6mg/kg；麦地与自然土壤的平均铜浓度最低，分别为 19.8mg/kg 和 19.5mg/kg。除自然土壤外，其余 5 种利用类型的土壤铜浓度均显著高于北京市土壤背景值，全部样品的铜浓度与背景值也有显著差别，土壤铜浓度不仅在不同土地利用类型之间存在差别，在同一土地利用类型中也有较大差异：果园土壤铜浓度的变异较大，稻田土壤铜浓度分布较为均匀。

李丹等（2007）选取我国 8 种典型类型土壤，运用生态毒理学的方法研究土壤中铜的生物可利用性，结果表明：①8 种土壤中铜的生物可利用性存在差异，生物可利用性的大小顺序依次为：福建漳州（红壤）＞海南海口（砖红壤）＞山东烟台（棕壤）＞甘肃武威（灰钙土）＞西藏那曲（高山草甸土）＞上海闵行（潮土）＞贵州铜仁（黄壤）＞河南洛阳（黄褐土）；②土壤的酸碱性对土壤中铜的生物可利用性具有显著影响，铜对植物的毒性可随着 pH 的升高而降低；③土壤对铜的吸附能力也影响着铜的生物可利用性，从而改变铜的生态效应。

15.3.2　铜的扩散

Roussel 等（2007）报道，每年在全球范围内 1510 万 t 铜作为各种用途被耗用，其中 1/3 来自循环利用，另外 2/3 铜是从矿场重新提炼出来的。作为城市污水、工业废水、农田径流及空气沉降的终极受体，大部分用过的铜及其化合物最终进入江河湖库中。

铜在土壤中的存在形式十分复杂，主要与土壤中的有机和无机成分结合形成不溶性沉淀，还有吸附在土壤颗粒表面，而在土壤溶液中的铜是极少的。对植物来说，要积累这些与土壤相结合的铜，首先必须使它们进入土壤溶液中。植物可以通过以下三条途径来提高铜离子在土壤中的有效性：①分泌金属-螯合分子（植物高铁载体）进入根际螯合和溶解土壤结合态铜；②植物的根通过专性原质体膜结合的铜还原酶来还原土壤结合态铜离子；③植物通过根部释放质子来酸化土壤环境，从而溶解铜。植物根系分泌物中的有机化合物能与铜形成复合物，从而促进根系对铜的吸收。事实上，大量活跃的根际微生物可把大分子化合物转化成小分子化合物，这些转化产物对植物根际的重金属有显著的活化作用（Deiana et al.，2003）。根系土壤中溶解的铜可以通过质外体和共质体途径进入根系。大部分铜离子通过专一的离子载体或通道蛋白进入根细胞，该过程为一个依赖能量的、具有饱和特征的过程。铜离子从根系转移到地上部分主要受两个过程的控制：①从木质部薄壁细胞装载到导管；②在导管中运输，后者主要受根压和蒸腾流的影响。铜在到达叶部后通过铜结合蛋白及铜转运体的介导分配到各细胞器中，以维持铜在植物细胞和亚细胞间的稳态平衡，确保正常的生理代谢。

不同种动物对铜的吸收部位不同，猪对铜的吸收主要在小肠。吸收进入血液的铜，与血浆蛋白或氨基酸松弛结合，输送到身体各组织，肝脏是储铜的主要器官，进入肝脏的铜或者用以合成血浆铜的蛋白质，并以此形式释放进入血液；或者被储存在肝实质细胞的线粒体、微粒体等部位。未吸收的铜由粪排出，已吸收的铜参与体内代谢后主要经胆汁由粪中排出，随尿排出很少，随胆汁排出的铜是与蛋白质和胆红素结合时，随胆汁排出的铜不再重吸收进入体内，体内几乎不存在铜的肠肝循环。

15.4　铜的环境控制标准

铜是人体的必需微量元素，可通过多种途径进入人体，且有蓄积作用，对健康危害较大。西方发达国家对铜在环境中的标准有严格的限制，我国制定的铜在土壤环境中的限量标准见表 15-1（GB 15618—2008）。

表 15-1　土壤无机污染物的环境质量第二级标准值铜的控制标准　（mg/kg）

污染物	土地类型	农业用地按 pH 分组				居住用地	商业用地	工业用地
		≤5.5	5.5~6.5	6.5~7.5	>7.5			
总铜	水田、旱地、菜地	50	50	100	100	300	500	500
	果园	150	150	200	200			

15.5　铜污染的危害

土壤总铜浓度增加对植物根长的影响比对生物量的影响敏感，这可能是因为铜对植物根系生长的影响比对地上部分的生长影响直接。有研究发现，植物吸收的铜大部分富集在根系中，且根系吸收的铜不易向地上部分输送。过量的铜会破坏植物根系质膜，造成钾离子流失，同时还会抑制根系质膜上三磷酸腺苷的活性,从而阻碍根系的生长。因此,根长在铜毒性试验中常作为一个敏感的指标(李丹等,2007)。

铜污染对高等植物毒害主要集中在对植物光合作用、细胞结构、细胞分裂、酶学系统和其他营养元素的吸收上。首先,铜参与光合作用的电子传递和光合磷酸化及多种叶绿体酶的合成,对植物叶绿素含量和光合作用有着直接影响(Lombardi and Sebstiani,2005)。铜污染对植物光合作用的影响是对光系统Ⅱ(PSⅡ)的影响,过量的铜会破坏类囊体的结构功能,这种破坏作用既可以发生在光氧化侧,又可以发生在还原侧,抑制初级电子供体和受体产量,同时 PSⅡ的反应中心上也有抑制位点。植物的光合作用对 Cu^{2+} 十分敏感,高于 $1\mu mol/L$ 即可成为电子传递的抑制因子(高凤仙,2007)。其次,铜过量对植物蛋白质合成也产生影响,铜胁迫可能导致 DNA 甲基化异常,直接影响 DNA 的复制和转录水平,最终引起基因调控紊乱和蛋白质合成受抑制(王保莉等,2000)。植物生长在重金属污染环境中,氮素吸收和同化受到抑制,蛋白质代谢失调,结果导致植物体内氨基酸水平发生明显改变(丁佳红等,2005)。再次,铜进入植株后,当植株体受到毒害时,铜与细胞膜蛋白的—SH 或磷酸分子层的磷酸脂类物质反应,造成膜蛋白的磷脂结构改变,细胞膜结构改变,膜系统遭受破坏,透性增大,使细胞内一些可溶性物质外渗,从而电导率增大(王友保和刘登义,2001)。铜过量还能使植物体内丙二醛(MDA)积累,膜脂氧化水平增大,造成膜透性增大,膜系统的稳定性下降,植株的抗逆能力减弱(黄丽华,2006)。另外,铜胁迫下植物体内的酶也会有明显的变化,目前这类研究大多集中在铜污染对植物过氧化物酶、超氧化物歧化酶、过氧化氢酶、固氮酶等酶活性的影响上。可能是低浓度铜对植物产生积极的刺激作用,但高浓度铜的胁迫,使植物体内的活性氧大量积累,并超出细胞自身的抵御能力,因此对细胞的结构和功能造成了严重的破坏,并使酶蛋白氧化变性,从而造成抗氧化酶系统严重失衡(刘景春等,2003)。最后,铜污染还会抑制其他营养元素的吸收,主要是由于铜对根系的伤害和吸收拮抗作用。过量的铜明显抑制柑橘对氮、磷、钾、钙、镁、锰、铁等常量和微量元素的吸收(王友保和刘登义,2001)。

现有报道猪和牛、绵羊和禽的铜最大耐受量分别为 250mg/kg、100mg/kg、25mg/kg 和 300mg/kg,而人、猪和绵羊铜中毒剂量分别为 20～30mg/kg、300～500mg/kg 和 25mg/kg(舰荣国等,2000)。铜在体内有蓄积作用,长期食用高铜会导致动物蓄积性中毒,肝肾肿大变硬,刺激胃肠道,引起胃肠炎,导致严重的贫血、溶血和黄疸。由于铜与锌、铁等有拮抗作用,高铜可降低对铁和锌的吸收,从而引起铁、锌严重缺乏所造成的一系列不良反应。

铜是人体内必需的微量矿质元素,但当铜离子浓度长期过量摄入并逐渐在体内积累,超过机体调节范围,则会引起中毒,危及人体健康。联合国粮食及农业组织（FAO）和世界卫生组织（WHO）建议铜的日参考摄入量限定在 0.05～0.5mg/kg 范围内，我国对铜的成人推荐摄入量规定为 2.0mg/d（杨月欣，2002）。铜的口服剂量超过 200mg/kg 体重会使人致死（Goldhaber，2003）。近年来的临床医学研究表明，人体血清中铜水平的升高与癌症发病率密切相关。人体细胞内过量铜可使自由基增多，引起生物损伤，促进细胞癌变。高铜和脂质过氧化物增多是促进糖尿病恶化的因素，高铜易发生视网膜和末梢神经病变（高凤仙，2007）。可见铜的人体摄入量并非多多益善，长期过量摄入并逐渐在体内积累仍会危及人体健康。

15.6　铜污染的预防与修复

15.6.1　预防措施

1. 降低施肥污染

高含铜量的畜禽废弃物对农田土壤和农产品的铜污染问题往往不易引起公众的重视，因此应采取相关措施，控制和禁止高含铜量的畜禽废弃物直接用于农田。猪粪等畜禽粪便作为农业有机肥还田，应进行堆肥化处理，有助于堆化铜的生物有效性。外源铜进入土壤后，其总量和游离态比例变化均具有"老化效应"，随输入时间的延长，土壤能固定铜离子。因此，鼓励农民尽量在秋季施用猪粪底肥，相对于次年春季，铜的土壤固定效应更加明显。

2. 合理使用含铜农药

以波尔多液为代表的高铜杀菌剂尽管普遍被认为是无公害杀菌剂，但波尔多液可能会造成果蔬等农产品铜残留超标。因此应积极寻找和研制替代波尔多液的其他类型杀菌剂。

3. 减少污灌污染

再生水灌溉应因地制宜，根据当地农作物种植的实际情况有选择地进行灌溉，从源头上避免将过量铜排放到农田土壤中。

4. 改进铜工艺技术

在治理铜企业污染问题上必须强硬，要采取经济的、行政的各种措施，坚决贯彻国家有关文件精神，凡不能达标的铜企业，必须取缔、关停。应淘汰落后的设备和工艺，推广和应用先进的无污染铜工艺技术，对研究使用新技术和新工艺设备在政策、资金等方面应给予支持和鼓励。

15.6.2　修复措施

目前国内外有关重金属污泥资源化回收技术主要是置换电解、浸渍置换、氨浸渍、微生物处理技术、高温还原法、化学沉淀法、超滤法、物理吸附法、矿物化技术等，但这些方法普遍存在运行费用高、易造成二次污染等缺点，且在处理低浓度重金属污染时效果较差（石太宏和陈可，2007）。近年来，利用生物吸附和生物富集现象处理重金属污染的研究越来越引起人们的广泛关注。生物吸附方法具有吸附剂来源广泛易得，且在低浓度范围内吸附重金属离子效率高、吸附容量大、速度快、选择性好、易培养、所需设备简单、可再生、易于工业化生产等优点。在去除环境中的重金属污染方面具有广泛的应用前景（黄志钧和李大平，2012）。

1. 物理修复

物理控制法是一种基于物理（机械）、物理化学原理治理重污染土壤且工程量比较大的一类工程技术。

铜污染土壤的物理修复是指利用翻土、客土、热处理、固化、填埋等物理方法进行污染土壤的修复。物理工程措施治理效果通常较为彻底、稳定，是改善重金属土壤的有效方法。客土法进行复垦，废渣中铜上层土壤没有明显的迁移，隔离层能有效控制废渣铜向下层土壤的迁移，并可在修复的同时移入肥力较好的土壤，改善土壤肥力。客土修复方法直接简单、周期短、见效快。其缺点是需要较大工程量，而且费用高。受工程量大、投资大、易引起土壤肥力减弱和二次污染等问题的影响，在实际操作过程中利用固化剂、淋洗剂、电动修复配合物理措施是土壤铜污染修复发展方向。另外，用重金属螯合剂的药剂稳定化和水泥固化相结合的方法处理铜渣，其重金属含量可以低于固体废物毒性浸出标准的限值，能有效控制对周围环境的污染。

2. 化学修复

铜背景值较高或已遭受铜污染的农田，应充分考虑铜在土壤中的吸附-解吸和移动性特点，增加土壤表层有机质含量，或通过改变土壤酸碱度等理化性质，固定更多铜离子。例如，向土壤中施加 3mmol/kg 和 6mmol/kg 的乙二胺二琥珀酸（EDDS）均可诱导印度芥菜叶中超量积累铜（宋静等，2006）。

置换电解技术通常操作程序复杂，会牵涉多次的浸渍、过滤、逆洗及置换等步骤，而且重金属污泥组成的变化会影响技术的适用性。

氨浸法虽然对部分金属（如铜、镍、锌）具有选择性浸出的优点，但是浸出速率较慢及氨水臭味是该技术的最大缺点，因此以该技术对重金属污泥进行资源化时须注意氨水臭味对周边环境的影响，另外，氨浸后的废渣难以处理，易产生二次污染。

3. 生物修复

生物修复是一种经济有效、安全和可持续发展的技术，由于其修复主体往往直接采用自然生物资源，与环境具有良好的协调性，因此不易产生环境干扰和破坏。根据所利用生物的类型，生物修复可分为植物修复、微生物修复、动物修复和生态修复，其中植物修复技术已在世界范围内受到广泛的关注和实施

（Mishima et al.，2006）。植物在长期的进化过程中形成了一套完整的机制来防御重金属的毒害作用，主要包括细胞壁及其分泌物对重金属的固定作用、液泡的隔离作用和细胞的螯合作用（孙瑞莲和周启星，2005）。近年来，铜污染的植物修复研究也取得了一定进展，如海洲香薷和蓼科植物，均是铜污染土壤的理想植物修复材料。对于已遭受铜污染程度较高的农田，以上植物可用于铜污染土壤的生态恢复，缓解和消减农田铜污染引起的环境风险。迄今为止，已发现铜超积累植物有海州香薷（彭红云和杨肖娥，2005）。通过种植铜超富集植物，能有效地将铜从土壤中取出，达到修复目的。水生植物通过对重金属的吸收和积累作用可以从水环境中去除重金属污染物。一些重金属（如铜、锌和铁等）作为植物必需的营养元素，在一定浓度范围内可以促进水生植物的生长发育，通过植物的吸收和转化，这些重金属就很容易从水体中去除。水生植物对重金属也具有生物过滤作用，使得水环境中一些有毒重金属通过这些途径被去除（Kamal et al.，2004）。许多研究表明，漂浮植物凤眼莲不仅对水体中的镍和铬有很强的去除能力，而且对水体中的铜和锌具有很强的吸收作用。与其他水生植物相比，凤眼莲根系对铜离子的生物富集系数相对较高，达到了 $2.5×10^3$（胡朝华，2007）。

以微生物技术对高浓度重金属污泥进行资源回收的案例较少见，目前大多应用在下水道污泥或低浓度废水的重金属去除方面，且反应速率较其他回收处理技术慢。重金属污泥矿化技术目前在相关研究及商业化操作并不多见，属于刚起步的资源化技术，该技术着眼于重金属污泥组成与含量本就与矿产相同，因此若能使矿物特性突显，即可利用已成熟的分选及冶炼技术将金属资源回收，由于该技术刚刚起步，若要商业化还须进一步发展。

15.7　分析测定方法

土壤环境质量标准（修订）（GB 15618—2008）提供的方法有：

（1）火焰原子吸收分光光度法，GB/T 17138—1997。

（2）电感耦合等离子体发射光谱法，《全国土壤污染状况调查样品分析测试技术规定》，2006 年。

（3）电感耦合等离子体质谱法，《全国土壤污染状况调查样品分析测试技术规定》，2006 年。

主要参考文献

鲍士旦. 2000. 土壤农化分析. 北京：中国农业出版社.

丁佳红，刘登义，李征，等. 2005. 土壤不同浓度铜对小飞蓬毒害及耐受性研究. 应用生态学报，16（4）：668-672.

高凤仙. 2007. 饲料中铜对猪-玉米的生理影响及其系统生态效应. 长沙：湖南农业大学硕士学位论文.

胡朝华. 2007. 以凤眼莲为主体的水生植物对铜污染与富营养化水土生物修复研究. 武汉：华中农业大学硕士学位论文.

黄丽华. 2006. 铜浸种对玉米幼苗生长和抗氧化酶的影响. 种子, 25 (11)：63-65.

黄志钧, 李大平. 2012. 重金属铜离子抗性菌株的筛选和吸附性能. 应用与环境生物学报, 18 (6)：964-970.

李丹, 袁涛, 郭广勇, 等. 2007. 我国不同土壤铜的生物可利用性及影响因素. 环境科学与技术, 30 (8)：6-9.

刘景春, 李裕红, 晋宏. 2003. 铜污染对辣椒产量、铜累积及叶片膜保护酶活性的影响. 福建农业学报, 18 (4)：254-257.

刘荣乐, 李书田, 王秀斌, 等. 2005. 我国商品有机肥料和有机废弃物中重金属的含量状况与分析. 农业环境科学学报, 24 (2)：392-397.

彭红云, 杨肖娥. 2005. 香薷植物修复铜污染土壤的研究进展. 水土保持学报, 5 (19)：195-199.

单正军, 王连生, 蔡道基, 等. 2002. 果园土壤铜污染状况及其对作物生长的影响. 农业环境保护, 21 (2)：119-121.

石太宏, 陈可. 2007. 电镀重金属污泥的无害化处置和资源化利用. 污染防治技术, 20 (2)：48-52.

宋静, 钟继承, 吴龙华, 等. 2006. EDTA 与 EDDS 螯合诱导印度芥菜吸取修复重金属复合污染土壤研究. 土壤, 38 (5)：619-625.

孙瑞莲, 周启星. 2005. 高等植物重金属耐性与超积累特性及其分子机理研究. 植物生态学报, 29 (3)：497-504.

田生科, 李廷轩, 杨肖娥, 等. 2006. 植物对铜的吸收运输及毒害机理研究进展. 土壤通报, 37 (2)：387-395.

王保莉, 杨春, 曲东. 2000. 环境因素对小麦苗期 SOD、MOA 及可溶性蛋白质的影响. 西北农业大学学报, 28 (6)：72-77.

王友保, 刘登义. 2001. Cu、As 及其复合污染对小麦生理生态指标的影响. 应用生态学报, 12 (5)：773-776.

杨月欣. 2002. 中国食物成分表. 北京：北京大学医学出版社.

郑袁明, 陈同斌, 郑国砥, 等. 2005. 不同土地利用方式对土壤铜积累的影响——以北京市为例. 自然资源学报, 20 (5)：690-696.

Deiana S, Gessa C, Palma A, et al. 2003. Influence of organic acids exuded by plants on the interaction of copper with the polysaccharidic components of the root mucilages. Organic Geochemistry, 34：651-660.

Freedman B, Hutchinson T C. 2000. Effects of smelter pollutants on forest leaf litter decomposition near a nickel copper smelter at Sudbury, Ontario. Canada Journal of Botany, 58：1722-1736.

Goldhaber S B. 2003. Trace element risk assessment：Essentiality vs. toxicity. Regulatory Toxicology and Pharmacology, 38 (2)：232-242.

Kamal M, Ghaly A E, Mahmoud N, et al. 2004. Phytoaccumulation of heavy metals by aquatic plants. Environment International, 29：1029-1039.

Lombardi L, Sebstiani L. 2005. Copper toxicity in *Prunus cerasifera*：Growth and antioxidant enzymes responses of *in vitro* grown plants. Plant Science, 168 (3)：797-802.

Mishima D, Tateda M, Ike M, et al. 2006. Comparative study on chemical pretreatments to accelerate enzymatic hydrolysis of aquatic macrophyte biomass used in water purification processes. Bioresource Technology, 97：2166-2172.

Roussel H, Ten-Hage L, Joachim S, et al. 2007. A long-term copper exposure on freshwater ecosystem using lotic mesocosms：Primary producer community responses. Aquatic Toxicology, 81 (2)：168-182.

第 16 章　钴

　　钴（cobalt，Co）是一种十分重要的有色金属，广泛应用于工农业生产中。在工业生产中钴能用于制造燃汽轮机的叶片、叶轮、导管、喷气和火箭发动机及导弹等的部件。在农业生产中钴有提高植物的耐旱性、对多种病害的免疫性及抗高温、低温的作用（刘素萍和樊文华，2004）。由于钴在工农业生产及其他部门的广泛应用，进一步促进了钴在自然界循环的速度和范围，钴的不恰当使用导致土壤中的钴含量超标，加深了对土壤环境的影响。

16.1　钴的理化性质

　　钴是一种坚硬具有银白色光泽的金属，密度为 8.9g/cm³，熔点为 1942℃，沸点为 3520℃。钴属于元素周期表中ⅧB族的铁系元素，相对原子质量为 58.93。在常温下，钴在空气和水中是稳定的。钴能缓慢地溶解在温热的稀盐酸或硫酸中，并能较快地溶解在稀硝酸中，但钴同浓硝酸接触会被钝化，强碱对钴也不起作用。钴有两种简单的氧化物：氧化钴（CoO）、三氧化二钴（Co_2O_3）。环境中的钴主要以正二价离子状态存在，在天然水中，当 pH 6～7 时，Co^{2+} 易转变为 $Co(OH)_2$ 沉淀。$Co(OH)_2$ 不溶于过量的碱，易溶于酸，不溶于水。在天然水体中，Co^{2+} 还可能与许多络合剂形成稳定的络合物。由于水中溶解氧的存在，$Co(Ⅱ)$ 络合物几乎全部被氧化成相应的 $Co(Ⅲ)$ 络合物。因此，在络合物中，钴一般是三价状态。在络盐中，钴既能组成阳离子，又能组成阴离子。钴在土壤中主要以交换态、碳酸盐结合态、铁锰结合态等存在且可互相转化。

16.2　钴污染的来源

　　当土壤中的钴含量超过其承受力或限度时，或土壤环境条件变化时，钴有可能突然活化，引起严重的生态危害（孙军，2011），通过土壤-植物-环境系统严重危害人体健康（赵春海和唐旭日，2007）。因此研究重金属钴污染是一项重要内容。

　　土壤钴污染除自然来源于岩石分化外，还可以由风搬运的粉砂和砂粒的沉积产生。大气中微粒沉积也是土壤中钴的另一重要来源，随着大气污染的增加，钴的含量会提高，将加重钴污染程度。有些某些酸性泉水、含硫酸盐较多的矿泉水中也含有较多的钴。

　　由于钴矿多数伴生于黄铁矿、磁黄铁矿、铜矿和镍矿中，因而这些矿石开采过程中含钴废水、废气排放、含钴废渣、含钴尾矿、煤矿废水是钴污染的主要来源。钴随废水废渣排放到自然环境中，会严重破坏自然环境中的生态平衡。钴废料的种类很多，主要有废高温合金、废磁性合金，废硬质合金、废催化剂和废二次电池材料等（王永利，2005）。这些废弃材料一旦进入到土壤循环系统，将严重影响整个系统中动植物生长，危害人类健康。此外，钴还用于陶瓷、玻璃、油漆、颜料、搪瓷、电镀等行业，相应地也会带来土壤钴的污染。这些污染沉降到土壤中，加重了土壤钴污染的程度。

16.3　钴的分布与扩散

16.3.1　钴的分布

　　钴在地壳中含量为 0.35%（质量分数），自然界已知含钴矿物近百种，大多伴生于镍、铜、铁、铅、锌等矿床中，钴含量较低。土壤中的钴含量变化幅度很大，世界土壤范围值为 1～40mg/kg，平均含量为 10～15mg/kg，中位值为 8mg/kg。全国土壤钴含量算术均值为 12.8mg/kg，几何均值为 11.3mg/kg，中位值为 11.6mg/kg（中国环境监测总站，1990）。

　　钴在土壤中主要以交换态、碳酸盐结合态、铁锰结合态、有机结合态、残余态等形态存在。由于受土壤中 pH、有机质、黏土组成等不同程度的影响，土壤中含钴的变化是比较复杂的。在铁锰结合态钴中由于钴与铁锰同属元素周期表中第四周期，其化学性质极为相似。所以，钴既可通过同晶置换而存在于铁锰氧化物的晶格中，也可以通过吸附而大量吸着在铁锰氧化物的表面。因此，土壤中钴含量常与铁、锰含量成正相关。

　　钴在土壤中也呈纵向分布：随着海拔高度和生物气候条件的变化，土壤经历了不同的成土过程。这些成土过程影响着钴在土壤中的累积和再分配。处于海拔 2200m 以上的山地草甸土、亚高山草甸土的降雨量较高，但由于气候较冷，淋洗作用不深，使钴元素在土壤表层有轻微的累积。分布于海拔 1700～2400m 的山地棕壤、淋溶褐土，全钴含量出现底层富集特征；分布在海拔 600～1600m 的（山地）褐土和石灰性褐土，受暖温半湿润草灌和森林草原中性、微碱性淋溶作用下进行黏化钙积过程形成，全钴含量在土壤层面中变化不大（樊文华等，2005）。

　　土壤中的钴主要来源于各种岩石，其含量随岩石性质而变化（表 16-1）。钴在地壳及岩石圈内平均含量分别为 40μg/g 和 30μg/g 左右，在陆地和海洋沉积物内的含量随地壳内的平均含量而上下变动，总平均含量约为 10μg/g，与土壤钴的平均含量相符合。

表 16-1　存在于岩石中的钴含量（刘雪华，1991）

岩性	岩石	钴含量/(μg/g)
超基性火成岩及变质生成物	纯橄榄岩、橄榄岩、蛇纹岩等	100~200
基性火成岩	玄武岩、安山岩、正长岩等	30~45
酸性或中性火成岩	花岗岩、流纹岩等	5~10
变质岩和某些沉积岩	片岩、砂岩、黏土岩等	20~30
	砂岩、石灰岩等	1~5 甚至低达 0.1~0.3

另外，钴形态因土壤类型不同而有很大的差异（表 16-2），但对于大多数土壤，残余态钴约占钴的 50% 以上。

表 16-2　不同土壤中钴的形态含量占全钴量的百分率（王云和魏复盛，1995）

土壤类型	交换态	碳酸盐结合态	铁锰结合态	有机结合态	残余态
黄绵土	4.57	16.0	9.14	4.57	74.29
垆土	2.50	3.79	15.29	6.35	81.16
嵝土	1.19	1.73	4.21	13.77	79.31
灰钙土	2.00	4.31	30.15	16.0	48.00
栗钙土	2.76	6.62	22.48	16.0	47.75
黑土	1.07	0.38	0.53	45.14	67.20
白浆土	1.51	3.34	7.31	25.66	64.40
陶土	1.86	0.80	25.80	3.72	73.92
紫色土	5.33	2.44	16.89	7.78	72.58
黄棕壤	1.23	1.85	16.0	10.67	69.49
黄壤	2.46	—	17.38	11.35	76.61
红壤	2.48	2.78	4.27	1.07	88.00

16.3.2　钴的扩散

钴可以通过多种途径进入土壤系统中：①污水灌溉。用未经处理或未达到排放标准的工业污水灌溉农田是污染物进入土壤的主要途径。②冶金工业排放的金属氧化物粉尘。在重力作用下金属氧化物粉尘以降尘形式进入土壤。③汽车尾气。公路、铁路两侧土壤中的重金属污染来自于含铅汽油的燃烧，汽车轮胎磨损产生的含锌粉尘等。随着时间的推移，公路、铁路土壤重金属污染具有很强的叠加性（郑喜坤等，2002）。例如，在宁-杭公路南京段两侧的土壤形成钴污染晕带，且沿公路延长方向分布，自公路向两侧污染强度减弱。④矿山金属的开采。钴粉尘随大气、水源进行扩散（赵春海和唐旭日，2007）。其中最主要源头是由于岩石风化和生产活动，其他进入土壤中钴一般含量较少，因此不会对土壤造成较大的污染。

钴也会在土壤与植物之间相互扩散。土壤中的过量钴通过植物根系进入植物体中，在植物体的根部累积，然后再转运到植物的其他部分，所以，一般是植物的地下部分钴含量大于地上部分，其含量是根＞茎＞叶＞子实（如稻、麦等），也有植物如丛林，其含量分布为果＞叶＞枝。植物体中累积的钴，其地下部分（除去可食用部分外）和地上部分被弃用，部分会随植物体腐烂而重新回归土壤进入下一轮循环，可食用部分（茎、叶、果实）为动物和人食用而进入食物链、部分随排泄重新进入土壤，部分在动物和人体内累积，死亡以后再进入土壤（陈怀满，2005）。

16.4　钴的环境控制标准

钴是人体的必需元素，可通过多种途径进入人体，且有蓄积作用，对健康危害较大。西方发达国家对钴在环境中的标准有严格地限制。我国制定的钴在土壤环境中的限量标准见表 16-3（GB 15618—2008）。

表 16-3　土壤无机污染物的环境质量第二级标准值钴的控制标准（mg/kg）

污染物	土地类型	农业用地按 pH 分组				居住用地	商业用地	工业用地
		≤5.5	5.5~6.5	6.5~7.5	>7.5			
总钴	水田、旱地	40	40	40	40	50	300	300
	菜地	40	40	40	40			

16.5　钴污染的危害

钴进入土壤中，不易随水淋溶，不易被生物降解，具有明显的生物富集作用，有较长的潜伏期。一旦受到重金属污染，其修复不仅见效慢而且费用高，具有普遍性、隐蔽性、表聚性、不可逆性等特点（陈承利和廖敏，2004）。这些特点使得钴污染后的土壤肥力下降，锁水能力减弱，营养流失，整个土壤质量呈严重下滑趋势。

对植物而言，适量的钴可以促使植物增产，如对豆科植物、甜菜、各种谷类及棉花等，施用钴肥都取得了良好的效果（樊文华等，2005；刘晓莉，2003；杨黎芳和樊文华，2004）。但过量的钴会对植物产生危害，土壤一旦发生钴污染，植物从土壤中摄取钴而排斥铁，引起植物叶缺铁褪绿病，并在叶子上有白色的坏死斑点；还可能产生畸变，枝和皮上长瘤。钴在土壤溶液中的浓度为 $0.1 \sim 0.2 \text{mg/kg}$ 时，对番茄有毒害作用；当浓度为 1mg/kg 时，对亚麻有毒害作用；超过 0.3mg/kg 时，会引起不同程度的水稻减产。大多数植物从土壤中摄入钴过量时可使农作物致死（刘素萍和樊文华，2005）。

对人体来说，人类正常代谢所需要的钴主要从每天的饮食中获得。钴是人体的必需微量元素之一，所需的钴是通过土壤-植物-环境循环系统摄入的。土壤一经钴污染，人体也会受到极大影响。摄入过量的钴，会影响心脏和甲状腺，严重时会发生钴中毒，其症状除表现为充血性心力衰竭，红细胞增多，甲状腺增大和胶体缺乏等症状。这些症状同样会出现在动物中。

16.6　钴污染的预防与修复

16.6.1　预防措施

1. 加强工矿企业的治理

由于钴污染主要是由工业生产引起的，所以首先应注意工艺改革，防治钴烟尘的污染，如冶炼钴矿改为湿式化学法；磨矿、过筛应机械化；对含钴尘或烟的工序应设通风装置，减少作业环境空气中含钴量；对含钴烟尘可采取收尘装置处理回收。

2. 合理使用钴肥

农业生产中使用的农药、化肥，都含有重金属元素钴，当钴肥过量时会导致土壤中重金属的污染；而当土壤中有效态钴含量过低时会导致农作物产量下降，因此施用钴肥时一定要适量，防止污染。

3. 工业废水合理排出

工业废水含有的许多重金属离子，未处理的污水中也含有大量的重金属钴，会随着灌溉而进入土壤，从而对土壤造成污染，因此废水在排出之前要进行无害化处理。

4. 废旧电池的回收

废二次电池材料中含有钴元素，若不将废电池进行回收，则会对土壤、水体造成严重的污染，因此加强对废旧电池的回收再利用。

16.6.2　修复措施

土壤遭受钴污染后，不仅作物产量低，质量变差，而且会通过食物链危害人体健康。常见的修复方法有以下几种。

1. 物理修复

处理钴污染土壤的物理修复主要采用的是改土法，即用新鲜未受污染的土壤替换或部分替换原污染土壤，以稀释原土壤污染物浓度，增加土壤环境容量，但仅适用于事故后的简单处理。对换出的土壤需妥善处理，以防止二次污染。它可按固体废弃物的方法进行填埋处理，即将其挖掘出的污染土壤填埋到采用水泥、黏土、石板、塑料板等防渗材料进行防渗处理的填埋场中，从而使污染土壤与未污染土壤分开，以减少或阻止污染物扩散到其他土壤中（王锐刚和张雁秋，2007）。改土法治理效果显著，不受土壤条件限制，但工程费用高，恢复土壤结构和肥力所需时间长，而且容易造成二次污染。

2. 化学修复

处理钴污染土壤的化学修复主要采用的是化学吸附法和化学还原法。在这里，吸附剂可以使用粉煤灰，采用 EDTA 滴定法，对含钴废液进行吸附（李云东等，2007）。使用粉煤灰作为吸附剂，可以实现废物再利用，且比较有效、易得价廉。

对于含钴的下脚料、钴废金属，目前多数厂家的去除方法是将硫酸、硝酸、盐酸加入废料中成混合盐溶液，然后调整溶液的 pH，用 Cl_2、$NaClO_3$、HNO_3 等强氧化剂，将铁、锰等金属离子氧化成铁锰高价化合物，形成沉淀除掉。

对于去除黄铁矿、烟灰、炉渣和含钴废催化剂中的钴，用 EDTA、NH_4F 和巯基丁二酸等掩蔽干扰离子，以 HDTHP、L113B、液状石蜡、磺化煤油和 2.5mol/L HCl 溶液等液膜分离，从而将钴去除。

化学还原法主要是利用铁屑、硫酸亚铁或其他一些容易得到的化学还原剂，发生化学反应形成难溶的化合物，从而降低钴在环境中的迁移和生物可利用性，减轻钴污染的危害。对于钴污染土壤，采用铁氧体法处理较好，在含钴土壤中投入适量的 $FeSO_4$，用 NaOH 调节 pH 为 $7\sim8$，在 $60\sim80℃$ 时使钴生成 $CoO \cdot Fe_2O_3$ 沉淀分离除去。在这个过程中，还原剂有可能被冲走，也可能被其他物质氧化，另外，向土壤中投加的还原剂有可能造成二次污染。总体而言，化学还原法属于原位修复方法，成本较低，有大规模使用的可能。

3. 微生物修复

微生物修复是利用土壤中的某些微生物对重金属具有吸收、沉淀、氧化和还原等作用，从而降低土壤中重金属毒性的技术（孙鸿烈和刘光崧，1996）。有些微生物具有嗜重金属性，利用微生物对重金属污染土壤进行净化，可能会是一种行之有效的方法，目前在这方面已进行了积极研究。细菌产生的特殊酶能还原重金属，且对钴等有亲和力。处理钴污染土壤的生物修复主要采用的是微生物修复，主要对贫矿、尾矿、炉渣等进行除钴，对修复钴污染效果较好的微生物是氧化铁杆菌。1999 年在乌干达，第一个生物氧化提取工厂——Kasese 公司投产，处理原料为含 80% 黄铁矿的精矿中的钴，采用第一级氧化，第二级氧化选用氧化铁杆菌种，使整个钴的回收率达 92%（杨松荣等，2001）。与传统的污染土壤治理技术相比，微生物修复的主要优点是：操作简单，处理形式多样，费用低，而且适于污染范围大、污染物浓度低的土壤修复；对环境的扰动较小，一般不会破坏植物生长所需的土壤环境，不宜造成二次污染。

综上所述，生物修复技术与传统的物理、化学技术相比具有技术和经济上的双重优势，主要体现在以下几个方面：①实施简便、使用范围广。在清除土壤中重金属污染物的同时，可清除污染土壤周围的大气、水体中的污染物。②原位修复，从而减小了对土壤性质的破坏和对周围生态环境的干扰。③成本大大低于传统方法。④植物本身对环境的净化和美化作用，更易被社会所接受。⑤植物修复过程也是土壤有机质含量和土壤肥力增加的过程，被修复过的土壤适合多种农作物的生长。

虽然生物修复技术存在诸多优势，但在实施中仍然存在不少问题：①生物恢复技术对土壤肥力、气候、水分、盐度、酸碱度、排水、通气等自然和人为条件有一定的要求；②一种植物、微生物往往只作用于一种或两种重金属元素，对土壤中其他浓度较高的重金属则表现出某些中毒症状，从而限制了植物修复技术在多种重金属污染土壤修复方面的应用前景；③用于清理重金属污染土壤的超积累植物通常个体矮小、生物量低、生长缓慢、修复时间太长，因而不易机械化作业，同时只局限在根系能延伸的范围内；④用于清洁重金属的植物器官往往会通过腐烂、落叶等途径使重金属重返土壤；⑤异地引种对生物多样性的威胁，也是一个不容忽视的问题（韦朝阳和陈同斌，2002）。因此，在使用上述修复手段的同时要有效地尽可能地避免这些问题。

16.7　分析测定方法

钴是人体营养必需元素。由于钴在环境等样品中含量较低，所以微量钴的分析方法一直是分析工作者研究课题之一。钴的测定方法主要有分光光度法、极谱法、化学发光法、原子吸收光谱法、高效液相色谱法（HPLC）、电感耦合等离子体发射光谱法（ICPAES）。几种方法各有优缺点，其中，原子吸收分光光度法具有选择性好、灵敏度高、抗干扰能力强、测定范围广、精密度和准确度高、操作简便、分析速度快等优点，在金属检测方法中常作为第一法被广泛采用。因此，土壤质量总钴的测定主要采用火焰原子吸收分光光度法（FHZDZTR0127）。本方法适用于土壤中钴含量的测定。测定范围：质量分数为 $50\sim500\mathrm{mg/kg}$ 的钴。

主要参考文献

鲍士旦.1999.土壤农化分析.3版.北京：中国农业出版社.

陈承利，廖敏.2004.重金属污染土壤修复技术研究进展，广东微量元素科学，11（10）：1-8.

陈怀满.2005.环境土壤学.北京：科学出版社.

樊文华，杨黎芳，薛晓光，等.2005.施钴对冬小麦产量和蛋白质含量及土壤有效钴含量的影响.土壤通报，36（1）：92-95.

李云东，袁志华，李慧琴，等.2007.含钴废水的粉煤灰处理效果初报.中国农学通报，(8)：458-461

刘素萍，樊文华.2004.钴的土壤化学.山西农业大学学报，24（2）：194-198.

刘素萍，樊文华.2005.钴对番茄生长发育影响的初步研究.土壤通报，36（6）：925-928.

刘雪华.1991.土壤中的钴及其对植物的影响.土壤学进展，(5)：9-15，24.

刘晓莉.2003.微量元素钴对冬小麦产量的影响.黑龙江农业科学，(2)：11-12.

孙鸿烈，刘光崧.1996.土壤理化分析与剖面描述.北京.中国标准出版社.

孙军.2011.济钢集团有限公司周边土壤中重金属污染分析.济南：山东大学硕士学位论文.

王锐刚，张雁秋.2007.粘土矿物治理重金属污染的机理及应用.中国矿业，16（2）：154-165.

王永利.2005.从含钴废料中提取钴的研究进展.再生资源研究，2：29-32.

王云，魏复盛.1995.土壤环境元素化学.北京：中国环境科学出版社.

韦朝阳，陈同斌.2002.重金属污染植物修复技术的研究与应用现状.地球科学进展，6：833-839.

杨黎芳，樊文华.2004.钴对冬小麦幼苗生长及钴含量的影响.植物营养与肥料学报，10（1）.101-103.

杨松荣，邱冠周，谢纪元，等.2001.国外生物氧化提取技术的进展.有色金属，53（3）：53.

赵春海，唐旭日.2007.重金属对土壤污染以及修复.生命科学仪器，4（5）：37-39.

郑喜坤，鲁安怀，高翔，等.2002.土壤重金属污染现状与防治方法.土壤与环境，11（1）：79-84.

中国环境监测总站.1990.中国土壤元素背景值.北京：中国环境科学出版社.

第 17 章 硒

硒（selenium，Se）是人体必需的微量元素，其丰缺与人类和动物的正常机体代谢和健康密切相关。硒能改善动物机体的免疫力，提高人体抗癌能力，抑制镉、砷、汞、银等重金属毒性，但过量的硒对人和动物同样是有毒的。近年来随着工业的发展，硒被广泛地应用，特别是印染业中染料和颜料，电子工业中打印机、复印机、印刷机等的感光器、光敏电阻和光电管的制造，玻璃制造业中玻璃脱色、着色，金属硫化物矿石燃烧，产生了大量含有硒酸盐和亚硒酸盐等含硒的工业废水、废气、废渣并排放到环境中，导致了土壤、大气等的硒污染，这些污染进而通过食物链等方式对动植物及人类造成危害。

17.1 硒的理化性质

在元素周期表中，硒位于第四周期ⅥA族，同O、S、Te、Po有类似的物理化学性质，从而决定了硒复杂的生化性质。硒是一种稀有的分散元素，具有灰色金属光泽，密度为$4.81g/cm^3$，熔点为217℃，沸点为684.9℃。硒有6种稳定的同位素和2种放射性同位素，5种同素异形体。硒的化学性质较活泼，在常温下于空气中慢慢氧化生成二氧化硒（黄硒矿SeO_2），加热燃烧发出蓝色火焰，在一定温度下可被水氧化。与金属及氢化合时表现为－2价，而与氧化合时则表现为＋4价和＋6价（陆枫，2010）。硒的相对原子质量为78.84，原子序数为34。土壤中硒的有效性与硒的存在形式有关，其取决于土壤的含硒量和土壤环境条件。土壤中硒的存在形式有元素态硒（Se^-）、硒化物（Se^{2-}）、亚硒酸盐（Se^{4+}）、硒酸盐（Se^{6+}）、有机态硒和挥发态硒6种。元素态硒和硒化物不溶于水，植物不能吸收利用。亚硒酸盐、硒酸盐和有机态硒均为水溶性，也是植物的重要硒源（唐玉霞等，2008）。在生物样品中主要是硒代蛋氨酸、硒代胱氨酸、硒代脲氨酸、硒蛋白等有机形式存在（周晓红，2008）。

17.2 硒的污染来源

土壤中硒的来源有自然因素和人为因素。自然因素有成土母质、大气沉降等，人为因素有人畜粪便、灌溉水、污泥、化学肥料、农用石灰、农药、飞尘、机动车尾气等。天然水体中硒和大气中硒的主要来源有：对岩石硒的萃取、土壤淋滤、大气降尘、生物体腐解和工业污水的排放，火山爆发释放的挥发性硒，动植物、土壤、沉积物及尘土中的微生物代谢释放出的挥发性硒和有人类燃煤油等释放的硒（陆枫，2010）。这些释放的硒又会通过自然和人为的一些因素，进入土壤，对土壤造成污染。硒的主要污染是由人类活动产生的，这些途径包括矿物燃料的燃烧，其次是有色金属冶炼、印染、涂料、光电管、光电池、影印机、X光录像机、玻璃和陶瓷制品的制造及加工。据估算全球发电用煤所排放的硒量占人为硒排放量的50%以上。煤的燃烧是大气中硒的主要来源，也是造成一些地区土壤、水、植物中硒含量过高的原因，以上行业产生的含硒烟尘和废水会污染周围的环境，使动植物和人类受到危害。

17.3　硒的分布与扩散

17.3.1　硒的分布

土壤中硒的主要天然来源于地壳中各种岩石矿物，几乎所有的物质中均含有不等量的硒，同时，它也作为重要的污染物存在于许多工业活动地区（程俊坚等，2012）。硒在地壳中的平均丰度为 $0.05\sim0.09mg/kg$。硒是亲硫元素，在铜、铅、锌等硫化物矿床中往往有硒共生。黑页岩、煤和石油含有较多的硒。在地表的地质地理分布极不均匀。中国一些岩石类型中，硒在碳酸岩、黏土岩、紫色砂页岩、黄土和陆架沉积物中呈正态分布，在花岗岩及其余砂石中呈偏态分布。根据中国主要岩类硒含量的测定结果，分布规律为：板岩＞黏土岩＞基性、超基性岩＞碱性岩＞玄武岩＞花岗岩＞紫色砂岩＞石灰岩。

土壤硒存在几种形式，在碱性土条件下有利于硒酸盐的形成，酸性反应的土境则导致形成元素硒和硒化物。亚硒和铁的稳定结合物被认为是酸性土壤中部的主要形式。在碱性氧化土壤环境中，以 Se^{4+} 亚硒酸盐和 Se^{6+} 硒酸盐为主，有效的水溶性硒含量较高；在弱碱-弱酸性土壤环境中，主要为亚硒酸盐，易被植物吸收的水溶性硒含量很低，大部无机被土壤吸附；在酸性土壤环境中，除亚硒酸盐外，元素硒和硒化物也占重要地位。土壤中硒的活动性状主要取决于土壤成土过程中和成土后的风化淋溶产物，以及腐殖酸对其的控制和影响（郦逸根和徐静，2007）。

因土壤母质和气候条件的差异，不同地区土壤中的硒含量差异很大，世界各国土壤中的硒含量多为 $0.1\sim2.0mg/kg$。中国土壤中硒的背景值为 $0.21mg/kg$，其中，东北地区土壤硒平均含量为 $0.108mg/kg$，海南省为 $0.295mg/kg$，陕北黄土高原为 $0.001\sim0.165mg/kg$。我国湖北恩施和陕西紫阳的部分地区为高硒区，其土壤含硒量分别高达 $37.25mg/kg$ 和 $26.35mg/kg$。香港地区土壤含硒量平均为 $0.76mg/kg$（唐玉霞等，2008）。我国除了以上几个地区部分为高硒地区，72％的地区属于缺硒地区（杨泽炎，2013）。在这72％的缺硒地区，硒呈有规律的带状分布，中国土壤硒含量东南部和西北部较高，而东北、华北、西南及四川盆地较低。由西北干旱地区—中部半干旱地区—东南沿海，土壤硒含量分别为 0.19×10^{-6}、0.13×10^{-6}、0.23×10^{-6}，呈现高—低—高的马鞍式分布。低硒地区呈北东—北北东向带状展布，与北北东—北东向的大兴安岭—太行山—秦岭—武陵山—云贵高原巨型断裂带大致吻合，主要分布在东北平原、黄土高原、云贵高原、塔里木盆地和准噶尔盆地边缘地区。

在土壤剖面上，硒趋向于在铁铝含量高、富含泥炭和腐殖质的半干旱地区碱性土壤或集水盆地中富集，所以硒多富集于表层土壤中，向深部至母质层有迅速降低的趋势。从土壤类型看，黑钙土、高山土、草甸土、黄棕壤、棕壤区硒含量较低，而砖红壤、赤红壤、湖积平原红黄壤及干旱漠土、钙土区含硒量较高（宫丽和马光，2007）。

17.3.2　硒的扩散

在土壤中的扩散：土壤中的硒是植物体硒的主要来源，动物吸收硒的多少取决于植物体硒的含量。因而，研究表层土壤中硒的空间分布对预测当地硒元素摄取量具有重要的作用。由于硒在动物体内最高允许摄入和最低摄入量范围较窄，因此日常人体摄入硒量有严格的要求（程俊坚等，2012）。

硒可在土壤中富集，并被农作物吸收。在高硒土壤中，亚硒酸盐是主要形态，也是植物吸收无机硒的主要形态（丰丽丽，2008）。植物通过对亚硒酸盐的吸收，从而将其还原为硒化物，亚硒酸盐的还原导致了含硒氨基酸的合成，如硒代半胱氨酸及硒代蛋氨酸。含硒氨基酸非特异性掺入蛋白质增加了硒的毒性（任峰玲和郭雄，2004）。由于人和动物的主要硒来源为植物，所以高硒土壤导致人畜的硒中毒现象，硒中毒的含量因动物种类而异，如用含硒为 $10 \sim 15 \text{mg/kg}$ 的饲料会使小猪 $2 \sim 3$ 周内产生硒中毒症，每天用含硒为 0.4mg/kg 饲料喂养绵羊，绵羊就会出现死亡，喂养鸡时，用含硒 $3 \sim 4 \text{mg/kg}$ 饲料，鸡会生长不良。关于人类硒中毒有许多例子，在美国南达科他州一些高硒地区出现硒中毒症，在湖北的恩施县土壤含硒较高，也有过动物中毒的报道。

由于自然因素和人为因素，土壤中的硒含量增加，如土母质、大气沉降、化学肥料、农用石灰、农药、机动车尾气等，产生了大量含有硒酸盐和亚硒酸盐等含硒的工业废水、废气、废渣并排放到环境中，植物或动物吸纳废气过量，可能造成动植物伤害，也可通过降雨将废气、废水循环到土壤中，硒元素就会通过灌溉聚集或直接传输到土壤中等，这些行为最终造成土壤硒污染，这些含硒的物质在土壤中被植物吸收，最后通过食物链或其他途径被动物或人摄取，对动植物和人类造成危害。

17.4　硒的环境控制标准

我国制定的硒在土壤环境中的限量标准见表 17-1（GB 15618—2008）。

表 17-1　土壤无机污染物的环境质量第二级标准值硒的控制标准（mg/kg）

污染物	土地类型	农业用地按 pH 分组				居住用地	商业用地	工业用地
		≤5.5	5.5~6.5	6.5~7.5	>7.5			
总硒	水田 旱地 菜地			3.0		40	100	100

17.5　硒污染的危害

硒是维持动植物和人体正常生理功能的必需微量元素，而成人体内硒总量为 14~21mg。硒也是一种毒性元素，当土壤硒污染后，通过食物链，人或其他动物体内的硒含量会增加，当人或其他动植物体内的硒含量超标，会出现中毒症状。土壤中硒含量过高时，植物种子萌发受到硒离子不同强度的胁迫，会引起水解酶-淀粉酶活力的下降，导致种子芽率低，生长迟缓。硒离子能阻碍分子向胚细胞内扩散，使胚根细胞缺氧，根生长受阻，出现只长弱芽不长根的情形（邵志慧等，2005）。

当人或其他动物体内的硒含量超标，会出现中毒症状，临床表现为毛发脱落、指甲变形、变色甚至脱落。当饮食中的硒含量超过 1mg/kg 后，会出现中毒症状。同时，硒的急性中毒往往可产生诸如眼和其他黏膜刺激、咳嗽、头昏、呼吸困难、皮炎、头痛、肺水肿、恶心、呼吸臭之类综合征，延长接触可致死（胡利明等，2005），体内硒含量过高时硫的代谢遭到破坏，动物会出现脱毛、贫血、心脏萎缩、肝硬化等症状。硒也是环境中重要的生命元素，与人体和动物的健康密切相关，环境中硒过量或缺乏，均会导致人和动物产生疾病。研究表明，土壤环境中硒含量异常会引起人和动物的地方性疾病，动物白肌病或肌营养不良症，人体克山病、大骨节病及碘缺乏有关的地方病（宫丽和马光，2007）。人类的心血管疾病、癌症、糖尿病、肝病、白内障和甲状腺等疾病均与人体缺乏微量元素硒有关（孙良顺等，2010；李培青，2004）。

17.6　硒污染的预防与修复

17.6.1　预防措施

由于硒污染主要来源于人类的活动。因此采取对于矿山的开采要求进一步合理化，减少由硒矿的浪费而导致的硒元素流失；在工业中，含硒材料应尽可能地回收利用；农药的用量要科学合理，尽可能减少硒对土壤的污染。

17.6.2　修复措施

目前，对于土壤中的硒污染修复措施有多种方式，包括物理方法、化学方法及生物方法的修复技术。

1. 物理修复

灌水淋硒，灌溉结合开深沟，将耕层土壤中的有效硒淋洗出去（赵少华等，2005）。

挥发：研究表表明，从高硒环境中挥发出的硒对大气是无害的，所以利用硒挥发技术，从污染的高硒环境特别是水生环境中去除硒是一条新颖有效的途径。

2. 化学修复

施酸性肥料，改变土壤 pH，使硒以不易被吸收的形式（如碱式亚硒酸铁）存在，减少农作物对硒的吸收。

在土壤中加氯化钡，能使植物吸收硒的数量降低 90%～100%。

3. 生物修复

植物改良：利用一些富硒植物如印度芥菜（*Brassica uncea* L.）、花椰菜（*Brassicaoleracea* var. *botrytis* L.）等可对高硒环境进行植物改良。根据这些植物对硒的吸收、积累、挥发转化等富硒特性，采取收获的方法，降低硒毒水平。收获后的植物还具有较高的经济价值，可用于缺硒地区动物的饲料，或作硒肥及相关补硒产品的原料等。在美国加州 Corcoran 的一个人工构建的二级湿地功能区（1hm² 面积）中，种植的不同湿地植物品种显著地降低了该区农田灌溉水中的硒含量，在一些场地硒含量从 25mg/kg 降低到 5mg/kg 以下（桑伟莲，1999），这证明含硒的工业和农业废水可以通过植物修复进行无害化处理。

微生物修复：微生物对有机污染土壤的修复是以其对污染物的降解和转化为基础的，主要包括好氧和厌氧两个过程。完全的好氧过程可使土壤中的有机污染物通过微生物的降解和转化而成为 CO_2 和 H_2O，厌氧过程的主要产物为有机酸与其他产物（CH_4 或 H_2）。然而，有机污染物的降解是一个涉及许多酶和微生物种类的分步过程，一些污染物不可能被彻底降解，只是转化成毒性和移动性较弱或更强的中间产物，这与污染土壤生物修复应将污染物降解为对人类或环境无害的产物的最终目标相违背，在研究中应特别注意对这一过程进行生态风险与安全评价。目前，国外有关有机污染土壤微生物修复主要有原位处理（in site）、异地处理（ex site）和生物反应器（bioreactor）3 种类型，用于有机污染土壤生物修复的微生物主要有土著微生物、外来微生物和基因工程菌三大类（李法云等，2003）。

17.7　分析测定方法

土壤环境质量标准（修订）（GB 15618—2008）提供的方法有：氢化物发生原子吸收法，《土壤元素的近代分析方法》。

目前，测定土壤中硒方法主要有 2,3-二氨基萘（2,3-diaminonaphthalene，DAN）荧光法、石墨炉原子吸收法、催化极谱法、高效液相色谱法及中子活化法等。这几种方法各有其优缺点，然而共同的不足之处在于操作繁琐，效率较低，且灵敏度不高。氢化物-原子荧光光谱法已广泛用于测定土壤中硒的含量，氢化物发生与原子荧光联用已成为一种新的痕量分析技术，其灵敏度高，共存元素干扰少，方法简单、快速，弥补了以前所用的比色法、分光光度法等存在的缺陷（黄福波和朱金秀，2007）。

主要参考文献

程俊坚，张会化，余炜敏，等. 2012. 广东省土壤硒空间分布及潜在环境风险分析. 生态环境学报，21（6）：1115-1120.

丰丽丽. 2008. 硒的环境效应及其在农业领域中的应用. 江西农业学报，20（2）：112-114.

宫丽，马光. 2007. 硒元素与健康. 环境科学与管理，32（9）：4.

胡利明，王和生，李远军. 2005. 硒的化学形态及生理作用. 西昌学院学报（自然科学版），19（1）：105-108.

黄福波，朱金秀. 2007. 氢化物-原子荧光光谱法测定土壤中硒. 辽宁城乡环境科技，27（2）：37-39.

李法云，臧树良，罗义. 2003. 污染土壤生物修复技术研究. 生态学杂志，22（1）：35-39.

李培青. 2004. 硒元素与人体健康. 怀化学院学报，23（2）：35-36.

郦逸根，徐静. 2007. 浙江富硒土壤中硒赋存形态特征. 物探与化探，31（2）：95-98.

陆枫. 2010. 硒元素的地球化学环境特征. 黑龙江科技信息，9（26）：13.

任峰玲，郭雄. 2004. 植物、硒与人类健康. 国外医学医学地理分册，25（2）：66-68.

桑伟莲. 1999. 植物修复研究进展. 环境科学进展，7（3）：40-44.

邵志慧，林匡飞，徐小清，等. 2005. 硒对小麦和水稻种子萌发的生态毒理效应的比较研究. 生态学杂志，24（12）：1440-1443.

孙良顺，郭莹，蔡国栋. 2010. 硒元素与健康. 江苏调味副食品，15（3）：15-19.

唐玉霞，王慧敏，刘巧玲，等. 2008. 土壤和植物硒素研究综述. 河北农业科学，12（5）：43-45.

杨泽炎. 2013. HG-AFS法对保健酒中总硒含量的测定研究. 酿酒科技，13（3）：99-104.

赵少华，宇万太，张璐，等. 2005. 环境中硒的生物地球化学循环和营养调控及分异成因. 生态学杂志，

24 (10)：197-120.

周晓红. 2008. 微量元素硒的形态和测定. 安庆师范学院学报 (自然科学版)，14 (2)：96-97.

Bafiuelos G S. 2002. Bioremedlation and biodegradation：Irrigation of broccoli and canola with boron- and selenium-laden effluent. Journal of Environment Quality，31：1802-1808.

Lin Z Q，Terry N. 2003. Selenium removal by constructed wetlands：Quantitative importance of biological volatilization in the treatment of selenium-laden agricultural drainage water. Environmental Science and Technology，37：606-615.

Pvrzvdska K. 2002. Determination of selenium species in environmental samples. Mikrochimica Acta，140：55-52.

第18章　铍

金属铍（beryllium，Be）是最轻的稳定金属，也是自然界毒性最强的金属元素之一（丁健，2009），因其具有质轻、坚硬、熔点高、大热容量和大比强度（强度/质量）等众多优异的物理化学性质，铍、铍合金及铍化合物已被广泛应用于原子能、火箭、导弹、卫星、航空、宇航、电子、仪表、石化、陶瓷等行业的技术领域，铍的应用正随着尖端科学技术的发展而日益广泛。然而，铍及其化合物有较高的毒性，尤其可溶性铍的毒性最大（张玉玺等，2011），对人体十分有害，在环境科学和生命科学等方面的研究，越来越受到人们的重视。

18.1　铍的理化性质

铍是最轻的碱土金属元素，呈钢灰色，也是最轻的结构金属，比镁稍重，但比铝还轻 1/3，属于轻金属，质坚硬，熔点为（1278±5）℃，沸点为 2970℃，密度为 1.85g/cm³，具有良好的耐腐蚀性和高温强度，导热率好，γ 射线透射性好等性能。它具有密度小、硬度强、弹性好、耐腐蚀、导电性好等优良性质，并且对中子有很强的制动作用，因而被广泛应用于现代核工业、航天工业和电子通信工业（刘志宏等，2005）。

在元素周期表中，铍为 ⅡA 族 4 号元素，原子序数为 4，相对原子质量为 9.012 182。铍在地壳中的含量为 0.0006%，最重要的矿物是绿柱石，我国有丰富的资源。虽然铍的发现较早，但是一直到 21 世纪初，铍的生产没有进展，这是因为金属铍的性质比较活泼，加热时易被氧化，不容易得到其单质。另外，在较长时期内，铍本身没有很重要的用途。因此，铍的生产也就受到了限制。

铍有较高的熔点，为 1285℃，沸点也较高，为 2970℃，铍的密度比铝小 1/3，属于轻金属。铍的化学性质活泼，铍不溶于冷水，微溶于热水，既能和稀酸反应，也能溶于强碱，表现出两性。铍的氧化物、卤化物都具有明显的共价性，铍的化合物在水中易分解，铍还能形成聚合物及具有明显热稳定性的共价化合物。铍的化合物如氧化铍、氟化铍、氯化铍、硫酸铍等铍盐毒性要比金属铍的毒性大。

18.2　铍的污染来源

自然环境中，铍常以化合物形式存在于花岗岩中，伴随着岩石风化而进入环境中。铍污染的主要来源是煤和石油的燃烧，煤中平均铍含量约为 2.3g/t，其中至少 50% 以气相和悬浮颗粒的形式被排入大气圈，每年排入大气圈的铍有 3000 多吨，比每年铍的工业产量（近 500t）高出好多倍。排放的铍已对大气环境和人体健康造成了严重的影响（白向飞等，2004）。环境中铍污染还源于有色金属采矿场、选矿厂、特种加工厂、机器制造厂、核动力工程等排出的废水和粉尘。这些铍污染物通过大气沉降和污水灌溉在土壤中累积，造成不同程度的土壤污染。

自然环境和人类活动共同影响着地下水中铍的含量与分布。岩石风化及天然土壤的形成过程是地下水中铍的来源之一，人类活动造成的污染使得地下水中铍严重超标，垃圾场、污灌农田等典型污染地区尤为明显（张玉玺等，2011）。

18.3　铍的分布与扩散

18.3.1　铍的分布

自然界中铍的分布广泛，地壳中铍的平均丰度为 600g/t。在不同的岩石中铍含量有所差异，其中玄武岩为 0.3g/t，花岗岩 5g/t，页岩为 3g/t，石灰岩和砂岩中的含量均小于 1g/t。煤中含铍为 0.1~7g/t，平均为 1g/t。煤灰中含铍量可达 4g/t，个别地区的煤灰中含铍可高达 4000g/t。我国土壤铍的平均含量为 1.99×10^{-3} g/t（邢光熹和朱建国，2003）。

铍在土壤中的存在形态为交换态、碳酸盐结合态、氧化锰结合态、有机结合态、氧化铁结合态和残渣态 6 种形态。土壤中的原土铍和外源铍，主要以残渣态形式存在，外源铍大部分转化为残渣态；有机质对铍有富集作用，有机结合态铍的含量与土壤有机质的含量成正相关；$CaCO_3$ 对铍离子有吸附的作用，碳酸盐结合态铍在石灰性土壤中含量较高；交换态铍的含量是棕土＞褐土＞潮土，与三种土壤有机质含量高低基本一致，与三种土壤 pH 相反。

矿物质是铍的主要载体。铍含量随着岩石黏土程度的增大而增大，泥岩中铍含量最高。砂岩和石灰岩中铍含量最低。单独的铍矿存在于伟晶岩中，其中最主要的存在形式是绿柱石，即硅酸铝铍。我国铍矿产资源丰富，分布在 14 个省区，铍储量依次为：新疆占 29.4%，内蒙古占 27.8%（主要为伴生铍矿），四川占 16.9%，云南占 15.8%，这 4 个省区合计占 89.9%；其次为江西、甘肃、湖南、广东、河南、福建、浙江、广西、黑龙江、河北等 10 个省区，合计占 10.1%。

绿柱石矿物储量主要分布在新疆（占 83.5%）、四川（占 9.6%），两省区合计 93.1%；其次为甘肃、云南、陕西、福建，4 个省区合计仅占 6.9%（闫建全，2005）。

大气中铍的含量很少，在大气平流层中，铍经宇宙线作用可变成放射性同位素。大气圈中铍的分布极不均一，排入大气圈的铍有很大一部分沉落到周围环境，进入土壤和水中。

天然河水中铍的质量分数为 0.09～0.38μg/L。铍易被天然存在的矿物质所吸附，不易溶于水，在正常 pH 范围内的天然水中，铍的含量极少。

18.3.2　铍的扩散

燃煤、燃油所产生的铍污染物主要以粉尘的方式飘散在大气中，绝大部分通过风力作用飘移到周围环境，经过降雨及粉尘的自然沉降进入土壤、河流、湖泊等环境。工矿企业产生的含铍废水，排放到河流，污染水体，并随水流扩散到流域附近的土壤中。

铍多以氢氧化物 $Be(OH)_2$ 的形式在 pH 为 7～7.5 的地表水和潜水中迁移。在 pH 低于 6 的泥炭田中以阳离子 Be^{2+} 或 $(BeO)^{2+}$ 的形式迁移。pH 是影响水体中铍活性的一个重要因素。同许多金属元素相似，酸性环境有利于铍的迁移。酸性越强，铍的活性越大。随着 pH 增加，铍在水中的含量急剧下降，通常降为纳克级到微克级。Vesely 等研究表明，铍在碱性水中的浓度比在酸性水中低 1～2 个数量级（张玉玺等，2011）。例如，珠江三角洲地区浅层地下水普遍偏酸。pH 低于 6.5 的地下水分布范围占全区面积的 76.3%，这对地下水中铍的迁移提供了有利环境。另外，土壤的 pH 也对铍迁移影响较大。土壤的 pH 偏低，一方面增强了 H^+ 从土壤胶体置换铍离子的能力，另一方面也使土壤矿物对铍离子的非专性吸附降低，铍的交换能力增强。珠江三角洲天然土壤以红壤、赤红壤及山地黄壤为主，pH 为 4.0～5.5，对铍的固定作用较差，有利于铍的迁移。因此，偏酸性的地下水及土壤环境，是造成浅层地下水中铍浓度增大的重要因素。

土壤中的铍在表生地球化学作用下，可以在溶液中以氟的络合物形式迁移，使铍通过土壤扩大污染范围；铍离子具有很活泼的极化能力，也可以被分散相质点吸附而沉淀，使之活性减弱，经长期积累，造成土壤含铍量增加；土壤中的铍还有可能通过各种食物链，进而对人体、动物造成危害，但这种情况并不严重，只有在铍生产人员中出现部分铍中毒患者。

18.4　铍的环境控制标准

环境中的铍污染主要是针对大气和水体，我国和国际上对于铍的环境标准也主要针对大气和水体来制定，对土壤中铍含量的限定标准并未做出明确规定。

中国规定地面水中铍最高允许浓度为 $0.2\mu g/m^3$；居住区大气中铍日平均最高允许浓度为 $0.01\mu g/m^3$；车间空气中铍及其化合物的最高允许浓度为 $1\mu g/m^3$。美国规定大气中的铍的最高允许浓度为 $0.01\mu g/m^3$；车间空气 8h 平均最高允许浓度为 $2\mu g/m^3$。中国环境标准见表 18-1。

表 18-1　铍的环境控制标准

标准	居住区大气中有害物质的最高允许浓度	$0.02mg/m^3$（一次值）
		$0.007mg/m^3$（日均值）
中国（GB 16297—1996）	污水综合排放标准	一级：0.1mg/L
		二级：0.2mg/L
		三级：0.5mg/L

18.5　铍污染的危害

土壤中铍的不同存在形态的生理活性和毒性差异很大，其中水溶态、交换态活性最大，易被植物吸收，毒性最大；残渣态的活性和毒性最小，其他结合态的活性和毒性居中。土壤铍的活性大小主要受交换态影响。在土壤中施入适量石灰，提高土壤 pH，可降低铍的活性和毒性。铍的化合物如氧化铍、氟化铍、氯化铍、硫化铍、硝酸铍等毒性较大，而金属铍的毒性相对较小（顾学明，1998）。

铍对人体的危害主要表现在能引起急性中毒、慢性铍病、皮肤病及致癌。急性铍病有明显的鼻咽部干痛、剧咳、胸骨后不适等呼吸道刺激症状，严重者可出现肺水肿、呼吸衰竭；慢性铍病可出现呼吸功能不全，肝大、肝功能或转氨酶异常。接触铍及其化合物可引起接触性皮炎、铍皮肤溃疡和皮下结节性病变。随着高科技工业对铍需求的增加，铍的环境污染问题日渐突出，其对人群健康造成的危害日益受到社会关注（张玉玺等，2011）。

粉尘或烟雾形式的铍主要经呼吸道吸入，在血液中铍大部分与血清无机阴离子结合，主要以氢氧化铍的形式运送到全身各个器官。铍可引起肺炎、肺水肿、接触性皮炎；长期接触铍作业人群的肺癌可增加 1.5～2 倍（严丽和刘慧颖，2004）。国际癌症研究中心将铍及其化合物归入可能使人致癌的致癌物之列（王炳森，2001）。

铍具有高的生物活性。Be^+具有一般毒性、变应性、致癌和胚胎中毒作用，在铍的作用下，还使生物体的免疫生物学状况发生变化。当溶解化合物进入体内后，大量的铍便聚集在骨骼、肝脏和肺脏内。人类机体中铍的生物学半消除时间需要许多年。随着铍不断进入人体，铍便在呼吸器官中聚集起来，难溶解的氧化铍主要沉积于肺部，可引起肺炎。

铍的化合物会在动物的组织和血浆中形成可溶性的胶状物质，进而与血红蛋白发生化学反应，生成一种新的物质，从而使组织器官发生各种病变，在肺和骨骼中的铍，还可能引发癌症。

与动物相比，铍对植物的毒性要低得多，土壤溶液含铍超过 0.5mg/L 才会引起植物中毒。

18.6　铍污染的预防与修复

18.6.1　预防措施

由于含铍污染物主要来源于燃煤、燃油及与铍有关的工矿业生产排放的含铍废水、粉尘，所以预防铍污染的重点是针对燃煤、燃油和铍工业污染源的控制与治理。

铍工业应设置在居民稀少的郊区地带，且生产厂房与生活居住区要保持一定的距离，含铍烟气排放的高度要在 50m 以上；排放浓度不应超过 $15mg/m^3$；生产铍的设备必须机械化、自动化和密闭化，避免高温加工；生产的废水、废渣，需经净化处理达到排放要求后才能排出。

18.6.2　修复措施

目前，国内外对含铍废水的治理技术比较成熟，但对铍污染土壤修复技术的研究还很少，技术还不成熟，主要有以下几种简单的治理方法：

（1）结合铍的化学特性，在土壤中施入适量石灰，使可溶性铍生成 $Be(OH)_2$ 沉淀，提高土壤 pH，可降低铍的活性和毒性（显魏有等，1999）。

（2）加聚合氯化铝使铍沉淀，降低其迁移率。

（3）采用焚烧土壤的方法，使铍转化为不溶性和具有化学惰性的铍氧化物质。

18.7　分析测定方法

目前，土壤中铍的测定方法主要包括：石墨炉原子吸收法和电感耦合等离子体原子发射光谱法（ICP-AES）（王鲁宁和宁军光，2006）。具体操作可参考相关文献。

主要参考文献

白向飞，李文华，陈文敏. 2004. 中国煤中铍的分布赋存特征研究. 燃料化学学报，32（2）：155.

丁健. 2009. THP-1分化巨噬细胞的铍摄入及相关生物学影响研究. 福建：厦门大学硕士学位论文.

顾学明. 1998. 无机化学丛书（第二卷）. 北京：科学出版社.

刘志宏，简旭辉，朱玲勤，等. 2005. 铍作业工人职业肿瘤的回顾性流行病学调查. 宁夏医学院学报，
　　27（3）：173.

王炳森. 2001. 铍肺. 中华劳动卫生职业病杂志，19（1）：21.

王鲁宁，宁军光. 2006. ICP-AES法测定土壤样品中的Be. 光谱实验室，23（3）：483.

邢光熹，朱建国. 2003. 土壤微量元素和稀土元素化学. 北京：科学出版社.

闫建全. 2005. 发展铍产品应依市场而定. 有色金属工业，10：67.

严丽，刘慧颖. 2004. 几种常见金属污染环境对人体危害的简介. 黑龙江冶金，4：45.

张玉玺，孙继朝，黄冠星. 2011. 珠江三角洲地区浅层地下水铍的分布及成因探讨. 中国地质，38（1）：
　　197-203.

第19章 锰

锰（manganese，Mn）是一种灰白色、硬脆、有光泽的金属，锰广泛存在于自然界中，土壤中含锰 0.25%。锰是人体及动植物生长的必需元素。因锰在冶金、陶瓷、玻璃、电池、防腐材料、汽油防爆剂和农药等方面的广泛使用及锰矿开采而引起了严重的土壤污染，在矿山开采及冶炼地区，污染问题尤为突出。锰作为生物毒性较大的重金属元素之一，进入土壤环境后不易被降解，容易被农作物吸收而通过食物链危害人体健康。例如，人体锰摄入量过高能够引起类帕金森综合征，影响肝脏、心血管系统和免疫系统的正常功能，并对生殖系统产生不良影响等。由于锰不能被生物降解，在环境中只能发生各种形态之间的转化，所以锰造成的污染要消除很困难，其对人体引起的影响和危害已成为人们更为关注的问题（荆俊杰和谢吉民，2008）。

19.1 锰的理化性质

锰是一种灰白色、硬脆、有光泽的金属，原子序数为 25，相对原子质量为 54.9，密度为 7.3g/cm³，熔点为 1244℃，沸点为 2097℃。锰位于元素周期表第四周期ⅦB族，化合价为 +2、+3、+4、+6 和 +7。其中以 Mn^{2+} 的化合物二氧化锰（为天然矿物）和高锰酸盐、锰酸盐为稳定的氧化态。在固态状态时以四种同素异形体存在。电离能为 7.435eV。在空气中易氧化，生成褐色的氧化物覆盖层。它也易在升温时氧化，氧化时形成层状氧化锈皮，最靠近金属的氧化层是 MnO，而外层是 Mn_3O_4。在高于 800℃ 的温度下氧化时，MnO 的厚度逐渐增加，而 Mn_3O_4 层的厚度减少。在 800℃ 以下出现第三种氧化层 Mn_2O_2。在约 450℃ 以下最外面的第四层氧化物 MnO_2 是稳定的。锰能分解水，易溶于稀酸，并有氢气放出，生成二价锰离子。锰的化学性质与铁相似。金属锰在空气中易被氧化；在加热时可与氟、氯、溴反应；熔融的金属锰能溶解碳。锰与铁形成的合金有广泛的用途。锰的毒性已经被确认，锰毒可能是继铝毒之后酸性土壤的第二限制因素。Mn^{2+} 是致毒的形态，而 Mn^{2+} 只有在较低的 pH 和 Eh 条件下才会出现（许丹丹等，2010）。

土壤中锰的存在形态可分为水溶态、交换态、易还原态、有机态和矿物态 5 种。各种形态的锰彼此处于平衡状态，它们对植物的有效程度不同。一般认为对植物的有效态锰是水溶态、交换态和易还原态锰，三者的总和称为活性锰（王秋菊等，2005）。

19.2　锰的污染来源

土壤中锰的自然来源主要是含锰岩石的自然氧化，在大多数岩石中，特别是在软锰矿及水锰矿等含锰氧化物含量最丰富。主要的锰矿石是软锰矿、辉锰矿和褐锰矿。通过风化作用，锰从原生矿物中释放出来，与 O_2、CO_3^{2-} 和 SiO_2 结合，形成软锰矿、墨锰矿、水锰矿、菱锰矿及蔷薇辉石等次生矿物，在酸性土壤条件（pH<5.5）下这些次生锰矿物溶解为可溶性锰的形态进入土壤溶液（许丹丹等，2010）。此外，锰矿石氧化以后其氧化产物随降雨、河流进入土壤。土壤锰含量为 20~10 000g/t，平均值为 1000g/t。在岩石风化为土壤的过程中，锰既不因土壤淋溶而损失，也不会大量富集。例如，玄武岩转化为土壤时，锰含量从每千克岩石含 1200mg 变为 1300mg。有人估算：对于未经耕作也未受污染的土壤，岩石风化每年输入每平方米土壤的锰为 26mg；降雨和降尘输入土壤的锰为0.8mg，从土壤输往生物同从腐烂的枯枝叶输入土壤的锰数量相当，为 400mg；淋溶从土壤输出约 2mg；对于有中等污染而又耕作过的土壤，岩石风化输入的锰，数量不变，降水和降尘输入的锰增为 20mg，通过肥料输入的锰为 5mg，从土壤输往作物的锰为 5~60mg。由此可以看出，除了自然循环以外，对土壤含锰量影响最大的是来自大气中的锰。受锰污染的土壤主要是酸性土壤，可使某些植物发生锰中毒。

土壤中锰的人为来源广泛，其中电解锰行业产生的废水（钝化废水、洗板废水、车间地面冲洗废水、滤布清洗废水、板框清洗废水、清槽废水、渣库渗滤液）等会向土壤中输入大量的锰（喻旗等，2006）；无铅汽油中取代四乙基铅的新型防爆剂其中一种就是羰基锰（MMT），污染物随汽车尾气而进入土壤。同时人类使用锰肥和锰矿的开发也加速了锰进入土壤的速度和数量（金茜等，2006）。锰在工业上主要用于制造锰铁和锰合金。锰铁和二氧化锰用于制造电焊条。二氧化锰又用于制造干电池的去极剂。此外，在生产玻璃着色剂、染料、油漆、颜料、火柴、肥皂、人造橡胶、塑料、农药等工业中也用锰及其化合物作原料。生产上述产品的工厂，以及锰的采矿场和冶炼厂，是土壤锰的主要污染源。

19.3　锰的分布与扩散

19.3.1　锰的分布

锰在地壳中的平均含量为 1000mg/kg，是一种分布很广的元素，至少能在大多数岩石中，特别是在铁镁物质中找到微量锰的存在。原生矿物风化后释放的

锰与 O_2、CO_3^{2-} 和 SiO_2 结合生成许多次生矿物，包括软锰矿、墨锰矿、水锰矿、菱锰矿及蔷薇辉石，其中软锰矿及水锰矿等含锰氧化物含量最丰富。我国土壤全锰的含量为 $10\sim9478mg/kg$，平均为 $710mg/kg$，不同地区土壤的锰含量不同，我国土壤含锰量总的趋势是南方各地酸性土壤的锰含量比北方的石灰性土壤高。黑龙江土壤全锰含量为 $84\sim843mg/kg$，平均为 $466mg/kg$，低于中国和世界平均水平。其中以白浆土、草甸土含量较高，暗棕壤含量较低。不同种类土壤全锰含量以淋溶褐土为最高，达 $845.84mg/kg$（王秋菊等，2005）。

自然界中以锰为主要元素的矿物近百种，而以锰为次要元素的矿物则更多，其中赋存态为二氧化锰的矿物多于赋存态为碳酸锰和硅酸锰的矿物。锰在采矿场和冶金厂附近高度富集。土壤含锰量为 $20\sim10\ 000g/t$，平均值为 $1000g/t$。对某钢铁厂的调查显示：在 $0\sim20cm$ 土样中锰离子质量分数 $7.63\sim12.2mg/kg$，平均值为 $10.1mg/kg$；在 $20\sim40cm$ 土样中锰离子质量分数 $6.3\sim11.25mg/kg$，平均值为 $8.4mg/kg$。$0\sim20cm$ 土样中锰离子质量分数高于 $20\sim40cm$ 土样中锰离子的质量分数。锰离子含量呈现随距离增加而减少的正常趋势（马骏等，2008）。

19.3.2　锰的扩散

锰的转移和分布到其他环境介质主要是通过大气、水体和土壤。矿物中的锰在空气中就可以被氧化，然后进入土壤作为微量元素被植物吸收。土壤中的锰在雨水的冲刷下进入了河水和海水，进一步影响水中的生物。水体中的锰又沉淀形成矿物，Mn^{2+} 化合物的沉积扩散到上覆水体中的沉积动植物的遗体内，这些动植物遗体内的锰又通过微生物的分解作用进入土壤。锰是一种常见的变价元素，其在土壤中的有效性主要依赖于土壤总锰量、pH、有机质含量、氧化还原电位、通气状况及微生物活性等。其中最直接的是土壤通气状况和 pH，随 pH 升高，锰元素的有效性显著降低。当 pH>6.0 时，锰的有效性也显著降低，锰沉积在土壤中积累起来，并随土壤环境的改变而发生迁移、转化，造成土壤、水体等二次污染（金茜等，2006）。在自然状态下，锰以多种氧化物形式存在，土壤体系中的氧化还原状况显著影响着土壤锰的溶出和生物有效性。

根系是植物直接接触土壤的器官，也是植物吸收重金属的主要器官。锰到达根表面，主要有两条途径：一是质体流途径，即污染物随蒸腾拉力，在植物吸收水分时与水一起到达到植物根部；二是扩散途径，即通过扩散而到达根表面。根系对锰的吸收在前期是以表面吸附为主，吸附能力大小可能与根系的吸附表面、吸附位点、平衡浓度有关。Mn^{2+} 很容易被植物吸收，并能从根迅速运输到地上部。因此，锰毒首先出现在地上部，表现为叶片失绿，嫩叶变黄，严重时出现坏死斑点（许丹丹等，2010）。

19.4　锰的环境控制标准

重点区土壤中锰的污染评价参考值（除蔬菜外）是 19 000mg/kg（参考来源：美国九区工业用地标准值）。

借助人体健康风险评价模型，对城市土壤重金属评价标准限值进行了初步探讨，建议锰的限值为总锰 1070mg/kg（张秀和易廷辉，2008）。

19.5　锰污染的危害

锰矿的开采及相关加工行业会对环境造成严重污染，特别是尾矿库内的废弃物经雨雪淋溶后，可溶成分将随水分向地下渗透，并进一步向周边土壤中迁移转化（潘勇和刘彦姝，2012）。土壤受到锰污染后直接影响土壤的质量、水质状况，土壤中锰大量聚集，具有长期性、隐匿性等特点，使得土壤的环境质量降低，变得极其脆弱，土壤有机质、黏粒的含量减少，理化性质发生改变，土壤的有效利用率下降，一旦土壤中重金属锰的容量达到饱和，对生态环境的潜在性毁灭是相当大的，而且由于某些原因，土壤中锰或其化合物暴露于地表，从而进入地球化学循环，对环境会造成更大危害。有研究表明，锰污染土壤以后会使土壤系统中酶活性受到一定程度的影响。例如，过氧化氢酶、蔗糖酶及脲酶受到单一锰污染和复合重金属锰污染的活性影响就不同。且重金属复合锰污染比单一锰污染对酶活性系统的影响要复杂（赵峰等，2008）。土壤酶活性受到影响会直接影响农作物的生长，使农业产量、农产品质产生波动。

土壤中含有较高的锰也会对农作物造成较大危害，包括大量活性氧的产生对植株造成氧化损伤和诱发植物缺乏铁、钼。Mn^{2+} 对种子的萌发和根的生长均有抑制作用（钟闱桢和李明顺，2008）。锰毒能够引起植物叶片萎蔫坏死、叶片厚度减小、节间缩短和生物量降低，且毒害症状因植物物种、基因型、Mn^{2+} 处理浓度及生长条件不同而异。高浓度的 Mn^{2+} 能够抑制根系 Ca^{2+}、Fe^{3+} 和 Mg^{2+} 等元素的吸收及活性，引起氧化性胁迫导致氧化损伤，使叶绿素和二磷酸核酮糖羧化酶含量下降、叶绿体超微结构破坏和光合速率降低（张玉秀等，2010）。锰元素进入植物体内主要分布在植物的地下部分。

土壤受到污染后会毒害农作物，并可直接威胁人类健康（潘勇和刘彦姝，2012）。人体内锰含量过高会引起锰中毒，表现在神经系统方面，早期以神经衰弱综合征和自主神经功能障碍为主，晚期出现典型的帕金森综合征、锥体外束受损害病理征象，并对生殖系统及子代健康都有潜在影响。摄入过量的锰后可在中枢神经系统内蓄积，但其排出则较其他器官慢。低价锰化合物的毒性比高价锰的毒性大 2~3 倍，二氯化锰毒性最大。慢性锰中毒主要由二价锰化合物所致（张丽娜和陈一资，2007）。另外，锰对人体的免疫系统也有毒害作用，长期过量摄入锰对免疫系统的损害可能有生物蓄积作用，需要作用一定时间，达到阈值后才表现出来。

19.6　锰污染的预防与修复

19.6.1　预防措施

（1）加强含锰废水，废渣管理。加强对含锰废物排放的管理，特别是电解锰生产废水，严格做到"清污分流、雨污分流、污污分流"。土壤锰污染中大部分都来自含锰废水的排放。对不按标准排放的企业应该大力惩处。对含锰废水要采取空气氧化法、高锰酸钾氧化法、碱化除锰法。锰矿渣的管理关键是减少渗滤液的产生量，避免其进入土壤。所以渣场的建设要远离水源，并防止渣库渗水。另外，生产车间要紧邻渣库，减少废渣运输中的地表径流。最后为防止周围雨水进入渣场增加渗液产生量，应在沿渣场四周开挖撤洪沟，将雨水直接引至下游。另外渣场要有顶盖避免雨淋产生径流（喻旗等，2006）。

（2）锰矿企业的厂址选择应充分考虑企业生产性质对环境的影响，处理废水、废渣的场所应放在城市和水源下游的黏土区，离地表水体较远。

（3）为防止和减少锰对土壤的污染，要积极采用新工艺，应淘汰落后的设备和工艺，推广和应用先进的无污染工艺技术，政府应该在这方面投入政策和资金方面的支持。

（4）废旧电池的回收。废二次电池材料中含有锰元素，若不将废电池进行回收，则会对土壤造成严重的污染，因此加强对废旧电池的回收再利用。

19.6.2　修复措施

1. 物理修复

对于因矿石开采和冶炼而污染的土壤，可采取表土覆盖法进行恢复，覆土方式与厚度根据废弃地类型、特点及生态恢复的目标而定，一般覆土 5~10cm 即可。如果要在覆盖后的废弃地上种植农作物或果树，则覆盖表土厚度应不小于50cm。同时添加营养物质提高土壤肥力和改善土壤酸碱性。但在土地利用前必须对其锰含量进行检测，锰含量超标的不能使用，避免加重废弃地的污染（罗亚平等，2008）。

2. 化学修复

化学修复主要是基于污染物土壤化学行为的改良措施，如添加改良剂、抑制剂等化学物质来降低土壤中污染物的水溶性、扩散性和生物有效性，从而使污染物得以降解或转化为低毒性或移动性较低的化学形态，以减轻污染物对生态和环境的危害。化学修复的机制主要包括沉淀、吸附、氧化还原、催化氧化、质子传递、脱氯、聚合、水解和 pH 调节等。

（1）化学纯化剂及改良剂。该方法是通过施用化学纯化剂等来降低土壤污染物的水溶性、扩散性和生物有效性，从而降低它们进入植物体、微生物体和水体的能力，减轻对生态系统的危害。

（2）萃取/淋洗。土壤萃取是指用萃取剂去除土壤污染物的过程。这一过程可能包括物理、化学或物理化学反应。例如，将挖掘出的污染土壤用水萃取、过筛、悬液分离、浮选、磁选等方法将土壤分成粗砾、砂砾、砂和黏粒四个部分。其中粗砾和砂砾部分可以回填；而富集重金属的黏粒部分可经絮凝、浓缩、压滤脱水而形成"淤泥饼"再进行填埋处理，这一操作可认为是一个单纯的物理过程；然而，如果在将污染土壤萃取、分级后，继续将含有重金属的组分用化学浸提剂进行浸提处理，那么便是一个化学或物理化学过程，这一过程又称化学萃取。土壤萃取过程包括萃取液向土壤表面扩散、对污染物质的溶解、萃取出的污染物在土壤内部扩散、萃取出的污染物从土壤表面向流体扩散等过程。

3. 生物修复

生物修复是一种环境友好型的修复技术，与其他治理重金属污染的技术相比较，生物修复不仅对土壤肥力结构没有破坏，而且能有效改善土壤理化性质，永久性修复土壤基质。生物修复被认为是替代物理化学修复的一种极具优势的方法。

利用植物修复技术治理重金属锰污染已成为当前研究的热点，植物修复（phytoremediation）是利用植物（一般指超富集植物）及共存微生物与环境之间的相互作用对环境污染物进行清除、分解、吸收或吸附，使污染环境得以恢复的科学与技术。植物修复重金属锰污染往往是寻找能够超累积或超耐受锰的植物，将重金属锰污染物以离子的形式从环境中转移至植物特定部位，然后将植物进行处理，或者依靠植物将金属固定在一定环境空间以阻止进一步的扩散。研究表明，通过植物的吸收、挥发、降解、稳定等作用，可以净化土壤中的锰污染物，达到净化环境的目的。植物修复主要是利用植物来消除由无机废弃物造成的污染，植物修复主要包括植物提取、植物转化、植物挥发、植物固定及植物促进。其中应用最广泛的是植物吸收，主要通过寻找超高量累积重金属锰的植物进行播种，将土壤中的锰元素吸收转移至植物中清除污染（周以富和董亚英，2003）。

利用植物修复污染土壤，既可通过植物吸收、固定来减阻污染物迁移，又可改良土壤和恢复土壤功能。近年来，美洲商陆、水蓼这些在本土新发现的锰超累积草本植物为各项研究的深入开展带来了便利。美洲商陆是一种多年生长和能富集重金属锰的超富集植，在锰污染土壤中栽培美洲商陆和大豆进行植物修复，有利于改善土壤营养，增加土壤酶活性，调节土壤锰的形态分布，降低土壤锰的总含量，减少土壤水溶性锰的含量，减阻锰等污染物的迁移。两种植物混种调控效果更佳。香薷属中海州香薷，对锰也有富集作用（张举成等，2008），此外，还有东紫苏对锰也有富集作用（向言词等，2007）。

除植物修复外还可以考虑采用微生物方法对锰污染土壤进行修复时，如采用锰氧化细菌，但土壤环境中还是主要用植物进行修复。

19.7 分析测定方法

测定土壤中锰的方法为火焰原子吸收法（GB/T 14506.10—1993）。

范围 GB/T 14506.10—1993 的本部分规定了硅酸盐岩石中氧化锰量的测定方法。本部分适用于硅酸盐岩石中氧化锰量的测定，也适用于土壤和水系沉积物中氧化锰量的测定。

测定范围如下：

高碘酸钾光度法，0.02%～2%的氧化锰量。

火焰原子吸收分光光度法，0.005%～1%的氧化锰量。

主要参考文献

金茜, 钟永科, 伍远辉. 2006. 锰矿冶炼中 Fe、Mn 对周边土壤的影响. 遵义师范学院学报, (8): 49-50.

荆俊杰, 谢吉民. 2008. 微量元素锰污染对人体的危害. 广东微量元素科学, 15 (2): 6-9.

罗亚平, 李明顺, 李金城. 2008. 广西锰矿废弃地生态恢复的现状与治理对策. 现代农业科技, 35 (3): 267-272.

马骏, 杨国义, 钱天伟. 2008. 太钢周边土壤中铜锰含量及分布特征. 科技情报开发与经济, (18): 157-158.

潘勇, 刘彦姝. 2012. 土壤锰污染的高光谱分级评价. 激光与红外, 42 (4): 426-430.

王秋菊, 崔战利, 王贵森, 等. 2005. 土壤锰的研究现状及展望. 黑龙江八一农垦大学学报, 17 (3): 39-42.

向言词, 冯涛, 刘炳荣. 2007. 植物修复对锰尾渣污染土壤特性的影响. 水土保持学报, 21 (6): 79-82.

许丹丹, 李金城, 阙光龙, 等. 2010. 酸性土壤锰毒及其防治方法. 环境科学与技术, 33 (12): 472-475.

喻旗, 罗洁, 涂文忠. 2006. 电解金属锰生产的污染及其治理. 中国锰业, 24 (3): 42-45.

张举成, 刘卫, 李河, 等. 2008. 一种新发现的锰富集植物——东紫苏. 江苏农业科学, (3): 269-270.

张丽娜, 陈一资. 2007. 锰及其毒性的研究进展. 应用研究, (7): 38-42.

张玉秀, 李林峰, 柴团耀, 等. 2010. 锰对植物毒害及植物耐锰机理研究进展. 植物学报, 45 (4): 506-520.

张秀, 易廷辉. 2008. 城市土壤重金属评价标准限值探讨. 决策管理, (13): 74-75.

赵峰, 谌斌, 李明顺. 2008. 锰及锰镉复合污染对锰矿区茶园土壤酶活性的影响. 广西师范大学学报 (自然科学版), 26 (4): 128-131.

钟闱桢, 李明顺. 2008. 锰和镉对农作物生长的毒性效应. 环境与健康杂志, 25 (3): 198-201.

周以富, 董亚英. 2003. 几种重金属土壤污染及其防治的研究进展. 环境科学动态, (1): 15-17.

Doncheva S N, Poschenrieder C, Stoyanova Z L, et al. 2009. Silicon amelioration of manganese toxicity in Mn-sensitive and Mn-tolerant maize varieties. Environmental and Experimental Botany, 65: 189-197.

第 20 章　硼

硼（boron，B）是生命的必需元素，广泛应用于冶金及核子学，制造复合材料、冶金除气剂，锻铁的热处理，增加合金钢高温强固性，原子反应堆和高温技术等领域中（王英红等，2012）。几千年来人类对自然资源的不断开发和利用，加上工业的迅猛发展，造成了日益严重的硼污染。在硼污染地区，土壤中过量硼已经严重威胁到了农业生产的发展。土壤被硼污染后，土壤硼被植物吸收会导致作物减产，严重时造成绝收，失去自然生产力，经过食物链进入人体对人类健康产生影响（刘春光和何小娇，2012）。因而，硼污染成为当今社会各界关心的环境问题之一。

20.1　硼的理化性质

硼为黑色或银灰色固体，其单质有无定形和结晶形两种。前者呈棕黑色到黑色的粉末，后者呈乌黑色到银灰色，并有金属光泽。硬度与金刚石相近。无定形的硼密度为 2.3g/cm^3（25～27℃）；晶形的硼密度为 2.31g/cm^3，熔点约为2300℃，沸点为 3658℃。

硼位于元素周期表第二周期ⅢA族。硼的原子序数为 5，相对原子质量为10.811。硼有 11 种同位素，自然界只有两种，即 ^{11}B 和 ^{10}B，相对丰富度分别为81.02％和 18.98％，其中稳定性同位素 ^{10}B 是最重要的。在室温下无定形硼在空气中缓慢氧化，在 800℃左右能自燃。硼与盐酸或氢氟酸，即使长期煮沸，也不发生作用。它能被热浓硝酸和重铬酸钠与硫酸的混合物缓慢侵蚀和氧化。过氧化氢和过硫酸铵也能缓慢氧化结晶硼。与碱金属碳酸盐和氢氧化物混合物共熔时，所有各种形态的硼都被完全氧化。氯、溴、氟与硼作用而形成相应的卤化硼。约在 600℃，硼与硫激烈反应形成一种硫化硼的混合物。硼在氮或氨气中加热到1000℃以上则形成氮化硼，温度在 1800～2000℃时，硼和氢仍不发生反应，硼和硅在 2000℃以上反应生成硼化硅。硼是亲石和亲生物元素。在自然界中硼离子为 B^{3+}，变形能力弱，主极化能力强，能形成稳定的三次配位的（BO$_3$）$^{3-}$ 及四次配位的（BO$_4$）$^{5-}$络阴离子。此外，硼还可以与氟化合成（BF）$^-$ 或羟基化合的 [B(OH)$_4$]$^-$、B(OH)$_3$ 等络合物，形成一系列矿物（曾昭华，2002）。土壤中硼以四种形态存在：存在于黏土矿物中；吸附于黏土矿物和水化铁铝氧化物表面；与有机质结合；以游离态硼酸（H_3BO_3）和水化硼酸盐离子$[B(OH)_4]^-$存在于土壤溶液中。目前对植物吸硼过程还不很了解，但似乎非离解态硼酸是对植物最有效的形态。

20.2　硼的污染来源

硼的污染分为自然因素和人为因素。自然因素的主要来自成土母质母岩，其次为火山活动和降雨。随着现代工业和农业的崛起，人为的硼输入渐趋增多，如商品肥料、农用石灰、农药、除草剂、污水、城市垃圾等。煤灰农用是土壤中硼的又一来源，煤中富含硼，一般为 $50\mu g/g$，如烟煤飞灰为 $36\mu g/g$，无烟煤 $50\mu g/g$，褐煤一旦燃烧，其中所含的硼就会进入各种燃烧产物——煤渣、飞灰和烟中。

人畜粪便是中国农民传统使用的肥料，它不仅改良土壤，而且也可提供养分，其所含硼量因动物种类和饲料结构而有较大变化。19 世纪末至 20 世纪上半叶，硼是最好的防腐剂，广泛用于食品保鲜，参与食物链的循环，这部分硼最终也会以粪便的形式回归土壤。

城市污泥中的硼是土壤硼的另一来源，我国城市污泥综合利用率较低，农用所占比例更小。由于硼酸和过酸盐具有缓冲、软化和漂白作用，因此被广泛应用于洗涤剂等制造业，无疑这些硼最终会进入废水和污泥中。污泥中硼含量与工业门类、现代水平、居民生活水准，污泥处理水平等有关。硼通常有向污泥中富集的趋势，然而当施入土壤时，硼一般不会在植物组织中大量累积。

20.3　硼的分布与扩散

20.3.1　硼的分布

硼在地壳中的丰度居第 37 位，含量为 $10\mu g/g$。现已发现的含硼矿物约有 120 种，93% 是硼硅酸盐，4% 为氧化物，2% 是氢氧化物。在含硼矿物中，硼的含量为 5%～50%，一般层状硅酸盐矿物比其他硅酸盐含硼多。

我国除海南、台湾、重庆、香港、澳门外的 29 个省市区土壤中的硼元素均高于地壳丰度（10×10^{-6}），尤其是上海、湖南、贵州、青海、山西等省市区高达 50×10^{-6} 以上（曾昭华，2002）。

据有关资料，我国土壤中硼含量为 $0\sim500mg/kg$，平均约为 $64mg/kg$。我国土壤中硼含量大致分布规律呈由北向南、由西向东呈逐渐降低的趋势（解锋，2010）。南方各类土壤的平均硼含量除石灰岩土以外，都低于 $64mg/kg$，北方各类土壤则高于或接近于平均含量。一般富硼土壤分布于干旱地区，而低硼土壤则分布于湿润地区，此外盐土也富含硼。我国土壤含量最高的西藏地区、珠穆朗玛峰附近广泛分布的沉积岩和变质岩来源于海相沉积，土壤含硼量因而非常突出，其中原始高山草甸土硼的含量平均为 154mg/kg，最高达 500mg/kg。西北黄土母质发育的土壤（如娄土、绵土等）硼含量也较高，平均含量为80mg/kg。我国土母质发育而成的各种土壤（砖红壤、赤红壤、红壤、黄壤）地区硼含量最低，一般在 50mg/kg 以下，据不完全统计，我国土壤硼含量按土壤类型区分，除了西藏的珠穆朗玛峰地区的土壤以外，一般为19～88mg/kg。

20.3.2　硼的扩散

近年来，由于人口急剧增长，工业迅猛发展，硼的污染物不断向土壤表面堆放和倾倒，有害废水不断向土壤中渗透，大气中的硼不断随雨水降落在土壤中，导致了土壤硼污染。每年空中进入陆地的总硼量为 300×10^{10} g，即大气输入土壤的硼为 $0 \sim 30$ g/hm²，其中降雨 100×10^{10} g，尘埃 100×10^{10} g，截获 $20 \sim 200 \times 10^{10}$ g。施肥输入 $30 \sim 50$ g/hm²。岩石风化输入 2.7 g/hm²。硼最初以硼酸或硼酸盐的形态进入土壤，被土壤动物和微生物吸收，成为其有机体的结构成分，以暂时植物无效态存在于土壤中。部分则为土壤铁铝氧化物、黏土矿物和有机质吸附固定，或者与硼离子的沉淀剂钙镁离子形成低溶解度的硼酸钙镁。

土壤中硼主要以未离解的硼酸形式被植物根吸收（何建新，2008）。由于人和动物体内硼的主要来源为植物，所以高硼土壤导致人畜体内硼含量升高。

20.4　硼的环境控制标准

目前我国尚未规定对土壤中硼质量标准，仅是对地下水质量标准进行了规定。

中国（GB/T 14848—1993）地下水质量标准（mg/L）：Ⅰ类 0.001；Ⅱ类 0.01；Ⅲ类 0.1；Ⅳ类 0.5；Ⅴ类＞0.5。

20.5　硼污染的危害

硼肥直接施给土壤，一旦土壤中硼的浓度过量，通过食物链的传递也可能对生物造成一定的影响。过量的硼在植物体内积累，会引起植株一系列生物学性状和生理机能的变化，进而影响植物的品质，降低农作物产量。在高硼胁迫条件下，植物将面临巨大的氧化压力，导致植物体内产生大量的 $O_2^- \cdot$、H_2O_2、O_2、$\cdot OH$ 等活性氧自由基，这些高破坏性的活性氧将启动膜脂过氧化作用，可造成膜系统的氧化损伤。另外，过量硼胁迫可能影响植物体内某些酶的活性，进而影响植物的生长代谢，会降低谷胱甘肽还原酶的含量，影响种子的萌发率；会导致叶片中的硝酸还原酶活性降低，植物利用氮素的能力减弱，氮代谢失调，花朵提早凋谢，叶片早衰，生育期缩短（刘鹏，2002）。土壤硼浓度过高也会影响植物根系的发育，抑制植物的根伸长率；会影响植物株高和生物量，进而制约农作物的产量。长期以来，在硼的开采和硼化工产品的生产过程中产生大量含硼废渣和废水，污染了当地土壤，使农产品产量下降，严重者颗粒无收（刘莹等，2009）。农作物因长期利用高含硼量的浅井水灌溉而受到不同程度的危害，严重时则绝收（郑泽群等，2010）。过量硼危害农作物的症状，一般是从叶尖开始变黄，逐渐延及叶缘，最后扩展至整个叶片，老叶和功能叶表现尤为明显。

土壤受硼污染后，经过食物链进入动物体内，较高剂量硼对动物的睾丸生长产生影响，并导致雄性不育，抑制精子释放、生殖细胞减少、附睾精子形态改变、附睾头精子储留，血清睾酮水平下降及睾丸萎缩。它对动物的发育也有危害，使动物的肝、肾重量增加，体重下降，饲料和水的摄入量减少，动物的死亡率增加，幼体畸形发生率增加。

经过食物链硼被人体吸收后，会使人出现食欲缺乏、恶心、体重下降、性欲减退、精液和精子数减少及精子活性降低等现象。

20.6　硼污染的预防与修复

20.6.1　预防措施

预防主要是减少污染物的排放量和防止污染物渗入，这些措施包括：

（1）减少废物排放量，未经处理的废物不能直接向土壤中排放，除非是经过特别选择的地点。

（2）工矿企业的厂址选择应充分考虑企业生产性质对环境的影响，处理废水、废渣的场所应放在城市和水源下游的黏土区，离地表水体较远。

（3）废渣必须妥善存放，废渣坑应衬底，铺陈时应根据废渣的化学成分而选择相应的混凝土、钢板、塑料板等。

（4）一旦发生土壤被污染，应立即查明污染源，并采取措施防止污染进一步扩散，然后对污染区域进行逐步净化。

20.6.2　修复措施

目前，对于土壤中的硼污染修复措施有多种方式，包括物理方法、化学方法及生物方法的修复技术。

1. 物理修复

灌水淋硼，灌溉结合开深沟，将耕层土壤中的有效硼淋洗出去。这种方法的缺点是需要消耗大量的水，不适用于干旱地区。

2. 化学修复

用三异丙醇胺（TTPA）与硼酸形成螯合物来降低土壤有效硼。这种方法的缺点是不够经济。土壤施用硫酸，由于硼的吸附随 pH 而变化，低 pH 降低了硼的有效性。施加石灰，可以提高土壤 pH，增加土壤对硼的吸附能力，从而减轻硼毒害，但这种方法容易导致土壤 pH 过高而影响植物生长，因此不适合用于碱性土壤的改良。

3. 生物修复

农业生产方面，筛选或培育抗性植物品种（主要是农作物）来适应高硼土壤。生态修复方面，利用超积累植物修复高硼土壤。转基因技术应用方面，可以通过在植物体内植入硼的外转运基因，并控制其表达以提高植物对硼毒的耐受性。

各种植物对硼的忍耐力有很大差异，有些植物在高硼浓度时反而得益，因此，改造或选择植物物种使之适合于这些有问题的土壤，似乎比改变土壤使之适合于植物更为实用（刘春光和何小娇，2012）。

20.7　分析测定方法

土壤环境质量标准（修订）（GB 15618—2008）提供的方法有：

（1）电感耦合等离子体质谱法，《全国土壤污染状况调查样品分析测试技术规定》，2006 年。

（2）电感耦合等离子体发射光谱法，《全国土壤污染状况调查样品分析测试技术规定》，2006 年。

主要参考文献

何建新. 2008. 植物对硼的吸收转运机理的研究进展. 中国沙漠，28（2）：267-273.

刘春光，何小娇. 2012. 过量硼对植物的毒害及高硼土壤植物修复研究进展. 农业环境科学学报，31（2）：230-236.

刘鹏.2002.硼胁迫对植物的影响及硼与其它元素关系的研究进展.农业环境保护,21(4):372-374.

刘婷琳,张浩原,黄赛花.2009.姜黄素分光光度法测定土壤有效硼的不确定度评定.生态环境报,
　　18(3):1118-1121.

刘莹,梁成华,杜立宇,等.2009.硼污染土壤中硼释放特征及无机离子对其释放的影响.农业环境科学学
　　报,28(4):711-715.

王英红,何长江,李葆萱,等.2012.提高含硼富燃料推进剂在氧弹内燃烧效率的研究.固体火箭技术,
　　35(6):782-786.

解锋.2010.我国土壤中硼元素现况及对策分析.陕西农业科学,4(1):139-141.

曾昭华.2002.农业生态与土壤环境中硼元素的关系.江苏环境技术,15(4):35-36.

郑泽群,边淑萍,郑建民,等.2010.硼污染对土壤和农作物的影响.环境科学,4(3):16-20.

第 21 章 稀 土 元 素

稀土元素（rare earth elements，REEs）是一组活泼金属，在铸钢、炼铁、农产品种植、国防、医学及新材料等领域得到广泛应用。20 世纪 80 年代以来，随着稀土工业的快速发展，人类对稀土资源不断的开发和利用，造成了日益严重的环境污染。稀土矿在开采冶炼和分离过程中，浸矿剂硫铵的大量使用，使得稀土化合物和残留硫铵进入土壤，且在土壤中存在富集趋势，过量硫酸铵的摄入会改变土壤的肥力及 pH（孙峰和冯秀娟，2012）。浸出、酸沉等工序产生的大量废水富含氨氮、重金属等污染物，严重污染饮用水和农业灌溉用水。稀土工业是属于放射性存在的非核企业，生产过程和生产的产品及废物中存在着潜在的环境辐射污染和危害，有潜在的致突变作用。

21.1 稀土元素的理化性质

稀土元素是指元素周期表ⅢB族中原子序数为 21 的钪（Sc）、39 的钇（Y）和 57 的镧（La）～71 镥（Lu）的 17 种化学元素的统称，常用符号 REE 表示。其中常把镧、铈、镨、钕、钷、钐、铕称为轻稀土元素；钆、铽、镝、钬、铒、铥、镱、镥、钇称为重稀土元素。稀土元素是典型的金属元素，其金属活泼性仅次于碱金属，近似于铝，能将铁、钴、镍、铬、钒、钽、铝、硅等元素的氧化物还原成金属，甚至能缓慢地与水发生反应放出氢，在热水中反应更快。杰出的发光性能和独特的磁学性质是稀土元素所具有的非凡特性，其特点是谱线丰富，这主要是源于稀土元素的原子结构分布。

稀土元素易和氧、硫、铅等元素化合生成熔点高的化合物，因此在钢水中加入稀土，可以起到净化钢的效果。由于稀土元素的金属原子半径比铁的原子半径大，很容易填补在其晶粒及缺陷中，并生成能阻碍晶粒继续生长的膜，从而使晶粒细化而提高钢的性能。

稀土元素具有未充满的 4f 电子层结构，并由此而产生多种多样的电子能级从而产生各种光谱项和能级，对未充满电子壳层的原子或离子可观察到从紫外、可见到红外区的各种波长的吸收或发射光谱。因而稀土可以作为优良的荧光、激光和电光源材料及彩色玻璃、陶瓷的釉料。

我国土壤中稀土在各种形态中的分配按多寡可排列为：无定形铁结合态＞残留态＞晶形铁结合态＞有机态＞代换态＞碳酸盐结合态＞氧化锰结合态。粗略的分级则是：残留态＞铁锰结合态＞有机态＞代换态＞水溶态。碳酸盐结合态稀土只有石灰性土壤才存在。代换态和无定形铁结合态稀土比其他形态更为重要。水溶态稀土的含量一般很低，为 $0.02\sim1.08\mathrm{mg/kg}$，约占稀土元素总量的 0.17%。代换态稀土含量从痕量到 $26.04\mathrm{mg/kg}$，变幅很大，占稀土总量的 15%。在南方砖红壤、红壤、黄棕壤等酸性到微酸性土壤中含量较高、变幅大，而北方石灰性土壤则含量低、变幅小。

　　稀土离子与羟基、偶氮基或磺酸基等形成结合物，使稀土广泛用于印染行业。而某些稀土元素具有中子俘获截面积大的特性，如钐、铕、钆、镝和铒，可用作原子能反应堆的控制材料和减速剂。而铈、钇的中子俘获截面积小，则可作为反应堆燃料的稀释剂。

　　稀土元素的某些物理性质见表 21-1。

表 21-1　稀土元素的物理性质

原子序数	元素	相对原子质量	离子半径/Å	密度/(g/cm³)	熔度/℃	沸点/℃	氧化物熔点/℃
57	镧（La）	138.92	1.22	6.19	920±5	4230	2315
58	铈（Ce）	140.13	1.18	6.768	804±5	2930	1950
59	镨（Pr）	140.92	1.16	6.769	935±5	3020	2500
60	钕（Nd）	144.27	1.15	7.007	1024±5	3180	2270
61	钷（Pm）	147.00	1.14	—	—	—	—
62	钐（Sm）	150.35	1.13	7.504	1052±5	1630	2350
63	铕（Eu）	152.00	1.13	5.166	826±10	1490	2050
64	钆（Gd）	157.26	1.11	7.868	1350±20	2730	2350
65	铽（Tb）	158.93	1.09	8.253	1336	2530	2387
66	镝（Dy）	162.51	1.07	8.565	1485±20	2330	2340
67	钬（Ho）	164.94	1.05	8.799	1490	2330	2360
68	铒（Er）	167.27	1.04	9.058	1500~1550	2630	2355
69	铥（Tm）	168.94	1.04	9.318	1500~1600	2130	2400
70	镱（Yb）	173.04	1.00	6.959	824±5	1530	2346
71	镥（Lu）	174.99	0.99	9.849	1650~1750	1930	2400
21	钪（Sc）	44.97	0.83	2.995	1550~1600	2750	—
39	钇（Y）	88.92	1.06	4.472	1552	3030	2680

21.2　稀土元素的污染来源

　　稀土在自然界中的分布状况不同，一般情况下超基性岩、基性岩、中性岩、酸性岩、碱性岩中稀土元素是逐渐增加的。在地壳中，从地幔到地壳，稀土元素增加了 20 多倍。风化作用导致岩石和矿物分解，并形成土壤系统，引起了土壤中稀土元素含量的提高，造成了稀土元素的活化和富集。

稀土元素的分散极不均匀，其污染主要来自稀土工业。稀土矿经选矿产出稀土精矿，精矿中含有天然放射性元素钍、铀。利用稀土精矿为原料，在生产氯化稀土、碳酸稀土的过程中，会产生含硫酸雾和氢氟酸及少量的氟硅酸的废气，含氨离子、氯离子、硫酸根离子、钙离子、镁离子、氟离子等的废水，含硫酸钡、铁和钍的放射性废渣（王俊兰等，2003）。

在国内，有的企业将水浸渣和废水排入自己的尾矿坝，有的企业把放射性废渣任意堆存，无任何防护措施，对露天水源和周围环境造成了不同程度的放射性污染（王国珍，2007）。

21.3 稀土元素的分布与扩散

21.3.1 稀土元素的分布

稀土元素的总量在地壳中占 0.015%（以氧化物计），植物体中含稀土 0.002%～0.075%，人体中含稀土总量约占人体总重量的 0.007%，动物骨骼灰中含稀土约 0.8%，一般湖水中含有小于 0.001mg/L 的稀土，在所有农作物中均含有一定量的稀土（杨先科等，2005）。

我国是稀土资源大国，储量占全球近 80%，土壤中稀土元素的含量严格遵循奥多-哈金斯法则。我国土壤中稀土元素的总体分布具有南高北低、东高西低、西北干旱区最低的特征，土壤中稀土元素的配分曲线（经球粒陨石标准化）表明，各地区土壤中稀土元素的分配模式基本一致，均呈向右倾斜的轻稀土富集型，∑Eu 显示负异常，而且轻、重稀土元素的比值高于世界土壤。各类土壤中稀土总量从高到低为：红壤＞黑钙土＞黄棕壤＞黑土＞灰化土＞缕土＞棕壤＞砖红壤（朱维晃等，2003）。稀土在土壤剖面中的分布一般是在表层富集，俗称表聚，并随深度加深而增加。白浆土中稀土随铁锰一起淋溶；酸性土壤中也有显著的淋溶现象。近年来，随着农用稀土的广泛运用和稀土矿山的开采、加工等活动的增加，以及稀土元素应用领域的不断扩大，在使用稀土元素的农田中和矿区附近造成了稀土元素的大量富集，增加了稀土元素对人体危害的风险。

21.3.2 稀土元素的扩散

近年来，由于稀土被大量地开采和使用，稀土进入土壤环境的数量急剧上升。稀土在土壤环境中可以累积，成为一种污染源，对环境造成危害。植物体和土壤中有效稀土的含量，以及稀土在土壤中的迁移情况受土壤中固液界面间吸附-解吸平衡的影响，特别是稀土元素在土壤中的运移在一定程度受其在土壤中的吸附与解吸所制约，这两种特性是密切相关的（黄圣彪等，2002）。稀土在土壤中的吸附与解吸能力因土壤理化性质、组成及环境条件不同而有差异。一般来说，我国从南到北土壤类型逐渐从酸性土壤过渡到碱性土壤，土壤对稀土的吸附能力逐渐增大，碱性土壤对稀土元素的吸附能力较强。

稀土在土壤中的迁移受稀土在土壤固液界面吸附与解吸的制约，约 50% 的施加稀土量吸附在土壤的表层；同时稀土在土壤中的迁移因土壤的组成及基础理化性质不同而存在很大的差异。研究表明，稀土元素在土壤剖面中的分布一般是在表层富集，并随深度增加而减少，在酸性土壤中存在显著的淋溶，白浆土中稀土元素随铁锰一起淋溶。在土壤的铁锰结核中稀土元素有富集现象，以铈富集为主，并且稀土元素的富集与锰的关系密切。这说明稀土元素有向土壤深层迁移的趋势，并与铁锰迁移相似，但在石灰性土壤剖面中的移动性较小，并且分布比较均匀（黄圣彪等，2002）。作物中所累积的稀土主要来源于土壤，并可向某些器官转移，根茎类作物（薯类等）对稀土有明显的累积作用。稀土可定位在植物细胞的细胞壁、质膜、细胞间隙、中柱导管。稀土进入动物体内的主要途径：①通过口腔与皮肤呼吸作用吸收；②通过摄食经消化道吸收（刘苏静和周青，2007）。虽然动物通过消化道吸收的稀土很少，但进入体内的稀土主要向网状内皮系统的肝、脾内转移并累积，且排出极为缓慢（卢然和倪嘉瓒，2002）。

21.4　稀土元素污染的危害

土壤微生物种群增长和群落结构都会随土壤中稀土积累而发生改变，继而影响土壤的生态功能。低浓度稀土进入土壤的初期对土壤微生物增长有刺激作用，但随时间推移，增长程度减弱。高浓度稀土对土壤微生物增长具有明显抑制作用，且随浓度增加而增强，抑制作用在短期内很难消除。镧对细菌、放线菌、真菌均有较强的毒害作用。高浓度下镧抑制土壤细菌、放线菌、真菌和硝化细菌生长，对反硝化细菌作用不明显（褚海燕等，2000）。低剂量混合稀土持续积累对土壤细菌、放线菌产生刺激—抑制—再刺激交替作用；对真菌抑制作用不显著，但刺激效应持续明显。稀土积累至 150mg/kg 时，土壤微生物群落结构发生显著改变，耐稀土微生物数量大幅度增加，细菌中的 G⁻ 细菌、链霉菌的白孢类群、真菌中青霉成为优势种群。随着稀土含量进一步增加，抑制现象产生（唐欣均等，2004）。

稀土浓度大于 3mg/kg 时，土壤中脱氢酶和过氧化氢酶活性降低（黄建新等，2003）。镧对水稻土酸性磷酸酶有抑制作用，当镧浓度大于 60mg/kg 时，抑制达显著水平，但对脲酶影响不显著（褚海燕等，2002）。通过模拟试验研究发现，镧对黄潮土酶活性的动态变化与水稻土相似，即土壤脱氢酶、碱性磷酸酶、脲酶及蔗糖酶活性均随镧胁迫时间延长而降低。镧对不同土壤类型中土壤脱氢酶活性影响具有相似性，抑制阈值约为 30mg/kg（褚海燕等，2002）。

稀土对植物的作用主要体现在剂量效应上。大量研究表明，喷施稀土后，植物生长状况与稀土浓度之间呈现"低促高抑"现象，即适宜剂量的稀土可提高作物产量，改善作物品质。但超过一定剂量必造成对作物生长的不良影响，进而产生毒害作用。在不同生长环境，相同植物对稀土胁迫敏感不同，但总体变化规律相似，即高剂量稀土导致植物发芽率降低、生物量减小、生长停滞，从而致毒。因此科学工作者提出 3 种土壤混合稀土施用的安全浓度，黄潮土 10.71mg/kg，红壤 11.60mg/kg，黄褐土 32.95mg/kg（张自立等，2001）。

稀土对动物的影响也存在"低促高抑"的效应。大量实验结果表明，高浓度稀土对动物产生较明显毒性，表现为恶心、呕吐、腹泻、呼吸困难、心跳加快和全身抽搐，严重者心跳和呼吸停止（刘苏静和周青，2007）。以小白鼠为实验材料，研究发现：一定剂量的稀土对小鼠卵母细胞发育、成熟和孤雌活化有明显抑制作用，稀土浓度越高，对生殖系统产生的伤害越大；大剂量稀土饲料混配物存在一定的生殖毒性，死胎率和吸收胎率显著高于对照，胎鼠生长发育明显迟缓。可见，稀土可能对动物生殖细胞发育和受精等产生毒性。肝脏是稀土在动物体内的主要聚集点（刘苏静和周青，2007）。研究显示 $La(NO_3)_3$ 对肝脏的直接损伤可使小鼠心脏脂质过氧化加强，清除自由基能力下降（黄可欣等，2003）。稀土不仅能引起肝脏生理生化和形态的改变，而且当稀土进入肝细胞后，可与多种蛋白质分子发生相互作用，影响多种酶活性，从而损害肝脏（刘苏静和周青，2007）。

21.5 稀土元素的环境控制标准

21.5.1 稀土元素在土壤环境中的限量标准

稀土元素不是人体的必需元素，可通过多种途径进入人体，且有蓄积作用，对健康危害较大。我国制定的稀土元素在土壤环境中的限量标准见表 21-2（GB 15618—2008）。

表 21-2 土壤无机污染物的环境质量第二级标准值稀土元素的控制标准 （mg/kg）

污染物	农业用地按 pH 分组				居住用地	商业用地	工业用地
	≤5.5	5.5~6.5	6.5~7.5	>7.5			
稀土总量	一级标准+5	一级标准+10	一级标准+15	一级标准+20	—	—	—

注：①"—"表示未作规定。

②稀土总量是由性质十分相近的镧、铈、镨、钕、钷、钐、铕、钆、铽、镝、钬、铒、铥、镱、镥这 15 种镧系元素和与镧系元素性质极为相似的钪、钇共 17 种元素的总和。

③土壤无机污染物的环境质量第一级标准值，由各省、直辖市、自治区政府依据《土壤无机污染物环境质量第一级标准值编制方法要点》自行制定。

21.5.2　植物性食品中稀土元素限量指标

2013 年 6 月 1 日国家颁布新的《食品中污染物限量》（GB 2762—2012）标准，但稀土元素限量继续按照原《食品中污染物限量》（GB 2762—2005）执行。检验方法：按 GB 5009.94—2012 规定的方法测定，见表 21-3。

表 21-3　植物性食品中稀土元素的限量卫生标准

品种	限量ª（MLs)/(mg/kg）
稻米、玉米、小麦	2.0
蔬菜（菠菜除外）	0.7
水果	0.7
花生仁	0.5
马铃薯	0.5
绿豆	1.0
茶叶	2.0

注：a 以稀土氧化物总量计。

　　MLs 为 maximum levels，为污染物在食品中的允许最大浓度。

21.6　稀土元素污染的预防与修复

21.6.1　预防措施

(1) 在治理稀土工业企业污染问题上要采取经济的、行政的各种措施，坚决贯彻执行国家 2011 年颁布的《稀土工业污染物排放标准》中对排放物的相关规定，凡不能达标的企业，必须取缔、关停。

(2) 保护稀土资源，控制开采量，加强矿山环保治理。尽管国家及地方政府有关部门，不断下达对矿山的整改措施，目前仍存在破坏资源和浪费资源乱采滥挖的状况，必须根据《矿产资源法》和第七次全国环境保护大会精神，采取强有力的措施，保护资源，计划控制开采。对于尾矿坝堆存的废渣，将来可以二次开发利用，应采取有效保护性措施，不让含稀土、钍等有价元素的尾矿砂被风吹散失，继续污染周边环境。

(3) 依靠科技创新，研发新工艺新技术和新设备解决"三废"污染。为保护环境，充分利用稀土资源，应淘汰落后的设备和工艺，推广和应用先进的工艺技术，对研究与使用新技术、新工艺设备和消除污染的单位，在政策、资金等方面应给予支持和鼓励。

（4）加强推广环境友好型成熟工艺技术，减少"三废"污染。大力推广如：非皂化混合体系萃取分离稀土洁净工艺；攀西稀土矿铈（Ⅳ）、钍、稀土萃取分离新工艺；分馏-逆流置换萃取生产高纯单一稀土工艺；万安培稀土熔盐电解成套设备及尾气治理工艺技术等，环境友好型成熟工艺技术，预防稀土污染。

（5）集中建造放射性固体废物存放坝和存放库，防止对环境的辐射污染。

21.6.2 修复措施

1. 物理修复

物理修复方法通过机械性、物理性方法对污染土壤进行转移、分离，以达到污染物去除的目的。客土法和土壤淋洗法是物理修复中两种较为常用的方法。

客土法是指用外来无污染的土壤置换污染土壤，或者掺和在污染土壤中，使之稀释，达到降低污染的目的，从根本上防止污染物进入食物链。客土法在重金属污染修复中效果明显。通过在受放射性铈污染的土壤表面覆盖客土，有效降低了大豆对放射性铈的吸收和积累，而且覆盖土越厚修复效果越好（史建君，2005）。对于受污染的土壤，客土法替换或者稀释被稀土污染的土壤表层，能有效降低稀土含量，实现修复目的；并可在修复的同时移入肥力较好的土壤，改善土壤肥力。客土法修复方法直接简单、周期短、见效快。其缺点是需要较大工程量，而且费用高。

淋洗法是一种较为新型的处理方法，主要使用淋洗剂清洗土壤，使土壤中污染物随淋洗剂进入土壤深层，从而达到修复污染土壤的目的。应用淋洗法于稀土污染的土壤修复，要考虑到稀土元素在土壤中大部分以氧化态形式存在，其性质难溶于水，同时也要考虑到土壤条件、淋洗剂的种类和运行方式等因素的影响。土壤淋洗法有很多优点，尽管也存在一些问题，但其技术上的优势也是其他方法难以取代的。

2. 化学修复

化学修复按作用机理大致有以下几个方面的内容：①改变土壤表面的带电电荷情况，增加对稀土元素离子的吸附能力，降低稀土有效态迁移能力。②通过化学方法使游离态的稀土元素形成氢氧化物沉淀、碳酸化合物沉淀及络合物形态，减少土壤中游离态的稀土元素含量，实现修复目的。土壤的pH是影响稀土元素在土壤中溶解性的主要元素之一，稀土元素的溶解性随着pH的升高而降低。因此，通过调节土壤pH大小，改变稀土元素有效态含量是一个重要修复手段。另外，土壤中腐殖酸对稀土离子的配合及吸附作用能够改变稀土离子的环境行为。③通过改变土壤微环境，降低植物对稀土的吸收能力。

化学修复方法相对物理修复方法修复周期长，但效果比较明显，所需费用也比较少。

3. 生物修复

植物修复技术是由美国科学家 Chaney 于 1983 年首次提出。植物修复具有对土壤性质破坏和对周围环境影响小的优点，并且所需人员、设备要求均比较低，易于推广。植物修复技术的应用，有赖于超积累植物的发现，理想的超积累植物要具备以下特点：耐受各种不同环境，尤其是要能适应重污染地区土壤条件；植株生长要快速；对金属富集量要能超出普通植物吸收的 50～100 倍。迄今发现超积累植物 700 种，广泛分布于约 50 个科，现发现的稀土元素超积累植物共 4 种，分别是柔毛山核桃、山核桃、乌毛蕨和芒萁（滕达等，2009），另外还有 16 种潜在的超累积植物。

微生物修复重金属污染土壤的机理较为复杂，一方面可通过带电荷的细胞表面吸附、沉淀金属离子，通过摄取必要的营养元素主动吸收稀土离子，将重金属离子富集在细胞表面或内部，同时分泌产生柠檬酸、草酸等物质与重金属形成螯合物或沉淀，减少重金属的有效态。另一方面，发生生物氧化还原作用，使有毒形态转化为无毒形态，溶解性好的形态转化为溶解性差的形态。微生物修复方法具有环境友好、成本低等优点，开发经济实用的微生物修复技术来治理土壤污染，越来越受到科学家的关注。但微生物生存生长受环境影响大，在应用过程中受到限制。

不同的修复技术有各自的优点，物理修复方法是所有方法中周期最短、见效最快、修复最彻底的方法，但是所需工程量大，成本高；化学修复方法效果显著，能在保持土壤原样的情况下进行，但是化学方法修复不能使污染源从土壤中移除，化学试剂的使用可能会对环境造成二次污染；植物修复相对来说，低碳、环保、环境友好，并且对原生地不造成破坏，但是超积累植物生长周期较长，并且需要多茬种植；微生物作为一种新兴的修复方法，特点是成本低廉、环境友好，但开发实用的微生物修复技术还需更大努力。

21.7 分析测定方法

近年来，随着稀土元素在工业、农业、国防和医药等方面的应用，尤其是在农业生产上的成功应用，稀土元素含量的测定显得更为重要。稀土元素分析方法很多，如马尿酸偶氮氯膦分光光度法、三溴偶氮胂分光光度法、电感耦合等离子体原子发射光谱法。其中，对马尿酸偶氮氯膦比色法测定方法简便、仪器简单、准确可靠，具有较大的实用价值。

土壤环境质量标准（修订）（GB 15618—2008）提供的方法为：对马尿酸偶

氮氯膦分光光度法 NY/T 30-86。

主要参考文献

褚海燕，李振高，谢祖彬，等. 2000. 稀土元素镧对红壤微生物区系的影响. 环境科学，21（6）：28-31.

褚海燕，朱建国，谢祖彬，等. 2002. 镧对太湖地区水稻土若干水解酶活性的影响. 稀土，23（3）：41-43.

黄建新，杨一心，唐雪玲. 2003. 稀土配合物农用对土壤微生物活性的影响. 水土保持通报，23（2）：33-35.

黄可欣，李冬梅，聂毓秀，等. 2003. 口服低剂量硝酸镧对小鼠心脏抗氧化能力的影响. 微量元素与健康研究，20（4）：1-2.

黄圣彪，王子健，彭安. 2002. 稀土元素在土壤中吸持和迁移的研究. 农业环境保护，21（3）：269-271.

刘苏静，周青. 2007. 农用稀土的生态毒理学效应. 中国生态农业学报，15（3）：187-190.

卢然，倪嘉瓒. 2002. 稀土对肝脏作用的机制. 中国稀土学报，20（3）：193-198.

史建君. 2005. 客土覆盖对降低放射性铈在大豆中积累的效应. 环境科学，25（3）：293-296.

孙峰，冯秀娟. 2012. 稀土矿开发过程污染物对土壤生物有效性研究进展. 有色金属科学与工程，3（4）：47-62.

唐欣均，孙亦阳，夏觅真，等. 2004. 低剂量混合稀土积累对黄褐土微生物主要类群的生态效应. 应用生态学报，15（11）：2137-2141.

滕达，苏庆平，顾秋香，等. 2009. 稀土尾矿区 10 种植物对重金属的吸收与富集作用. 安徽农业科学，37（2）：798-799.

王俊兰，丁文华，安卫国. 2003. 对稀土酸法冶炼污染治理的探讨. 内蒙古环境保护，15（4）：16-21.

魏正贵，尹明，张巽，等. 2001. 稀土元素在赣南非稀土矿区和不同稀土矿区土壤-铁芒萁（*Dicranopteris linearis*）系统中的分布、累积和迁移. 生态学报，21（6）：900-906.

杨先科，李敏，李义，等. 2005. 稀土农用对环境的影响. 地球与环境，33（1）：68-70.

张自立，常江，汪成胜，等. 2001. 混合稀土对作物生长量的影响. 中国稀土学报，19（1）：85-87.

朱维晃，杨元根，毕华，等. 2003. 土壤中稀土元素地球化学研究进展. 矿物岩石地球化学通报，22（3）：259-264.

第22章 氰 化 物

氰化物（cyanide）是指化合物分子中含有氰基（—CN）的物质，广泛应用于工业与农业中（姜莉莉，2008）。在工业上，可作钢的渗碳剂、渗氮剂，氰化钠可作淬火剂，提取金银等贵重金属，锌、铜、镉、银等的电镀液，制有机玻璃、合成纤维、合成橡胶等。在农业生产上，可用作杀虫剂、防腐剂等农药。但过量的氰化物对人和动物同样是有危害的。随着现代工业的发展，氰化物应用量与日俱增，生产、使用氰化物越来越多，氰化物的污染概率也随之增加。在氰化物污染地区，土壤中过量的氰化物已经严重威胁到农业生产的发展。土壤被氰化物污染后，土壤中的氰化物被作物吸收会导致作物减产，失去自然生产力。通过食物链进入人体后，对人类的健康产生影响。所以人们对氰化物引发的污染问题非常重视，世界各国普遍把它列为重点防治对象。

22.1 氰化物的理化性质

氰化物因含有氰基（—C≡N）的化合物，其中的碳原子和氮原子通过叁键相连接。这一叁键给氰基以相当高的稳定性，使之在通常的化学反应中都以一个整体存在。因该基团具有和卤素类似的化学性质，常被称为拟卤素。最简单的氰化物是氰 $(CN)_2$ 和氢氰酸（HCN）。金属的氰化物和卤化物相像，有简单氰化物，如氰化钠（NaCN）、氰化钾（KCN）等，有剧毒；有配位氰化物（络氰化物），如亚铁氰化钾 $[K_4Fe(CN)_6 \cdot 3H_2O]$、铁氰化钾 $[K_3Fe(CN)_6]$ 等。有机氰化物称为腈，其分子中烃基 R 与氰基—CN 的碳原子相连接，如乙腈 (CH_3CN)。

最简单的氰化物氢氰酸为无色透明液体，有苦杏仁味，能与水任意互溶，加热后在水中的溶解度降低。氢氰酸的沸点为 26.5℃，相对密度为 0.6876（20℃时），其自燃点为 573.8℃，爆炸极限为 5.6%～40%。氰化钠相对分子质量为 49.02，熔点为 563.7℃，沸点为 1496℃，为白色结晶粉末，完全干时无味；在潮湿空气中，因吸潮而稍有氰化氢气味。氰化钠易溶于水，微溶于乙醇，水溶液呈强碱性；在空气存在的条件下能溶解金和银，对铝有腐蚀性，本身不燃烧。最简单的氰化物氢氰酸是一种极弱的酸，其酸性比碳酸还弱，可与氢氧化钠、氢氧化钾、氢氧化钙、碳酸钠、碳酸氢钠、磷酸二氢钠等碱溶液迅速发生中和反应。氢氰酸能与金属氧化物发生反应。例如，CuO、Ag_2O 能与 HCN 发生反应，反应生成的氰化铜、氰化银仍有毒性，但为不挥发固体，且性质稳定，其络盐则是无毒产物。氰化钠与酸或酸雾、水、水蒸气接触能产生有毒和易燃的氢氰酸，且氰化钠能与亚铁盐发生化学反应，生成稳定的络合物。在反应中，氢氰根与亚铁离子作用生成亚铁氰根络离子，络合物亚铁氰化钠（俗称黄血盐）是无毒的。在碱性溶液中，亚铁氰根络离子能与三价铁盐发生化学反应，生成深蓝色的普鲁士蓝沉淀。此反应不仅可用于氰化物的消毒，还可用于氰化物的检验和氰化物含量的分析。土壤中氰化物是以氰根离子（CN^-）存在的，被植物吸收。

22.2　氰化物的污染来源

　　氰化物的污染分为自然因素和人为因素。氰化物广泛存在于自然界，天然土壤中的氰化物主要来自土壤腐殖质，由某些细菌、真菌或藻类制造。

　　人类的活动是形成氰化物污染的重要原因。污染环境的氰化物，主要来自工业生产。煤焦化时，在干馏条件下碳与氨反应，也产生氰化物。氰化物可用作工业生产的原料或辅料，氰化钠用于金属电镀，矿石浮选，以及用于染料、药品和塑料生产；氰化钾用于白金的电解精炼，金属的着色、电镀，以及制药等化学工业。这些工业部门的废水都含有氰化物。例如，焦化厂的冷凝废水中氰化物含量按HCN 计约为 55mg/L，蒸馏废水中为 0～20mg/L，氨水中为 200～2000mg/L。在丙烯腈生产中，每生产 1t 丙烯腈排出 110～120kg 乙腈和 50～100kg HCN。汽车尾气和香烟的烟雾中都含有氰化氢，燃烧某些塑料和羊毛也会产生氰化氢。这些释放的氰化物又会通过自然和人为的一些因素，进入土壤，对土壤造成污染，进而使植物、动物、人类受到危害。

22.3　氰化物的分布与扩散

22.3.1　氰化物的分布

　　氰化物普遍存在于土壤中，并随土壤深度的增加而递减，其含量为 0.003～0.130mg/kg。在工业废水中，氰根与贵金属离子结合成络合物的形式存在。在大气中主要以氰化氢的形式存在。在植物中，氰化物通常与糖分子结合，并以含氰糖苷（cyanogenic glycoside）形式存在。例如，木薯中含有含氰糖苷，在食用前必须设法将其除去（通常靠持续沸煮）。水果的核中通常含有氰化物或含氰糖苷；杏仁中含有的苦杏仁苷，就是一种含氰糖苷，所以食用杏仁前通常用温水浸泡以去毒。

22.3.2　氰化物的扩散

由于工业生产中广泛使用氰化物，以及汽车的大量使用导致尾气大量排放，氰化物以废水、废气的形式排放到自然界。废气、废水污染了大气、河流，随着河水灌溉又污染了土壤。同时农药的大量使用也会使土壤受到污染，被土壤动物和微生物吸收，成为其有机体的结构成分。由于人和动物的主要氰化物来源为植物，所以含氰化物高的土壤导致人畜的氰化物中毒现象。

22.4　氰化物污染的危害

氰化物在土壤中累积，经过食物链被植物吸收，会对其生长、发育、生殖产生明显的影响，会造成生长迟滞、发育迟缓、产量下降等。过量的氰化物也可使植物发生癌肿病，即可使植物的一部分体细胞大型化，或使细胞分裂反常，由一般的单层排列变成多层排列，严重时叶片上会出现粟状斑点或卷曲等现象。土壤中氰化物过量时，也可导致果树产量降低，结果量减少，果实变小（汪玲，2010）。

土壤被氰化物污染后，经过食物链进入动物体内，最初呼吸兴奋，经过麻痹，横转侧卧，昏迷不醒，痉挛，窒息，呼吸麻痹，最后致死。狗、猫和猴的症状则是有规律性的呕吐。牛一次摄入氰化物的致死量为 $0.39 \sim 0.92g$，羊为 $0.04 \sim 0.10g$，马为 $0.39g$，狗为 $0.03 \sim 0.04g$。氰化物对水生物的毒性很大，当合成氰离子浓度为 $0.04 \sim 0.1mg/L$ 时，就能使鱼类致死，甚至在氰离子浓度 $0.009mg/L$ 的水中鲟鱼逆水游动的能力减少约 50%。

经过食物链被人体吸收后，引起人体麻木感、流涎、头痛、恶心、胸闷、呼吸加快加深、脉搏加快、心律不齐、瞳孔缩小、皮肤黏膜呈鲜红色、抽搐、昏迷，最后意识丧失而死亡。对人体的毒性主要表现为与人体的高铁细胞色素酶结合，生成氰化高铁细胞色素氧化酶而失去传递氧的作用，使呼吸链中断，引起组织窒息（姜莉莉，2008）。另外，某些腈类化合物的分子本身具有直接对中枢神经系统的抑制作用。

22.5　氰化物的环境控制标准

氰化物在工农业生产中广泛应用，但由于其有严重毒害作用，对环境和人类的健康有着严重的威胁，为此世界各国都对它在环境中的卫生标准进行了严格的限制。我国制定的氰化物在土壤环境中的限量标准见表 22-1（GB 15618—2008）。

表 22-1　氰化物环境控制标准

序号	标准名称	标准限值					标准来源
1	地表水环境质量标准 （氰化物，mg/L）	Ⅰ类 0.005	Ⅱ类 0.05	Ⅲ类 0.2	Ⅳ类 0.2	Ⅴ类 0.2	中国（GB 3838—2002）
2	地下水质量标准 （氰化物，mg/L）	Ⅰ类 0.001	Ⅱ类 0.01	Ⅲ类 0.05	Ⅳ类 0.1	Ⅴ类 >0.1	中国（GB/T 14848—1993）
3	生活饮用水水质标准	0.05mg/L（氰化物）					中国（GB 5749—85）
4	农田灌溉水质标准	水作、旱作、蔬菜：0.5mg/L（氰化物）					中国（GB 5048—92）
5	渔业水质标准	0.005mg/L（氰化物）					中国（GB 11607—1998）
6	海水水质标准 （氰化物，mg/L）	第一类 0.005；第二类 0.005； 第三类 0.10；第四类 0.20					中国（GB 3097—1997）
7	污水综合排放标准 （总氰化）	一级 0.5mg/L，二级 0.5mg/L， 三级 1.0mg/L					中国（GB 8978—1996）
8	工业场所有害因素 职业接触限值	最高容许浓度：1mg/m³ （氰化物，按 CN 计）（皮）					中国（GBZ 2—2002）
9	固体废弃物浸出毒 性鉴别标准值	1.0mg/L（氰化物）					中国（GB 5058—1996）

22.6　氰化物污染的预防与修复

22.6.1　预防措施

氰化物是有剧毒的物质，出现污染后果是非常严重的，通常都是重大安全事故，但氰化物是工农业生产的重要原材料。

为防止氰化物的污染，应在氰化物生产、储存、运输等各个环节坚决避免氰化物的重大安全事故。生产过程应尽量采用机械化、密闭化、自动化、连续化的设备进行，并有良好的通风设施，尤其是车间内空气流通差或有不流通的死角；生产过程必须有全套切实可行的安全操作规程，有专人负责检查安全操作规程的执行、安全设备及防护设备的使用情况；在储存与运输中要注意检查容器是否完整，避免泄漏，造成安全事故。

同时加强研发无毒的替代产品，减少氰化物的使用，也是预防氰化物污染的有力措施。

22.6.2　修复措施

土壤本身就含有一定量的氰化物，其对适量的氰化物有自净能力，但由于人为原因土壤中的氰化物含量超出了自身的净化能力，就形成了氰化物污染，这时在该土地上种植的作物不仅产量低、质量差，而且会通过生物富集作用危害到动物和人类。目前，对氰化物污染土壤的修复有多种方法，大致分为物理修复、化学修复和生物修复三类。

1. 物理修复

物理修复主要是通过减少土壤表层的氰化物浓度，或增强土壤中的氰化物的稳定性使其水溶性、扩散性和生物有效性降低，从而减轻污染物危害（曹琳和汪祖莲，2007）。通常采用移除表面土壤，深埋加固这些表面土壤。

2. 化学修复

化学修复：向土壤投入改良剂，通过对氰化物的吸附、氧化还原、拮抗或沉淀作用，以降低氰化物的生物有效性（曹琳和汪祖莲，2007）。不同改良剂对氰化物的作用机理不同，常用的有硫酸亚铁、氯化铁等。

3. 生物修复

生物修复（bioremediation）：利用生物对环境污染物的吸收、代谢、降解等功能，在环境中对污染物质的降解起到催化作用，即加速取出环境污染物的过程。生物修复自20世纪80年代起至90年代，形成学科分支，并广泛应用于环境技术、生物技术去除或清除环境中的污染物质，有物理、化学、生物方法，其中生物方法是最好、最本质的、可以循环使用的。生物修复技术的优点是：污染物被完全从环境中去除；时间短；对周围环境影响小；不产生二次污染；修复资金需要量小；不产生二次污染；原位修复可使污染物在原地被清除，操作简便；使人类直接暴露在污染物下的机会减少（周晓英，2007）。

生物的生命代谢活动减少土壤环境中有毒有害物的浓度或使其完全无害化，从而使污染的土壤环境能够部分或完全恢复到原初状态的过程。研究发现，木霉菌（*Trichoderma* spp.）可产生降解氰化物的氰水合酶（cyanide hydratase）和硫氰酸酶（rhodanese）。木霉菌是典型的土壤习居菌，在土壤中分布相当广泛。20世纪30年代以来，木霉菌主要作为生物防治微生物和菌肥微生物。与其他生防菌相比，木霉菌对环境的高温、高湿等逆境因子很有高的抗逆性。与此同时也有一些研究利用木霉菌治理环境污染，即利用木霉菌吸附重金属、降解农药残留和氰化物污染物等，如Ezzi（2003）研究发现木霉菌中存在降解氰化物的氰水合酶和硫氰酸酶。研究表明，木霉菌在氰化物存在的土壤中可以生长，并与柳树根形成生物修复氰化物污染系统，产生胞外酶转化氰化物。然而木霉菌同其他微生物类似，自然筛选的木霉菌修复效率不是很高，亟需利用分子改良技术提高木霉菌的修复效率。另外，以往的研究主要集中于木霉菌作为生物防治微生物或环境修复性微生物的单一功能，很少研究同时具有双重功能木霉菌微生物，因此构建具有防病和修复环境污染双重功能的木霉菌对于拓宽木霉菌应用范围具有重要意义。目前，木霉菌改良方法主要有原生质体融合、物理与化学诱变、插入突变等方法。

22.7 分析测定方法

土壤环境质量标准（修订）（GB 15618—2008）提供的方法为：土壤中总氰化物的测定采用异烟酸-吡唑啉酮比色法，《全国土壤污染状况调查样品分析测试技术规定》，2006 年。

该方法的原理为：在中性条件下，样品中的氰化物与氯胺 T 反应生成氯化氰，再与异烟酸作用，经水解后生成戊烯二醛，最后与吡唑啉酮缩合生成蓝色染料，其颜色与氰化物的含量成正比。

主要参考文献

曹琳，汪祖莲. 2007. 浅谈污染土壤修复技术. 江西化工，3：42-45.

黄金印. 2004. 氰化物泄漏事故洗消剂的选择与应急救援. 消防科学与技术，23（2）：191-195.

姜莉莉. 2008. 催化氧化处理含氰废水的研究. 大连：大连工业大学硕士学位论文.

任小军，李彦锋，赵光辉. 2009. 工业含氰废水处理研究进展. 工业水处理，29（8）：1-4.

王明军. 2008. 氰化物中毒的生化机理. 黔南民族师范学院学报，3：75-77.

周晓英. 2007. 木霉菌生物修复氰化物污染土壤与水质的 REMI 突变株构建与作用机理. 上海：上海交通大学硕士学位论文.

Ezzi I M, Lynch J M. 2003. Cyanide catabolizing enzyme in *Trichodema* spp. Enzyme and Microbial Technology，31：1042-1047.

第三篇　土壤有机污染物

第 23 章　有机氯农药

有机氯农药（anochlorine pesticides，OCPs）是一类人工合成的毒性较低、残效期长的广谱杀虫剂，主要用于果蔬、粮食作物生产过程的病虫害防治，也曾是世界上产量最高，用量最大的一类农药。多数有机氯农药因难以通过物理、化学或生物途径等降解而在环境中长期存留，其危害性已引起国际社会的共同关注。《关于持久性有机污染物的斯德哥摩公约》中首批列入受控的 12 种持久性有机污染物中，其中 8 种为有机氯农药。20 世纪 80 年代大多数国家已对有机氯农药明确禁用，但其危害的长期性依然不容忽视。

23.1　有机氯农药的理化性质

有机氯农药多为棕褐色黏稠状液体，不溶或极微溶于水，易溶于有机溶剂。有机氯类杀虫剂的化学稳定性高，在环境及生物体中不易降解，残留期长，易在生物体包括人体中长期逐渐积累（林玉锁，2002）。有机氯农药主要包括：六六六（HCH）、滴滴涕（DDT）、六氯苯、灭蚁灵、七氯、氯丹、艾试剂、狄试剂、异狄试剂、α-硫丹、β-硫丹、五氯硝基苯、环氧七氯、胺菊酯、甲氰菊酯、氯氰菊酯、氰戊菊酯、溴氰菊酯等。农业生产中曾大量使用过的有机氯农药主要包括：DDT、林丹、七氯、氯丹、毒杀芬、艾氏剂、狄氏剂、异狄氏剂、硫丹等，其中以 DDT 和林丹使用最为广泛（王连生，2004）。

23.2　有机氯农药的污染来源

土壤中有机氯农药主要源于农业生产中病虫害防治过程的使用。20 世纪 40 年代至 80 年代初，有机氯农药的生产及使用量一直占我国农药总产量及使用量一半以上，1952～1983 年，有机氯农药的平均施用量约为 1.42kg/（hm^2·年）（龚钟明等，2002）。

水体中有机氯农药污染主要源于农田中残留的有机氯农药随雨水或灌溉水的迁移，以及有机氯农药生产、加工企业废水的排放。

大气中的有机氯农药污染主要来自有机氯农药厂排出的废气、农药喷洒时的扩散、残留农药的挥发等，且以农药厂排出的废气最为严重。

23.3　有机氯农药的分布与扩散

23.3.1　有机氯农药的分布

由于有机氯农药具有稳定性强、水溶性高、脂溶性高、挥发性强等特点，因此有机氯农药在自然界中广泛分布，主要存在于土壤、水体、沉积物、大气、生物体中。

土壤中的 OCPs 是主要来源于 OCPs 化学品的使用、大气干湿沉降及污染物的排放和泄漏等（冯精兰等，2011）。近些年研究表明，土壤中的 OCPs 的主要组分是 DDT 和 HCH，且 DDT 含量一般高出 HCH 的含量（冯精兰等，2011）。表层土壤中 OCPs 的含量要高于深层土壤的含量，有调查显示在北京市郊区表层土壤中，HCH 含量为 $1.36\sim56.61\mu g/kg$，平均值为 $10.35\mu g/kg$；DDT 的含量为 $0.77\sim2180\mu g/kg$，平均值为 $140.97\mu g/kg$。深层土壤中，HCH 和 DDT 的残留平均含量分别为 $1.51\mu g/kg$ 和 $5.59\mu g/kg$。这也说明了 HCH 和 DDT 主要分布在表层土壤中（Zhu et al.，2005）。黄淮海地区典型土壤中 HCH 的平均残留量为 $4.01\mu g/kg$，DDT 的平均残留量为 $11.16\mu g/kg$（赵炳梓等，2005）。造成这种情况可能是由于有机氯农药的施用量有所差异、土壤中的微生物活动强弱不同等（陈向红，2009 年）。另外，HCH 在土壤中被分解 95% 需约 20 年时间；而 DDT 被分解 95% 则需 30 年之久，这也可能是造成土壤中 DDT 含量高于HCH 的原因。在不同土壤类型中，耕地土壤中的含量高于森林和草地土壤中的含量。安琼等（2005）对南京地区土壤中有机氯农药残留及其分布特征研究中表明，工业用地土壤中有机氯农药残留量明显低于农业土壤，而且残留量较均匀。不同利用类型土壤中 OCPs 残留总量的排序为：露天蔬菜地＞大棚蔬菜地＞闲置地＞旱地＞工业区土地＞水稻土＞林地。

我国土壤中 OCPs 的含量和国外部分地区相比相对较高，具体见表 23-1（冯精兰等，2011）。

表 23-1　国内外部分地区土壤 OCPs 污染水平

地区	HCH 含量/(ng/g)	DDT 含量/(ng/g)
湖南东部（稻田）	$1.70\sim25.30$（18.20）	$10.50\sim40.40$（23.80）
青岛	$0.41\sim9.67$（4.01）	$3.88\sim79.55$（26.51）
北京	$1.68\sim56.61$（8.80）	$3.12\sim2178.55$（108.99）
吉林市中部	$0.47\sim13.47$（2.00）	$0.02\sim69.35$（3.01）
南京（农田）	$2.70\sim130.60$（13.6）	$6.30\sim1050.70$（64.1）
广东	ND$\sim$104.38（5.90）	ND$\sim$157.75（10.18）

续表

地区	HCH 含量/(ng/g)	DDT 含量/(ng/g)
天津	1.30～1094.60 (45.8)	0.07～972.24 (56.01)
黄淮地区（农田）	0.53～13.94 (4.01)	ND～126.37 (11.16)
香港	2.50～11.00 (6.19)	ND～5.70 (0.52)
印度	8.00～38.50 (17.49)	ND～4.0 (1.76)
澳大利亚昆士兰州	ND～58.59	ND～21.20
坦桑尼亚	ND～3.40	ND～20.40
美国阿拉巴马州	0.04～3.23	0.80～517.3

注：ND 表示未检出；圆括号内数值表示平均值。

有机氯农药在土壤中广泛分布的同时，在水体、沉积物、大气以及生物体内均有检出，我国水体已普遍受到 OCPs 污染，其中大亚湾和海河等部分水域污染比较严重；沉积物中 OCPs 大多处于较高的生态风险水平，厦门西港等地污染比较严重；大气中 OCPs 含量较低，污染生态风险较小；生物体中 OCPs 含量也较低，但长期食用仍存在较大的生态风险（冯精兰等，2011）。

23.3.2　有机氯农药的扩散与迁移

作为持久性有机污染物（POPs），有机氯农药在环境中由于其挥发性、疏水亲颗粒等特征，表现出越界传输、远距离迁移的性质和环境多介质迁移的现象（袁欣，2006）。

对于有机氯农药的越界传输和远距离迁移，可以用全球蒸馏和蚱蜢效应来予以解释。从全球来看，在低中纬度地区，由于温度相对高，POPs 挥发速率大于沉积速率，使得它们不断进入大气中，并随着大气运动不断迁移，当温度较低时，沉积速率大于挥发速率，POPs 最终在较冷的极地地区积累下来。POPs 在向较高纬度迁移过程中时常以一系列相对短距离、跳跃的形式（称为蚱蜢效应）进行（袁欣，2006）。

有机氯农药在环境多介质中的迁移主要体现在水体-土壤（沉积物），土壤-大气，土壤中的吸附、降解三个方面。

由于有机氯农药的疏水亲脂性特点，大部分有机氯农药吸附于水中的悬浮颗粒，并在重力作用下沉积于水体或被生物吸收富集于生物体中，水中沉积物是有机氯农药的主要归宿之一。舒卫先和李世杰（2008）对北太湖沉积岩芯中有机氯农药 HCH 和 DDT 残留值分布特征及沉积环境研究中发现，太湖不同年代岩芯中的 HCH 和 DDT 残留值与太湖流域有机氯农药 HCH 和 DDT 使用的历史年代相一致。

土壤中聚集的有机氯农药也可通过挥发的方式进入大气，而其挥发的速率主要受挥发物的浓度、空气流速、温度等外界环境条件的影响。刘国卿等（2008）

对珠江口及南海北部近海海域大气有机氯农药分布特征与来源研究发现，珠江口及南海近海海域大气 OCPs 主要受控于陆源污染的影响，呈现近陆点高和远陆点低的特点。

土壤对有机化学农药的吸附作用，在某种意义上就是土壤对有毒污染物质的净化和解毒作用。当农药被土壤强烈吸附后，其生物活性和微生物对它的降解性能都会减弱。吸附性强的农药，移动性和扩散能力较弱，不易进一步对周围环境造成污染，净化效果也就越好。而影响土壤吸附能力的主要因素是土壤中有机质的含量。杨炜春等（2000）借助红外光谱和电子顺磁共振波谱技术研究了土壤腐殖酸与农药的作用机理，研究表明农药在土壤中吸附主要受土壤中有机质支配，有机质含量越高，越有利于农药在土壤上的吸附。

残留在土壤中的有机氯农药可以通过光降解、化学降解、生物降解三类方式分解为小分子的 H_2O、CO_2、HCl 和 N_2 等简单化合物而消除其毒性和影响（丛鑫，2009）。光降解主要基于其分子中含有的 C—C、C—H 和 C—O 等键可以在太阳光作用下发生异构化、分子重排或分子间反应生成新的化合物；化学降解则以水解和氧化两种形式进行；而微生物降解主要依赖于土壤中各种微生物代谢活动（丛鑫，2009）。虽然残留在土壤中的有机氯农药可以通过降解转化为无害物质，但降解所需时间较长，所以至今土壤中仍残留了大量有机氯农药。

23.4　有机氯农药环境控制标准

由于有机氯农药的长期残留性，在人体内有蓄积作用，会对人体造成多方面的危害，为此各国都对它在环境中的卫生标准都进行了严格的限制。有关有机氯农药在重点区域土壤中的环境标准见表 23-2。

表 23-2　重点区域土壤污染评价参考值（除蔬菜地外）

评价项目		参考值/(mg/kg)	参考值来源
	六六六总量	4.0	《土壤环境质量标准》（修订草案）工业用地标准
	DDT 总量	4.0	《土壤环境质量标准》（修订草案）工业用地标准
	艾氏剂	0.04	美国土壤筛选导则（筛选值）
	狄氏剂	0.04	美国土壤筛选导则（筛选值）
有机氯农药	异狄氏剂	23	美国土壤筛选导则（筛选值）
	氯丹	0.5	美国土壤筛选导则（筛选值）
	七氯	0.1	美国土壤筛选导则（筛选值）
	毒杀芬	0.6	美国土壤筛选导则（筛选值）
	六氯苯	0.4	美国土壤筛选导则（筛选值）
	灭蚁灵	0.27	美国土壤筛选导则（筛选值）

23.5　有机氯农药的危害

从有机氯农药产生危害的时间上划分可将危害划分为：急性危害、慢性危害。一般而言，有机氯农药的急性毒性作用较少见，带有偶然性，如误食、投毒、农药泄漏等。有机氯农药，特别是残留在土壤中的有机氯农药对人体危害的特点是有蓄积性和长期效应。

有机氯农药的急性危害主要表现在对中枢神经系统的作用。轻者有头痛、头晕、视力模糊、恶心、呕吐、腹泻、全身乏力等症状；严重中毒是发生震颤、强制性抽搐，甚至失去知觉而死亡，还可对实质性脏器特别是肝脏和肾脏造成严重危害。

相对于带有偶然性的急性危害，残留的有机氯农药的慢性危害更为普遍和长远，残留的有机氯农药的危害严重性在于其污染会随着食物链而浓缩放大，使得越位于食物链末端的生物体内积累的量越大。除此之外，环境中的有机氯农药也可通过皮肤、呼吸道和消化道直接进入人体，长期蓄积并产生长期效应。林玉锁等（2000）对江苏启东 20 例肝癌手术标本进行检测，有机氯检出率为 100%，这说明两者之间有显著的相关性；齐美富等（2008）研究发现，有机氯农药还可能影响人的智力发育水平也可减少男性精子数。此外，研究人员还发现，有机氯农药会提高神经系统、呼吸系统、生殖系统的发病概率。

23.6　有机氯农药污染的预防与修复

23.6.1　预防措施

（1）减少有机氯农药物质的使用和排放。在工业方面，逐渐加大对有机氯农药排放企业的环境管理力度，大力推行清洁生产，淘汰一些落后工艺和产品，积极研发和推广替代品、替代技术和低污染物排放技术，实现"以环境保护优化经济增长"的目标。控制有关行业"三废"污染物的排放，堵住源头，以免后患；实施生活垃圾和医疗垃圾无害化处理，严禁垃圾焚烧等，减少有机氯污染物的排放。

（2）农药新品种的开发，确保农业生产和人们健康生活的需要。用安全、高效、污染性小的农药取代当前使用的有机氯农药品种，是解决有机氯农药环境污染问题的关键所在。要求开发的农药新品种在性能、价格、安全性等方面优于当前正在使用的有机氯农药，并且应特别注意引进生物技术开发生物农药，从而使新农药的使用对环境中非靶生物影响小，在大气、土壤、水体、作物中易于分解、无残留影响；用量少，对环境污染也少，在动物体内不累积迅速代谢排出，且代谢产物也无毒性，无致癌、致畸、致突变的潜在遗传毒性。

（3）健全法律法规，提高农民素质，强化环保意识。在现行的国家产业政策、污染防治技术政策、环境管理法规和技术标准中，有关有机氯农药生产、流通、使用、处置和污染控制方面的内容还相当缺乏。将采取必要的法律、行政和技术措施，削减、控制和淘汰持久性有机污染物；查明并以安全、有效和对环境无害化方式处置持久性有机污染物库存及废弃物。开展广泛的公众宣传教育，提高全体社会对控制和消除有机氯农药的认识，提升公众的风险意识和自我保护意识，特别要调动广大农民参与到防治有机氯污染的行动中。

23.6.2　修复措施

有机氯农药在土壤中的环境行为主要有吸附、渗滤、扩散、挥发、降解等，其中，渗滤、扩散和挥发过程都会进一步扩大污染范围，使治理变得更加困难。因此，要想有效地消除污染，就要尽可能地防止这些过程的进行。为了保障农产品质量，必须健全土壤环境质量体系，对一些污染严重的点位，应采取适当的技术修复污染的土壤。因此，污染土壤的修复近年来受到普遍的关注。目前常用的修复方法有物理修复、化学修复、生物修复。

1. 物理修复

目前常用的物理修复有原位空气注射法和电化学动力修复法。原位空气注射法主要用于修复非水相液体，特别是挥发性有机物污染的饱和土壤和地下水。电化学动力修复是利用土壤和污染电动力学性质对环境进行修复的技术。Rabbi 等研究了电动力学方法注入苯甲酸的可行性，陈学军等的电动强化处理试验表明，电场对土壤中重金属的迁移溶出有强化去除作用（陈耀华等，2006）。

2. 化学修复

化学修复主要包括化学清洗法、超临界萃取法、微波萃取法等。化学清洗法是用一些化学溶剂和表面活性剂等清洗被有机农药污染的土壤，将有机农药污染物清洗出去的方法，但是存在着易造成二次污染的缺点。超临界萃取法是采用超临界流体萃取土壤有机农药污染物，使污染物被浓缩富集被除去。微波萃取法是利用微波能来提高萃取效率的一种新技术。它可对土壤中的有机农药污染物进行选择性萃取，从而使有机农药从土壤中分离出去。

Roy 等从无患子（*Sapindus mukurossi*）果皮中提取生物表面活性剂，将其应用到土壤中，对六六六的清洗效果显著。Sun 等则研究发现了非离子型表面活性剂 Triton X-100 的解析作用，能有效去除土壤吸附的 DDT、六氯联苯和三氯苯等（陈耀华等，2006）。

3. 生物修复

生物修复是作为治理污染环境（土壤、地下水）及处理废弃物、污泥的一种新方法提出的，主要是通过自然界中植物、微生物将有机污染物降解成 CO_2 和 H_2O 或转化为无毒无害物质。生物修复方法包括微生物修复方法、植物修复方法、酶工程技术、动物修复方法。

1）微生物修复

目前报道的能降解农药的微生物包含细菌、真菌、放线菌、藻类等，大多数来自于土壤微生物类群。方玲等（2000）分离到能降解六六六的芽孢杆菌属、无色杆菌属和假单胞菌属菌株，以及降解 DDT 的产碱杆菌属和无色杆菌属菌株。张国顺等（2005）则从六六六的富集液中扩增到基因 *linN*，并将其克隆到 pET229a 表达载体中，转化大肠杆菌（*Escherichia coli*）BL21 后得到分子质量约 17kDa 的蛋白质，转化子的降解能力明显提高，为进一步分离、提纯、培养和构建多功能农药残留降解菌奠定了基础。

2）植物修复

用于植物修复作用研究的植物种类很多，常用的作物包括向日葵、烟草、玉米、大豆、芥菜等。通过大量的研究，人们发现植物对土壤中农药的修复有三种机制：

（1）植物直接吸收并在植物组织中积累非植物毒性的物质。具有特殊功能的植物能直接从土壤或通过叶片吸收农药并进行分解，通过木质化作用使其成为植物的组成部分，再通过代谢或矿化作用使其转化为 CO_2 和 H_2O，或通过植物的挥发作用达到修复的目的。

（2）植物产生并释放出具有降解作用或促进环境中生物化学反应的酶等根系分泌物。植物释放到根际土壤中的酶系统可直接降解有关化合物，这已被一些研究所证实。

（3）植物根际与微生物的联合代谢作用。植物根系、根系微生物和土壤组成的根际微生态系统是土壤中最活跃的区域，由于根系的存在，增加了微生物的活动和生物量。

3）酶工程技术

相关研究证明，有机污染物进入土壤后经历吸附、渗滤、迁移、生物降解和非生物降解等几个过程，其中生物降解主要依赖于土壤中的酶。能用于生物修复的酶主要有水解酶和氧化还原酶。前者如磷酸酶、对硫磷酯解酶等，后者如过氧化物酶和多酚氧化酶。这些酶通过氧化、还原、脱氢等方式将农药分解为结构简单的小分子化合物。研究表明，污染物降解酶由降解质粒或染色体基因编码。目前，已经分离得到一些农药的降解质粒，如六六六质粒、阿特拉津质粒等，而某一假单胞菌属菌株降解阿特拉津的酶则定位于染色体上。利用降解质粒的相容性，能将降解不同污染物的高效专一的质粒组合到一个菌株上，构建成一个多质粒的、可同时降解多种不同污染物或能够完成某一污染物降解过程的多个环节的新菌株（王晓华等，2005）

4）动物修复

土壤中有一些大型土生动物（如蚯蚓、某些鼠类）和一些小型动物种群（如线虫纲、弹尾类、蜱螨目等），对土壤中的污染农药有一定的吸收和富集作用，并通过自身的代谢作用降解农药（陈耀华等，2006）。当前，动物在生态恢复中的运用研究较多的是利用蚯蚓。关于利用动物对有机氯农药污染土壤进行修复的研究目前在国内外还处于摸索阶段，因此该领域具有广阔的前景。

23.7　分析测定方法

有机氯农药作为一种持久性有机污染物，在地球上的分布十分广泛。然而由于有机氯农药在环境样品中残留浓度低、干扰物质多且组成复杂，在对有机氯农药分析测定之前必须对样品进行预处理。由于环境样品的复杂性，不同的环境样品需根据实验室的具体情况及测定的主要目的确定不同的制备技术。目前国内外对环境样品中有机氯农药前处理方法大致有以下几种：固相萃取、微波辅助萃取、加速溶剂萃取、超临界流体萃取、基质固相分散。

有机氯农药样品经前处理后，接下来就需要对其进行分析。目前，国内外使用最多的检测有机氯农药的方法主要是气相色谱法（或气相色谱/质谱联用），其他还有薄层色谱法（TLC）及酶联免疫法（ELISA）等。

我国目前公认的测定方法参照 GB/T 14550-2003 土壤质量六六六和滴滴涕的测定气相色谱法。

主要参考文献

安琼，董元华，王辉，等.2005.南京地区土壤中有机氯农药残留及其分布特征.环境科学学报，25（4）：470-474.

陈向红，胡迪琴，廖义军，等.2009.广州地区农田土壤中有机氯农药残留分布特征.环境科学与管理，34（6）：117-120.

陈耀华，葛成军，林伟.2006.有机氯农药污染土壤的修复研究进展.华南热带农业大学学报，12（4）：54-57.

丛鑫.2009.农药污染场地中有机氯化合物的分布及其修复研究.北京：中国矿业大学博士学位论文.

方玲.2000.降解有机氯农药的微生物菌株分离筛选及应用效果.应用生态学报，11（2）：249-252.

冯精兰，翟梦晓，刘相甫，等. 2011. 有机氯农药在中国环境介质中的分布. 人民黄河，33（8）：91-98.

龚钟明，曹军，朱雪梅，等. 2002. 天津市郊污灌区农田土壤中的有机氯农药残留. 农业环境保护，21（5）：459-461.

林玉锁，龚瑞中，朱忠林. 2000. 农药与生态环境保护. 北京：化学工业出版社.

林玉锁. 2002. 农药环境污染调查与诊断技术. 北京：化学工业出版社.

刘国卿，张干，李军，等. 2008. 珠江口及南海北部近海海域大气有机氯农药分布特征与来源. 环境科学，29（12）：3320-3325.

齐美富，桂双林，刘俭根. 2008. 持久性有机污染物（POPs）治理现状及研究进展. 江西科学，26（1）：92-95.

舒卫先，李世杰. 2008. 北太湖沉积岩芯中有机氯农药 HCH 和 DDT 残留垂直分布特征及沉积环境意义. 第四纪研究，28（4）：683-689.

王连生. 2004. 有机污染化学. 北京：高等教育出版社.

王晓华，尹元琴，张卫东，等. 2005. 环境中有机氯农药残留与女性乳腺癌. 农药，44（12）：555-557.

杨炜春，王琪全，刘维屏. 2000. 除草剂莠去津在土壤中的吸附机理. 环境科学，21（4）：94-97.

袁欣. 2006. 有机氯农药在苏州土壤-植物间的环境迁移模拟研究. 北京：中国地质科学院硕士学位论文.

张国顺，洪青，马爱芝，等. 2005. 富集液中六六六（Y-BHC）脱氯基因的克隆、表达及降解试验. 微生物学报，45（1）：44-47.

赵炳梓，张佳宝，周凌云，等. 2005. 黄淮海地区典型农业土壤中六六六和滴滴涕的残留量研究. 土壤学报，42（5）：761-768.

USEPA. 2004. An Examination of EPA Risk Assessment Principles and Practices. EPA/100/B-04/001.

Zhu Y F, Liu H, Xi Z Q, et al. 2005. Organochlorine pesticides（DDTs and HCHs）in soils from the outskirts of Beijing. Chemosphere，60（6）：770-778.

第24章 多环芳烃

多环芳烃（polycyclic aromatic hydrocarbons，PAHs）是指分子中含有两个或两个以上苯环的碳氢化合物。多环芳烃（PAHs）广泛存在于自然界，种类达100多种，大部分 PAHs 因具较强的致癌、致畸变和致突变性等而对人类的健康和生态环境产生潜在的威胁。PAHs 是许多国家优先控制的有毒有机污染物之一，PAHs 污染也是世界各国所面临的重大环境与公共健康问题之一。

24.1 多环芳烃的理化性质

PAHs 可分为芳香稠环型及芳香非稠环型。芳香稠环型是指分子中相邻的苯环至少有两个共用碳原子的碳氢化合物，如萘、蒽、菲、芘等；芳香非稠环型是指分子中相邻的苯环之间只有一个碳原子相连的化合物，如联苯、三联苯等。人们习惯上指的多环芳烃即稠环芳烃。大多数国家对环境污染物中多环芳烃的检测有 16 种，分别为萘、苊烯、苊、芴、菲、蒽、荧蒽、芘、苯并(a)蒽、屈、苯并(b)荧蒽、苯并(k)荧蒽、苯并(a)芘、茚并(1,2,3-cd)芘、二苯并(a,h)蒽、苯并(g,h,i)苝（韩菲，2007）。常见多环芳烃的物理性质见表24-1。PAHs 大多不溶于水，易溶于苯类芳香性溶剂中；PAHs 大多具有大的共轭体系，因此其溶液具有一定荧光。

表 24-1 常见多环芳烃的物理性质

序号	名称	相对分子质量	性状	溶解性	熔沸点
1	萘（NAP）	128.18	白色，有特殊气味的晶体	不溶于水，溶于乙醇和乙醚等	熔点：80.5℃ 沸点：217.9℃
2	苊烯（ANY）	152.2	黄色棱柱状或板状结晶	易溶于有机溶剂，不溶于水	熔点：92～93℃ 沸点：265～275℃
3	苊（ANA）	154.21	白色或略带黄色斜方针状结晶	不溶于水，溶于热苯、醚、醇	熔点：96.2℃ 沸点：279℃
4	芴（FLU）	166.22	白色叶状至小片状结晶	不溶于水，溶于乙醇、乙醚、苯、二硫化碳等有机溶剂	熔点：116～117℃ 沸点：295℃

续表

序号	名称	相对分子质量	性状	溶解性	熔沸点
5	菲 (PHE)	178.23	类白色粉状结晶体	不溶于水， 溶于一般有机溶剂	熔点：101℃ 沸点：340℃
6	蒽 (ANT)	178.22	带有淡蓝色荧光的白色片状晶体或浅黄色针状结晶	不溶于水，难溶于乙醇、乙醚，较易溶于热苯	熔点：217℃ 沸点：342℃
7	荧蒽 (FLT)	202.25	黄绿色针状或片状晶体	不溶于水，溶于一般有机溶剂	熔点：111℃ 沸点：375℃
8	芘 (PYR)	202.26	淡黄色单斜晶体 （纯品为无色）	不溶于水，易溶于乙醇、乙醚、二硫化碳、苯和甲苯、四氢呋喃等有机溶剂	熔点：150℃ 沸点：393.5℃

24.2　多环芳烃的污染来源

多环芳烃是有机质不完全燃烧或高温裂解的副产品（高学晟等，2002），环境中的 PAHs 主要来源于人类活动和能源利用过程，如石油、煤等的燃烧，石油及石油化工产品生产，交通工具的排放，家庭燃烧，垃圾焚烧等。此外，森林火灾、火山活动、植物和生物的内源性合成等自然过程也造成了环境中的 PAHs。PAHs 通过全球蒸馏效应或蚱蜢效应传输与沉降到离污染源远近不同的地表、植被和水体中，导致全球范围的污染传播（Wania and Mackay，1996；Gouin et al.，2004）。

土壤中的 PAHs 主要来源于污水灌溉、大气中 PAHs 干湿沉降、农用污水污泥施用、秸秆焚烧等过程。从土地功能利用类型来看，其中农业用地（林地、果园、农田）中 PAHs 主要来源于石油源（或部分来源于土壤母岩中的有机质），而城区、交通干线附近及工矿企业附近表层土壤中 PAHs 主要来源于化石燃料燃烧的产物。

大气中 PAHs 的来源十分广泛，污染总量也相当大，自然燃烧、火山爆发、矿物燃料及其他有机物的不完全燃烧和热解等高温过程所形成的 PAHs 大多随着烟尘、废气被排放到大气中。

水体 PAHs 的主要源于石油泄漏、大气沉降、工业、生活污水的排放等过程。据估计，自石油泄漏进入海洋环境中的苯并（a）芘（Bap）量为 20～30t/年，PAHs 的总量约为 170 000t/年，占水环境中 PAHs 总量的 73.9%。低相对分子质量的 PAHs 大多以蒸气相存在，高相对分子质量的 PAHs 大多被吸附在颗粒物表面，因而，所有释放入环境中的 PAHs 都随干湿沉降进入地表，约占水环境中 PAHs 总量的 22%。工业、生活污水的排放，大量工业废水中含有许多 PAHs，据估计，由工业和生活污水排入水体中的 BaP 量为 29t/年，PAHs 为 4400t/年，约占水环境中 PAHs 总量的 1.6%。

24.3　多环芳烃的分布与扩散

24.3.1　多环芳烃的分布

多环芳烃在土壤中分布极其广泛，且检出率普遍较高。就我国而言，我国土壤中的 PAHs 总含量范围为 0.83～146 689ng/g，平均含量范围为 3.98～56 883ng/g。表 24-2 为我国部分地区土壤中 PAHs 的含量水平。在区域分布上，呈现东北＞华北＞华东＞华南＞华中的趋势。例如，北京、天津、上海、辽宁、厦门等地土壤中的 PAHs 平均含量达 1000ng/g 以上（Li et al.，2006；Ma et al.，2005；段永红等，2005；李静等，2008；刘颖，2008；孙小静等，2008；王震，2007；宋雪英等，2008；芦敏等，2008）；江苏部分地区土壤中的 PAHs 平均含量为 801.1ng/g（Ping et al.，2007；丁爱芳等，2007）；山东、河北、浙江、珠江三角洲、贵州、福州等地土壤的 PAHs 平均含量低于 600ng/g（左谦等，2007；倪进治等，2008；李久海等，2007；Zhu et al.，2008）；香港、新疆和西藏等地土壤中 PAHs 平均含量低于 200ng/g（Zhang et al.，2006；Chung et al.，2007；孙娜等，2007；祁士华等，2003）。城市与农村相比，由于相对发达的工业、交通及相对集中的燃煤采暖，城市及其周边区域 PAHs 污染水一般高于山区、远郊区（Nadal et al.，2004）。如表 24-3 所示，王震（2007）研究发现在大连市交通区、城市住宅/公园区、郊区和农村的土壤中 PAHs 浓度呈现依次递减的变化趋势，且在四个功能区，不同环数 PAHs 占 ∑PAHs 的比例呈规律性变化：随着离城市越远，四环 PAHs 的比例逐渐降低，三环 PAHs 的比例则逐渐增加，表明在一个相对较小的区域内，PAHs 也可以表现出长距离迁移能力的差异。芦敏等（2008）研究证实厦门不同功能区土壤中 PAHs 浓度为：工业区＞商业区＞居民区＞其他公共区域＞风景区＞农业区。

表 24-2　我国部分地区土壤中 PAHs 的浓度

地区	土壤类型	∑PAHs/(ng/g)
北京	城区土壤	467～5470（1637）
	近郊区土壤	16～3884（1347）
	远郊区土壤	45.98～388.23（124.97）

地区	土壤类型	ΣPAHs/(ng/g)
天津	城区土壤	(2430)
	近郊区土壤	(1840)
	远郊区土壤	(469)
香港	城区土壤	42.9~410 (169)
	郊区土壤	7.0~69.3 (34.2)

注：ΣPAHs 为美国环境保护局规定的 16 种优控 PAHs 的总浓度，括号内的数字为算术平均值。

表 24-3　我国大连和厦门地区不同功能区土壤中的 PAHs 浓度

地区	功能区	ΣPAHs/(ng/g)
大连	交通区	6695±5762
	城市住宅/公园区	759±268
	郊区	471±103
	农村	257±17
厦门	工业区	1408~8845 (4971)
	商业区	1648~4111 (2880)
	居民区	344~3861 (1313)
	公共场所	497~1264 (764)
	风景区	90~1190 (641)
	农业区	82~262 (172)

注：±符号后的数字表示标准偏差；括号内的数字为算术平均值。

在土壤纵向分布上，PAHs 含量多随土壤深度的增加而降低，一般分布在深度为 0~100cm 的范围内，其含量峰值一般位于土壤表层（0~20cm）或亚表层（20~40cm）。在深 40cm 以下的土壤中 PAHs 的含量及组成特征差异性不大（He et al.，2009；陈静等，2004，2005；张枝焕等，2004；张跃进等，2007；李久海等，2006；肖春艳等，2008）。

PAHs 在天然水体中也普遍存在，在水体中一般以三种状态存在：①吸附在悬浮性固体上；②溶解于水；③呈乳化状态。由于 PAHs 在水中的溶解度较小，所以在水体中含量较低，大洋和未污染湖水中 PAHs 含量往往低于 $1\mu g/L$（贾皓亮，2006），但在工业发达地区、靠近油田和其他污染源的水体中 PAHs 浓度可高达 $50\mu g/L$。地表水中检出率较高，PAHs 多为苯并蒽、苯并荧蒽、二苯并蒽、屈、芘、苯并芘等。

24.3.2　多环芳烃的扩散

多环芳烃是一类疏水性有机化合物，在水中的溶解度很小，具有较高的辛醇-水分配系数，易于分配到环境中的疏水性有机物中，在生物体脂类中也易于富集浓缩，有较高的生物富集因子（BCF）。

在土壤和沉积物中，大多数 PAHs 因较强的疏水性趋向于分配到土壤或沉积物颗粒上，并与天然有机物发生相互作用，很少保留在水体中。PAHs 在土壤中的吸附能量主要来自两个方面：固体表面的化学力（如共价键、疏水键、氢桥、空间位阻和定向效应），静电作用力和范德华力。PAHs 进入土壤后，最初是快速到达土壤的疏水表面，接着迁移到土壤基体中不易到达的部分。PAHs 在土壤和土壤之间的分配程度是由 PAHs 和土壤的物理化学性质决定的，如 PAHs 的溶解度、土壤颗粒的大小、土壤有机质的含量、pH 和温度等（高学晟等，2002）。

土壤中 PAHs 可以被植物吸收积累和微生物降解，尽管植物根系还可以通过油渠道系统对 PAHs 进行吸收（高学晟等，2002）；植物的叶片还可以吸收从土壤表面挥发的低相对分子质量的 PAHs，但微生物降解依然是影响 PAHs 在环境中存留的主要过程。

在水体中 PAHs 可与氧反应而发生光解，生成苯醌类化合物。一般地，这类化合物地光解半衰期较短，如在饱和氧的稀释水中，苯并(a)蒽和苯并(a)芘的光解半衰期为 12h。但由于 PAHs 在天然水体中易分配到颗粒物和溶解的有机质中，因而这种光解作用很微弱，且 PAHs 的大分子结构决定了大部分 PAHs 不能发生光解。

24.4　多环芳烃污染的危害

多环芳烃是一类典型的"三致"物质。不同多环芳烃的毒性随着种类及自身结构的变化而变化。一般而言，环数越多，毒性越强。另外，其毒性在同分异构体之间也有差异，为准确反映 PAHs 毒性，国外学者 Tsai 等（2002）提出了毒性当量因子（toxicity equivalency factor，TEF）概念，即以苯并(a)芘（BaP）为参考物，定义它的毒性当量因子为 1，其他 PAHs 的毒性均以 BaP 为基准折算为相应的当量因子，16 种常见多环芳烃类物质毒性当量因子见表 24-4。

表 24-4　16 种多环芳烃类物质的毒性当量因子

序号	多环芳烃类	毒性当量因子
1	苯并(a)芘	1
2	萘	0.001

续表

序号	多环芳烃类	毒性当量因子
3	苊烯	0.001
4	苊	0.001
5	芴	0.001
6	菲	0.001
7	蒽	0.01
8	荧蒽	0.001
9	芘	0.001
10	苯并(a)蒽	0.1
11	屈	0.01
12	苯并(b)荧蒽	0.1
13	苯并(k)荧蒽	0.1
14	茚并(1,2,3-cd)芘	0.1
15	二苯并(a,b)蒽	1
16	苯并(g,h,i)苝	0.01

多环芳烃在生成、迁移、转化和降解过程中，可通过呼吸道、皮肤、消化道进入人体。人们长期处于多环芳烃污染的环境中，可引起急性或慢性伤害。早在1915 年已证实，多环芳烃在体内经过酶的作用后可生成致癌物质，致癌物与DNA 或 RNA 等结合后产生不可修复的损害而导致癌症。多环芳烃对人体造成危害的主要部位是呼吸道和皮肤，并引起皮肤癌、胃癌和肺癌等（赵文昌，2006）。

多环芳烃也是导致肺癌发病率上升的重要原因（赵文昌，2006），有调查表明 BaP 浓度每 $100m^3$ 增加 $0.1\mu g$ 时，肺癌死亡率上升 5%（岳敏等，2003）。许多山区居民经常就地拢火取暖，室内烟雾弥漫，终日不散，也造成较高的鼻咽癌发生率。人们在油脂食物的煎炸等烹调过程中产生大量的多环芳烃，从而导致胃癌发病率升高。例如，冰岛居民喜欢吃烟熏食品，其胃癌死亡率达 125.5 人/10万人（杨若明，2001）。

多环芳烃对微生物生长有强抑制作用（Calder and Lader，1976），多环芳烃因水溶性差及其稳定的环状结构而不易被生物利用，它们因对细胞有破坏作用而抑制普通微生物的生长。

当多环芳烃滞留在植物叶片上，会堵塞叶片呼吸孔，使其变色，萎缩，卷曲，直至脱落影响植物的正常生长和结果。例如，大豆受多环芳烃污染，叶片会发红，枝叶掉落，形成的荚果很小或不结粒。

24.5　多环芳烃的环境控制标准

各国对多环芳香烃（PAHs）的法规要求如下。

《德国食品和商品法（LMBG）》第 30 节的相关规定，16 种 PAHs 总量的最大允许限量是 10mg/kg，苯并(a)芘的最大允许限量是 1mg/kg。

德国安全技术认证中心（ZLS）经验交流办公室（ZEK）AtAV 委员会于 2007 年 11 月 20 日通过决议（参见 ZLS 官方网站公告第 ZEK01-08 号文件），要求在 GS 认证标志中强制加入多环芳烃的测试。根据新规定的要求，消费产品的材料中，多环芳烃的限值必须符合以下条件。

一类——与食物接触的材料或 3 岁以下孩童会放入口中的食品和玩具苯并(a)芘：不得检测到（<0.2mg/kg）；16 项多环芳烃总和：不得检测到（<0.2mg/kg）。

二类——塑料、经常性和皮肤接触的部件，与皮肤接触会超过 30s 的部件，以及一类中未规范的玩具苯并(a)芘：1mg/kg；16 项多环芳烃总和：10mg/kg。

三类——塑料、偶尔性接触的部件，即与皮肤接触时间少于 30s 的部件，或与皮肤没有接触的部件苯并(a)芘：20mg/kg；16 项多环芳烃总和：200mg/kg。

若测试结果大于一类但符合二类的限值，需再根据 DIN EN1186 及 64LFBG80.30-1 的迁移性测试进行测试以确定测试结果。

中国对苯并(a)芘的限量标准是：空气质量（室内外）日平均浓度 $0.01\mu g/m^3$ 以下（GB 3095—1996）；肉制品、粮食的食品卫生标准为 $5\mu g/kg$ 以下，植物油为 $10\mu g/kg$ 以下（GB 2762—2005）；中国国家生活饮用水卫生标准 GB 5749—2006 规定，苯并(a)芘最高含量为 0.000 01mg/L。

24.6　多环芳烃污染的修复

污染土壤修复，是利用物理的、化学的或生物学的方法，转移、吸收、降解和转化土壤中的污染物，使其浓度降低到可以接受的水平，或将有毒有害的污染物转化为无害的物质（李培军等，2001）。理想的土壤修复措施，应该是高效、经济和环境友好的。目前关于土壤的多环芳烃修复主要涉及以下一些技术。

1. 物理修复

物理修复主要是通过多环芳烃与土壤介质的分离而达到修复的效果，一般不涉及多环芳烃分子的转化，主要有萃取、土壤淋洗等方式。常采用一些绿色溶剂如水和 CO_2 进行土壤的萃取，如 Dadkhah 和 Akgerman（2006）采用亚临界（subcritical）热水将土壤中的多环芳烃几乎完全萃取出来。此外，在水提取时加入共溶剂、表面活性剂或其他物质如环糊精（Viglianti et al.，2006）可以促进萃取的效率。

2. 化学修复

化学修复主要根据多环芳烃类物质化学性质，可以采用氧化反应、还原反应、光化学反应等多种机制促进土壤中多环芳烃的降解。一些强氧化剂，如芬顿试剂（Fenton's reagent，$Fe^{2+} + H_2O_2$）和臭氧可以氧化多环芳烃。另外，Krauss 和 Wilcke（2002）以 TiO_2 为催化剂，用紫外线照射人工添加多环芳烃的土壤，也取得了一定的降解效果。

但目前，在治理有机污染土壤的方法中，生物修复技术因具有成本低、无二次污染、可大面积应用等优点而备受重视。近年来，利用植物、微生物修复多环芳烃污染土壤取得了一些成效。

目前已经证实可用于处理多环芳烃的污染土壤的植物主要有：苜蓿、柳枝稷、酥油草、苏丹草、三叶草等。Pradhan 等研究了原煤生产厂污染的植物修复技术，用 3 种植物进行了 6 个月的实验室研究，发现其中应用苜蓿和柳枝稷处理，6 个月后土壤中总多环芳烃浓度减少了 57%，然后，再用苜蓿可进一步减少多环芳烃总量的 15%。Reilley 等利用酥油草（Fectuca urundinacea schreb）、苜蓿（Medicago sativa L.）、苏丹草（Sorghum vulgare L.）和三叶草（Panicum virgatum L.）等 4 种植物对石油污染土壤中多环芳烃的降解进行了研究，通过 ^{14}C 示踪发现种植 4 种植物后，蒽和芘降解率都有显著提高（Nichol et al.，1997）。

植物根际微生物对表层土壤有毒有机污染物（如 PAHs）的修复也有重要作用。土壤微生物本身也能降解多环芳烃，但降解能力较弱，在植物存在条件下，其降解能力提高 2%～4.7%。投加特效降解菌对蒽、芘和苯等的降解有明显促进作用。Binet 等证实，在蒽严重污染的工业土壤中，菌根化黑麦草明显比非菌根化黑麦草存活率高，菌根化植物根际蒽的降解也明显比对照高。这可能是真菌菌根加速了蒽的降解。Leyval 和 Binet（1998）研究了韭葱、玉米、黑麦草和三叶草接种菌根后对多环芳烃的降解，认为菌根真菌不仅能增加寄主植物对营养和水的吸收，提高其对不利环境的抗逆性，而且也能增加其对 PAHs 等有生理毒性有机污染物的生物有效性，提高其吸收效率，增加其矿化率。

目前利用微生物处理多环芳烃污染土壤较为成熟的一项技术是通过接种了微生物的生物反应器进行处理，其工艺类似于污水生物处理方法，主要过程为将受污染的土壤挖掘出来，与水混合后，处理后土壤经脱水处理再运回原地。该技术所用反应装置不仅包括各种可拖动的小型反应器，也有类似稳定塘和污水处理厂的大型设施。反应器可以使土壤、沉积物和地下水与微生物及其添加物如营养盐、表面活性剂等彻底混合，能很好地控制降解条件，如通气、控制温度、控制湿度及提供微生物生长所需的各种营养物质，因而处理速度快、效果好。例如，Robert 等（1997）在生物反应器中使用白腐真菌（white rot fungi）处理受多环芳烃污染的土壤，在该系统中，真菌与土壤分别放在不同的反应器内，通过加热土壤反应器，使污染物抽提挥发至真菌反应器再进行处理，在起始土壤中多环芳烃为 41g/kg 的情况下，36 天后，低相对分子质量的多环芳烃的降解率为 70%～100%，高相对分子质量的多环芳烃的降解率为 50%～60%。

在好氧条件下，许多多环芳烃可以降解。然而，大多数受污染的底泥处于厌氧状态，因此，Karl 等（1998）在一个流化床反应器中进行了多环芳烃的厌氧降解实验。该反应器富集了受杂酚油污染的海洋沉积物中分离出来的细菌，以硝酸盐和硫酸盐为唯一的末端电子受体，多环芳烃为唯一的碳源和能源。实验装置直径 3cm，体积 200mL，加入营养盐以维持细菌的生长；保持反应器温度在 20～27℃。在降解实验以前，细菌在流化床反应器中明显减少，去除率达 70%～85%。但苯并呋喃的降解情况就完全不同，50～100 天内在流化床出水中显著减少，但 100 天以后，出水中苯并呋喃浓度又恢复到进水时的水平。这是由于吸附-饱和机制的作用，开始时流化床内的物质吸附苯并呋喃，吸附饱和后，出水中苯并呋喃的浓度升高。这也说明厌氧流化床反应器对苯并呋喃几乎不能降解。实验还确定最适的硝酸盐用量（NO_3^-）为 3～6mg/L，最适的硫酸盐用量（S）为 6～10mg/L。硝酸盐流化床的生物流失量要比硫酸盐流化床的生物流失量大。虽然厌氧流化床反应器中多环芳烃的降解速率小于好氧降解，但比自然条件下的厌氧降解要快得多。

24.7　分析测定方法

多环芳烃为一种持久性有机污染物，在地球上的分布十分广泛。在对多环芳烃分析测定之前必须对样品进行预处理。因此，对多氯联苯分析主要包括两部分：样品的预处理和处理后样品的分析测定。

多环芳烃预处理的方法很多，传统的方法有超声波法、索氏法。目前，国内外常用的预处理方法有：液液萃取、固相萃取、固相微萃取、微波辅助萃取、超临界流体萃取法等。

主要参考文献

陈静, 王学军, 陶澍, 等. 2004. 天津地区土壤多环芳烃在剖面中的纵向分布特征. 环境科学学报, 24 (2): 286-290.

陈静, 王学军, 陶澍. 2005. 天津地区土壤有机碳和粘粒对 PAHs 纵向分布的影响. 环境科学研究, 18 (4): 79-83.

丁爱芳, 潘根兴, 李恋卿. 2007. 江苏省部分地区农田表土多环芳烃含量比较及来源分析. 生态与农村环境学报, 23 (2): 71-75.

段永红, 陶澍, 王学军, 等. 2005. 天津表土中多环芳烃含量的空间分布特征与来源. 土壤学报, 24 (6): 942-947.

高学晟, 姜霞, 区自清. 2002. 多环芳烃在土壤中的行为. 应用生态学报, 13 (4): 501-504.

韩菲. 2007. 多环芳烃来源与分布及迁移规律研究概述. 气象与环境学报, (8): 57-61.

贾皓亮. 2006. 西安市非采暖期交通主干道大气颗粒物多环芳烃污染特征. 西安: 长安大学硕士学位论文.

李静, 吕永龙, 焦文涛, 等. 2008. 天津滨海工业区土壤中多环芳烃的污染特征及来源分析. 环境科学学报, 28 (10): 2111-2117.

李久海, 董元华, 曹志洪, 等. 2007. 慈溪市农田表层、亚表层土壤中多环芳烃 (PAHs) 的分布特征. 环境科学学报, 27 (11): 1909-1914.

李久海, 董元华, 曹志洪. 2006. 古水稻土中多环芳烃的分布特征及其来源判定. 环境科学, 27 (6): 1235-1239.

李培军, 许华夏, 张春桂, 等. 2001. 污染土壤中苯并 (a) 芘的微生物降解. 环境污染治理技术与设备, 2 (5): 37-40.

刘颖. 2008. 上海市土壤和水体沉积物中多环芳烃的测定方法、分布特征和源解析. 上海: 同济大学博士学位论文.

芦敏, 袁东星, 欧阳通, 等. 2008. 厦门岛表土中多环芳烃来源分析及健康风险评估. 厦门大学学报 (自然科学版), 47 (3): 451-456.

倪进治, 骆永明, 魏然, 等. 2008. 长江三角洲地区土壤环境质量与修复研究 V. 典型地区农业土壤中多环芳烃的污染状况及其源解析. 土壤学报, (2): 234-239.

祁士华, 张干, 刘建华, 等. 2003. 拉萨市城区大气和拉鲁湿地土壤中的多环芳烃. 中国环境科学, 23 (4): 349-352.

宋雪英, 孙丽娜, 杨晓波, 等. 2008. 辽河流域表层土壤多环芳烃污染现状初步研究. 农业环境科学学报, 27 (1): 216-220.

孙娜, 陆景刚, 高翔, 等. 2007. 青藏高原东部土壤中多环芳烃的污染特征及来源解析. 环境科学, 28 (3): 664-668.

孙小静, 石纯, 许世远, 等. 2008. 上海北部郊区土壤多环芳烃含量及来源分析. 环境科学研究, 21 (4): 140-144.

王震. 2007. 辽宁地区土壤中多环芳烃的污染特征、来源及致癌风险. 大连: 大连理工大学博士学位论文.

肖春艳, 邵超, 赵同谦, 等. 2008. 燃煤电厂附近农田土壤中多环芳烃的分布特征. 环境科学学报, 28 (8): 1579-1585.

杨若明. 2001. 环境中有毒有害化学物质的污染与监测. 北京: 中央民族大学出版社.

岳敏，谷新学，邹洪，等. 2003. 多环芳烃的危害与防治. 首都师范大学学报（自然科学版），24（3）：40-44.

张跃进，朱书全，肖汝，等. 2007. 浑河沿岸污灌区地下水中 PAHs 分布特征研究. 环境科学研究，20（1）：7-11.

张枝焕，王学军，陶澍，等. 2004. 天津地区典型土壤剖面多环芳烃的垂向分布特征. 地理科学，24（5）：562-567.

赵文昌. 2006. 环境中多环芳烃（PAHs）的来源与监测分析方法. 环境科学与技术，（3）：105-107.

左谦，刘文新，陶澍，等. 2007. 环渤海西部地区表层土壤中的多环芳烃. 环境科学学报，27（4）：667-671.

Chung M K，Hu R，Cheung K C，et al. 2007. Pollutants in Hong Kong soils：Polycyclic aromatic hydrocarbons. Chemosphere，67（3）：464-473.

Dadkhah A A，Akgerman A. 2006. Hot water extraction with *in situ* wet oxidation：Kinetic of PAHs removal from soil. Journal of Hazardous Materials，137（1）：518-526.

Gouin T，Mackay D，Jones K C，et al. 2004. Evidence for the "grasshopper" effect and fractionation during long-range atmospheric transport of organic contaminants. Environmental Pollution，128：139-148.

He F P，Zhang Z H，Wan Y Y，et al. 2009. Polycyclic aromatic hydrocarbons in soils of Beijing and Tianjin region：Vertical distribution，correlation with TOC and transport mechanism. Journal of Environmental Sciences，21（5）：675-685.

Karl J R，Stuart E S. 1998. Biodegration of bicyclic and polycyclic aromatic hydrocarbons in anaerobic enrichment. Environmental Science and Technology，32：3962-3967.

Krauss M，Wilcke W. 2002. Photochemical oxidation of polycyclic aromatic hydrocarbons（PAHs）and polychlorinated biphenyls（PCBs）in soils—a tool to assess their degradability? Journal of Plant Nutrition and Soil Science，165（2）：173-178.

Leyval C，Binet P. 1998. Effect of poluaromatic hydrocarbons in soil on arbuscular mycorrhizal plants. Journal of Environment Quality，27：402-407.

Li X H，Ma L L，Liu X F，et al. 2006. Polycyclic aromatic hydrocarbon in urban soil from Beijing，China. Journal Environmental Science，18（5）：944-950.

Ma L L，Chu S G，Wang X T，et al. 2005. Polycyclic aromatic hydrocarbons in the surface soils from outskirts of Beijing，China. Chemosphere，58（10）：1355-1363.

Nadal M，Schuhmacher M，Domingo J L. 2004. Levels of PAHs in soil and vegetation samples from Tarragona County，Spain. Environmental Pollution，132（1）：1-11.

Nichol T D，Wolf D C，Rogers H B，et al. 1997. Rhizosphere microbial populations in contaminated soils. Water，Air and Soil Pollution. 95（1/4）：165-176.

Ping L F，Luo Y M，Zhang H B，et al. 2007. Distribution of polycyclic aromatic hydrocarbons in thirty typical soil profiles in the Yangtze River Delta region，east China. Environmental Pollution，147（2）：358-365.

Robert M，Peter S，Heinrich S，et al. 1997. *Ex-Situ* process for treatint PAH-contaminated soil with *Phanerochaete chrysosporium*. Environmental Science and Technology，31：2626-2633.

Tsai P J, Shieh H Y, Lee W J, et al. 2002. Characterization of PAHs in the atmosphere of carbon black manufacturing workplaces. Journal of Hazardous Materials, A91: 25-42.

Viglianti C, Hanna K, De B C, et al. 2006. Use of cyclodextrins as an environmentally friendly extracting agent in organic aged-contaminated soil remediation. Journal of Inclusion Phenomena and Macrocyclic Chemistry, 56 (1-2): 275-280.

Wania F, Mackay D. 1996. Tracking the distribution of persistent organic pollutants. Environmental Science and Technology, 30 (9): 390A-396A.

Zhang H B, Luo Y M, Wong M H, et al. 2006. Distributions and concentrations of PAHs in Hong Kong soils. Environmental Pollution, 141 (1): 107-114.

Zhu L Z, Chen Y Y, Zhou R B. 2008. Distribution of polycyclic aromatic hydrocarbons in water, sediment and soil in drinking water resource of Zhejiang Province, China. Journal of Hazardous Materials, 150 (2): 308-316.

第 25 章　邻苯二甲酸酯

邻苯二甲酸酯（phthalatic acid esters，PAEs），又称酞酸酯，是邻苯二甲酸形成的酯的统称，是一类普遍使用的化学工业品，因对塑料有改性和增塑作用而作为塑料制品生产中一种不可缺少的增塑剂被广泛应用。此外，邻苯二甲酸酯还广泛应用于涂料、黏合剂、高分子助剂、农药、印染、化妆品、香料、润滑剂等的生产和制备。当前，邻苯二甲酸酯已成为世界上生产量大、应用面广的人工合成有机化合物之一。在广泛使用的过程中，邻苯二甲酸酯大量进入环境，因具致畸性、致突变性、致癌性及生殖毒性等已成为我国、美国、日本等许多国家重点监控和优先控制的有毒污染物之一。

25.1　邻苯二甲酸酯的理化性质

邻苯二甲酸酯包括 30 多种化合物，其中应用最广泛的有：邻苯二甲酸二甲酯（DMP）、邻苯二甲酸二乙酯（DEP）、邻苯二甲酸二丁酯（DOP）、邻苯二甲酸正辛酯（DBP）、邻苯二甲酸丁基苄酯（BBP）、邻苯二甲酸二乙基己基酯（DEHP）。一般为无色油状黏稠液体，难溶于水，易溶于有机溶剂，常温下不易挥发。常用邻苯二甲酸酯理化性质见表 25-1。

表 25-1　常用邻苯二甲酸酯理化性质

序号	名称	分子式	相对分子质量	性状	溶解性	稳定性	用途
1	邻苯二甲酸二甲酯（DMP）	$C_{10}H_{10}O_4$	194.19	无色、无臭油状液体	溶于水和一般有机溶剂	耐光稳定	增塑剂、防水剂、浮选剂等
2	邻苯二甲酸二乙酯（DEP）	$C_{12}H_{14}O_4$	222.24	无色透明油状液体	不溶于水，溶于一般有机溶剂	耐光稳定	增塑剂、杀虫剂、润滑剂等
3	邻苯二甲酸二丁酯（DBP）	$C_{16}H_{22}O_4$	278.3	无色透明、芳香气味油状液体	难溶于水，溶于大多数有机溶剂	耐光稳定	增塑剂、杀虫剂等
4	邻苯二甲酸正辛酯（DOP）	$C_{24}H_{38}O_4$	390.57	无色透明油状液体，有特殊气味	不溶于水，溶于大多数有机溶剂	耐光稳定	

续表

序号	名称	分子式	相对分子质量	性状	溶解性	稳定性	用途
5	邻苯二甲酸丁基苄酯（BBP）	$C_{19}H_{20}O$	310	无色透明、微芳香味油状液体	不溶于水，溶于一般有机溶剂	耐光稳定	
6	邻苯二甲酸二乙基己基酯（DEHP）	$C_{24}H_{38}O_4$	390	无味油状液体	不溶于水，溶于一般有机溶剂	耐光稳定	

25.2　邻苯二甲酸酯的污染来源

邻苯二甲酸酯主要源于人工合成，且合成后 80% 以上的作为增塑剂添加在各类塑料制品中，含有邻苯二甲酸酯的制品极其广泛：如塑料薄膜、聚氯乙烯（PVC）制品、塑料袋、保鲜盒、塑料玩具、学习用品、医用塑料器具、农药、化妆品、润滑剂和去泡剂等，在这些产品中邻苯二甲酸酯含量一般为 20%～50%，有的甚至高达 90% 以上。塑料制品废旧丢弃在环境中后，随着时间的推移，邻苯二甲酸酯可由塑料中迁移到外环境。

土壤中的邻苯二甲酸酯通常来自工业烟尘沉降、污水灌溉、农用膜、塑料废品及垃圾堆砌、渗滤等。

水体中邻苯二甲酸酯主要源于邻苯二甲酸酯、塑料制品生产工厂及企业所排放的废水。此外，垃圾渗滤也是水体中邻苯二甲酸酯的一个重要来源。

邻苯二甲酸酯普遍存在于空气中，以 DBP、DEHP 检出率较高，污染主要源于工业烟雾排放、涂料喷涂、塑料垃圾焚烧、农用薄膜中增塑剂的挥发等过程。有数据显示，生产人造革和聚乙烯膜的工厂车间空气中邻苯二甲酸酯的蒸气浓度可达 1.7～66.0mg/m³。

25.3　邻苯二甲酸酯的分布与扩散

总体上我国工农业区土壤均已遭受 PAEs 不同程度污染，含量一般在 μg/kg 至 mg/kg 数量级，就 PAEs 组分而言，以 DEHP 和 DnBP 检出较高，DMP、DEP、BBP 和邻苯二甲酸二正辛酯（DnOP）检出相对较低。PAEs 在地域分布上存在较大的差异，表 25-2 所列为我国不同区域 PAEs 的分布情况（土壤-蔬菜系统中邻苯二甲酸酯的研究进展）。从土地利用方式看，一般以污灌区和工业区污染较为严重，如北京污灌区菜地土壤中 DnBP 和 DEHP 的含量分别为59.8mg/kg 和 16.8mg/kg，为其对照区土壤的 53 倍和 73 倍；济南工业区外围土壤 DEP、DBP 及 DEHP 的含量分别为 0.1～1.02mg/kg、1.03～4.58mg/kg 及 5.17～1.09mg/kg，3 种化合物总量为 2.41～10.19mg/kg，而工业区内土壤 DEP、DBP 和 DEHP 总量为 20.84～34.91mg/kg（孟乎蕊等，1996）。此外，农业用地 PAEs 含量也普遍较高，如广州、深圳地区蔬菜生产基地土壤中 6 种 $\sum$PAEs 含量为 3.00～45.67mg/kg，DEHP 及 DnBP 占 $\sum$PAEs 的 90% 以上，BBP、DEP、DMP 和 DnOP 的含量均在 2.0mg/kg 以下，与美国土壤 PAEs 控制标准相比，除了 DnOP 外，其余 5 种化合物均不同程度超标，其中 DEP、DnOP、DEHP 超标较普遍且较严重（蔡全英等，2005）。

表 25-2 我国土壤中 PAEs 化合物的质量浓度（mg/kg）

地区	土壤	DBP		DEHP		$\sum$PAEs	
		范围	平均值	范围	平均值	范围	平均值
东北地区	地表土壤	0.16～1.6	0.88	3.3～7.1	5.2	4.4～10[b]	6.7[b]
华北地区	地表土壤	0.27～0.98	0.63	0.51～2.2	1.36	1.8～3.8[b]	2.8[b]
华东地区	地表土壤	0.21～1.4	0.81	0.2～6.0	3.1	1.3～7.1[b]	4.0[b]
西北地区	地表土壤	0.38～0.39	0.36	1.7～2.2	1.95	2.2～2.8[b]	2.5[b]
华南地区	地表土壤	ND[a]～0.26	0.13	0.54～3.4	1.97	0.89～3.2[b]	1.9[b]
西南地区	地表土壤	0.51～0.64	0.58	1.9～3.0	2.45	1.9～30[b]	2.2[b]

注：a 表示未检出；b 表示 DMP、DEP、DBP 和 DEHP 浓度的总和。

PAEs 在环境中的迁移转化过程包括挥发、吸附、光解及生物降解等。PAEs 为典型的疏水性化合物（HOCs），在水中的溶解度低，而且随着烷基链长度的增加溶解度降低。DMP、DEP 等短链 PAEs 化合物的溶解度相对较高，易被生物降解或通过其他途径消失，在土壤中的含量较低；DEHP 等中高相对分子质量 PAEs 化合物的溶解度较低，易被土壤吸附，活动性较差且难于降解，在土壤中累积导致其含量较高（李立忠等，2005）。土壤吸附作用对 PAEs 在环境中的归宿也有至关重要的作用，其影响 PAEs 的光解、水解、挥发性和生物可利用性等。影响 PAEs 吸附的主要环境因素有 pH、温度及盐度等。资料表明，土壤中的 PAEs 总含量与 pH 呈现负相关的关系，随着 pH 的升高，PAEs 在土壤中的吸附量减少。研究表明，PAEs 的吸附是一个放热过程，PAEs 在土壤中的吸附随着温度的升高而减弱（Chen et al.，2007），15～60℃时，15℃的 PAEs 吸附量最大，但温度的变动对不同组分的 PAEs 的吸附影响不尽相同，其中对 DMP 的影响较小而对 DEHP 的影响较大。盐度对 PAEs 的吸附有一定的影响，通常盐度的上升会增加 PAEs 的分配系数（Xu et al.，2008；Dargnat et al.，2009）。

在表层水、土壤和底泥中，有氧和无氧生物降解是 PAEs 发生转化的主要方式，生物降解过程中，PAEs 首先被水解成单酯，进而转化成酞酸，由于微生物的种类会有所不同，进一步的降解也不尽一致，有氧生物降解的速度明显快于无氧生物降解。

25.4　邻苯二甲酸酯污染的危害

过去一直认为 PAEs 化合物的毒性低，因而毫无限制地进行生产。20 世纪80 年代以来，国内外对 PAEs 污染环境、生物与食品的报道日益增多，甚至在塑料袋装的输血用血浆和人体血液、胎盘中也都有发现。据报道，目前 PAEs 的全球性严重污染情况，已超过了 DDT 和 BHC。在塑料制品包装的食品中，增塑剂的检出率和含量高于其他包装形式，而迁移进入食品中的增塑剂量与塑料包装材料中增塑剂的含量多少有关，在相同的条件下，增塑剂含量多，在食品中的迁入量也多。近年来 PAEs 化合物已被视作内分泌干扰物质，不仅在水体中被检出，甚至在乳汁中、塑料瓶装水中、电话交换中心的空气中、塑料包装食品中、与塑料玩具接触时、垃圾焚烧燃气中、野生动物体内也能检出。

25.4.1　PAEs 对人体的危害

PAEs 进入人体后，主要在肝进行代谢，经肾排泄。肝、肾、肺、胰及血浆中都含有能将 DEHP 水解为生物活性更强的邻苯二甲酸单辛酯（MEHP）的酶类，但这种转化在肠道内更易进行，因此肠道接触 DEHP 比静脉接触更危险（甘家安和王西奎，1995）。只有在肝中 DEHP 才能被完全代谢为邻苯二甲酸。烷基链在以尿的形式排出体外之前被进一步氧化、代谢。PAEs 对人的急性毒性很低，半致死量为 2～60g/kg。人类接触 PAEs 通常是通过环境接触和饮水、食物摄入。资料表明，美国平均每人接触 DEHP 的总量为 0.27mg（这个数据并不包括职业接触和室内接触），而通过医疗设施平均每天接触的 DEHP 量可高出平均人群接触量 3 个数量级，而长期透析的病人平均每年可接触 12g 左右的 DEHP（黄昕和厉曙光，2004）。人们接触 DEHP 还有许多其他不同的来源和途径。杨科峰等（2002）用毛细管柱气相色谱-质谱联用仪的选择离子监测方式对上海市场上销售的多种食用油及其加热产物进行检测分析，发现食用油中 DBP 和 DOP 的最高含量分别为 2.98mg/L 和 24.16mg/L，厨房油烟冷凝物中 DBP 和 DOP 的最高含量分别为 133.70mg/L 和 222.05mg/L，表明食用油包装材料中的 PAEs 类增塑剂会转移至食用油中，并在烹调加热过程中进一步被浓缩。

邻苯二甲酸单酯是 PAEs 在人体内代谢后的主要产物，已在人的血液、尿液和羊水中发现了邻苯二甲酸单酯。DBP 对人上呼吸道乳膜细胞及淋巴细胞有遗传毒性。

25.4.2　PAEs 对动物的毒性

PAEs 本身急性毒性较低，但在生物体内很容易降解为邻苯二甲酸单酯、邻苯二甲酸和醇而具有一定的毒性。动物实验已证实有些种类的 PAEs 对动物有致癌作用。美国国家毒理学规划署（NTP）1982 年的实验报告表明，大白鼠和小白鼠能通过食物长期吸收 DEHP 而引起肝癌。厉曙光等（2004）分析了 PAEs 化合物 DEHP、DBP 和 DOP 在食品和其他样品中的含量，DEHP、DBP 和 DOP 对果蝇寿命和体内抗氧化酶系统的影响，并对果蝇伴性隐性致死试验和小鼠的毒性进行了研究。结果表明，PAEs 化合物 DEHP、DBP 和 DOP 在各类食品和动物中有一定的分布和蓄积；缩短黑腹果蝇的寿命，且致死性试验结果阳性并导致果蝇不育率升高；对小鼠各脏器产生不同程度的损伤，并在肝、肾、心脏等组织器官中蓄积，且睾丸萎缩和畸形精子数目增加；其对环境污染明显并且对人类产生潜在危害。

25.4.3　PAEs 对水生生物的毒效应

邻苯二甲酸酯对水生植物有直接的损害作用，DBP 对斜生栅藻及天然混合藻类生长具有抑制作用，具体表现在降低藻类的叶绿素 A 含量，破坏细胞内含物，阻止藻细胞分裂等。不同种类的 PAEs 对藻类的毒性相差很大，总的趋势是酯链上的碳链越长对藻类的毒性越大。水生植物会积累大量的 PAEs，但并未发现该类化合物在实验条件下，对水生植物的生长有明显影响。通过研究 PAEs 对赤潮生物裸甲藻的影响，发现其致死性随该酯侧链长度的增加而呈稳定的减少趋势，即 DMP 的毒性最大，DEHP 对该藻类群落基本上无毒性（王小逸等，2009）。

鱼类是生活在水体中与水生态环境变化密切相关的水生生物，能够敏感地反映水环境的变化。PAEs 在溶解范围内对鱼无急性致死效应，但是不排除特定的环境下对鱼类的急性毒性，虹鳟暴露于 0.502mg/L 的 DEHP 溶液中 90 天后，其受精卵的孵化率、子代的成活率和生长与对照相比没有明显差异；日本青鳉幼鱼暴露于同样浓度的 DEHP 溶液中 168 天后，其成活率没有受到影响（张征和吴振斌，2006）。邻苯二甲酸酯是亲脂性化学物质，容易在鱼体内积累，有学者研究了它在鱼体内的富集和释放。聂湘平等（2007）研究了黄斑篮子鱼在 3 种暴露方式下，4 种 PAEs 化合物（DEHP、DBP、DEP 和 DMP）在体内积累与分布状况。结果显示，PAEs 化合物通过食物暴露方式进入鱼体内后，侧链较短的 DMP 和 DEP 更容易被鱼的消化系统代谢和转移，而侧链较长的 DBP 和 DEHP 相对比较难分解和转移，水体与食物混合暴露处理组中 4 种 PAEs 无论是短链的还是长链的在鱼体内积累总量均为最高，说明 PAEs 化合物在混合暴露的条件下比任何单一的暴露方式有更多的积累。但从 PAEs 在不同组织的积累和分布来看，混合暴露方式中，内脏中侧链较长的 PAEs 的积累可能更多地来自于食物暴露，而全鱼组织中 PAEs 的来源更多来自于水体暴露。

25.5　邻苯二甲酸酯的环境控制标准

我国制定的邻苯二甲酸酯在土壤环境中的限量标准见表 25-3 和表 25-4（GB 15618—2008）。

表 25-3　土壤有机污染物的环境质量第一级标准值

污染物	ca/nc	第一标准限值/(mg/kg)
邻苯二甲酸酯类总量	nc	5.0

注：nc 表示非致癌性；ca 表示致癌性。

表 25-4　土壤邻苯二甲酸酯类的环境质量第二级标准值（mg/kg）

污染物	ca/nc	农业用地按 pH 分组		居住用地	商业用地	工业用地
		≤20g/kg	>20g/kg			
邻苯二甲酸酯类总量	nc	10	10	—	—	—

注："—"表示未作规定。

25.6　邻苯二甲酸酯污染的预防与修复

25.6.1　预防措施

由于 PAEs 在环境中的含量低，人们对 PAEs 的危害重视不足，目前国内外有关 PAEs 处理的资料相当有限，主要有以下几个方面：

（1）控制污染源及绿色塑料制品。从控制污染的来源入手，通过改革生产工艺、更换生产原料等手段减少此类有机物的使用和排放，甚至实现零排放。寻找绿色塑料制品，如可以被微生物降解的环保塑料制品等。

（2）加强人工治理的力度，寻找有效的治理措施。加强环保人人有责的宣传力度，找到更有效的治理措施。

25.6.2　修复措施

有关于土壤中邻苯二甲酸酯修复途径的报道不多，仅利用微生物降解土壤中邻苯二甲酸酯的报道较多。

1. 物理修复

使用高比表面积的吸附剂吸附或使用特殊功能的材料将 PAEs 分子作为整体除掉。活性炭工艺是去除水中微污染有机物成熟有效的方法之一。PAEs 为疏水性化合物，容易被水中悬浮颗粒物质吸附，水中的 PAEs 可以用活性炭来吸附以达到去除的目的。刘军和王珂（2003）通过对臭氧活性炭组合工艺的研究，探讨了臭氧活性炭工艺去除饮用水中微量 PAEs 的可行性，发现臭氧氧化能去除40％以上的 DMP、DEP、DBP；活性炭对 DMP、DEP 和 DBP 有很好的去除效果。相对于单独使用活性炭和单独臭氧氧化，该组合工艺对 PAEs 工业废水的处理是大有潜力的。日本的 Mitsubishi Rayon 公司利用中空多孔的聚烯烃纤维对DBP 进行了吸附去除，吸附饱和度远大于 20mg/g。虽然吸附法或包结法能有效去除 PAEs，但没有将 PAEs 转化为无毒无害的产物，对环境依然有潜在的危险，或造成二次污染。

2. 化学修复

化学修复应用最多的是高级氧化技术，主要指光化学氧化法、化学氧化法。

大气中 DEHP 的光解主要是与羟基自由基和过氧基自由基反应。光解的速度与吸附物质的种类有关（国伟林和王西奎，1996）。在紫外光照射下，PAEs在水中也能发生光解，特别是在亚硝酸盐存在时。表层水中水解是 PAEs 非生物降解的主要方式。PAEs 在紫外光区（200～400nm）有吸收，因此当该化合物暴露于紫外线时可以发生光解反应，从而得以去除。金朝晖等（1999）对 DBP、DEHP 在模拟水样及实际水体表面的光催化降解进行了研究，结果表明，在H_2O_2 存在的情况下，当催化剂 TiO_2 浓度为 2g/L，pH 为 6 时，有利于 DBP、DEHP 的降解，其光催化降解符合一级动力学过程。费学宁等（2006）在紫外光照射下，以 TiO_2 为催化剂，研究 DBP、DEHP 和 BBP 水溶液的光催化降解规律，不同结构特征的 PAEs 在降解过程中 pH 均表现为先升高再降低的趋势，降解为表观一级反应。

施银桃等（2002）研究了 Mn^{2+} 催化臭氧氧化去除水中 DMP，认为 Mn^{2+} 可催化臭氧氧化 DMP，催化剂用量 0.1mg/L 较好；反应后溶液的 pH 有不同程度的下降，说明 DMP 的降解经历了一个由酯到酸的分解过程；反应过程中 COD_{Mn}是不断变化的，均是先升高后降低，说明 DMP 经臭氧处理后先转化为小分子物质，然后进一步矿化，Mn^{2+} 可加速 DMP 的矿化；从应用前景看，适当浓度的Mn^{2+} 催化可缩短降解时间和 O_3 量，降低水处理费用。

3. 生物修复

中国目前分离到的 PAEs 降解菌有棒状杆菌、乳杆菌、深红红球菌、黄杆菌、荧光假单胞菌、铜绿假单胞菌、短杆菌等。陈济安等（2004）和李俊等（2005）从重庆污水处理厂的活性污泥和塑料厂排污口土壤中分离到 2 株邻苯二甲酸酯降解菌棒状杆菌 CQ0110Y 和乳杆菌 CQ0110G，从重庆垃圾填埋场土壤中分离到 3 株邻苯二甲酸酯降解菌红球菌 CQ0301、深红红球菌 CQ0302 和 CQ0303，其中棒状杆菌 CQ0110Y 对 DEHP 的降解效率最高，当其初始浓度低于 1350mg/L 时，第 10 天的降解率能达到 98%，DEHP 生物降解反应符合一级动力学方程特征，半衰期仅为 1.5d；深红红球菌 CQ0302 对 DBP 的降解效率最高，当 DBP 浓度低于 1500mg/L 时，半衰期仅为 25h。对 CQ0302 全细胞蛋白 SDS-聚丙烯酰胺电泳结果显示，CQ0302 在 DBP 诱导前后的全细胞蛋白组成有明显的差异，分别在分子质量 108kDa、90kDa、70kDa 处出现了特异性蛋白质，推测与邻苯二甲酸二丁酯降解有关。分别利用 CQ0110Y 和 CQ0302 的粗酶液降解 DEHP 和 DBP，结果显示，DEHP 和 DBP 在酯酶作用水解成邻苯二甲酸单酯，继续水解成邻苯二甲酸，进一步降解成苯甲酸，苯甲酸在加氧酶作用下形成对羟基苯甲酸，对羟基苯甲酸脱羧基生成苯酚，经还原反应成环己醇，进而转化成丙酮酸、琥珀酸、延胡索酸等进入三羧酸循环，最终转化为二氧化碳和水。陈英旭等（1997）对 DEHP 和 DBP 的降解速率、降解的影响因素进行了试验研究，并对土壤中降解 DEHP 的微生物进行了分离。

PAEs 被细菌降解，但不能作为细菌的能源和碳源被利用，其代谢途径仍属微生物共代谢性质。1961 年，Klausmeier 等发现镰细胞菌可有效降解 DBP 和 DIAP（邻苯二甲酸二异戊酯）。我国科学工作者对 DMP、DEP 等 5 种 PAEs 在土壤和水中的生物降解性能进行了研究，证实自然土壤中降解率仅为 14.1%，接种 4 株降解菌后可提高至 20.3%～50.5%，而 2 株单胞菌（荧光假单胞菌和野油菜黄单胞菌）降解率达 72.7%～82.7%。

25.7　分析测定方法

目前，酞酸酯主要的分析测试方法为色谱-质谱法。具体操作可参考土壤环境质量标准（修订）（GB 15618—2008）。

主要参考文献

蔡惠业. 1997. 国内外增塑剂生产现状和发展趋势. 精细石油化工，3：51-55.

蔡全英，莫测辉，李云辉，等. 2005. 广州、深圳地氏蔬菜生产基地土壤中邻苯二甲酸酯（PAEs）研究. 生态学报，25（2）：283-288.

陈济安，舒为群，张学奎，等. 2004. 邻苯二甲酸二（2-乙基己基）酯酶促降解研究. 应用与环境生物学报，10（4）：471-474.

陈英旭，沈东升，胡志强，等. 1997. 酞酸酯类有机毒物在土壤中降解规律的研究. 环境科学学报，17（3）：340-345.

戴树桂，张东梅，张仁江，等. 2000. 环境水样中邻苯二甲酸酯固相膜萃取富集方法. 中国环境科学，

20 (2)：146-149.

费学宁, 吕岩, 张天永. 2006. 几种环境激素酞酸酯的光催化降解研究. 环境化学, 25 (5)：567-569.

甘家安, 王西奎. 1995. 酞酸酯的生态毒性及其在植物中的吸收积累. 山东建材学院学报, 9 (4)：23-26.

国伟林, 王西奎. 1996. 环境中酞酸酯的分析测定及其迁移、转化研究. 山东建材学院学报, 10 (3)：
　　39-42.

胡雄星, 韩中豪, 刘必寅, 等. 2007. 邻苯二甲酸酯的毒性及其在环境中的分布. 环境科学与管理,
　　32 (1)：37-39.

黄昕, 厉曙光. 2004. 酞酸酯毒性作用及其机制的研究进展. 环境与职业医学, 12 (3)：198-199.

金朝晖, 黄国兰, 柴英涛, 等. 1999. 水体表面微层中酞酸酯的光降解研究. 环境化学, 18 (2)：109-114.

金朝晖, 黄国兰, 李红亮, 等. 1998. 水中邻苯二甲酸酯类化合物的预富集. 环境科学, 19 (1)：30-33.

金朝晖, 李红亮, 柴英涛. 1997. 酞酸酯对人与环境的危害. 上海环境科学, 16 (12)：39-40.

李俊, 舒为群, 陈济安, 等. 2005. 降解 DBP 菌株 CQ0302 的分离鉴定及其降解特性. 中国环境科学,
　　25 (1)：47-51.

李立忠, 刘子元, 孙杰. 2005. 土壤对酞酸酯类化合物 (PAEs) 的吸附作用. 中南民族大学学报 (自然科
　　学版), 25 (1)：15, 17.

林兴桃. 2004. 固相萃取高效液相色谱法测定水中邻苯二甲酸酯类环境激素. 环境科学研究, 17 (5)：
　　71-74.

刘军, 王珂. 2003. 臭氧-活性炭工艺对饮用水中邻苯二甲酸酯的去除. 环境科学, 24 (7)：77-80.

聂湘平, 吴志辉, 李凯彬, 等. 2007. 不同暴露方式下酞酸酯在黄斑篮子鱼体中的富集. 中国环境科学,
　　27 (4)：467-471.

施银桃, 李海燕, 曾庆福, 等. 2002. Mn (Ⅱ) 催化臭氧氧化去除水中邻苯二甲酸二甲酯的研究. 武汉科
　　技学院学报, 15 (1)：39-42.

王成云, 杨左军, 张伟亚. 2006. 聚氯乙烯塑料中多种邻苯二甲酸酯类增塑剂的同时测定. 聚氯乙烯,
　　1 (1)：24-26.

王小逸, 林兴桃, 客慧明, 等. 2009. 邻苯二甲酸酯类环境污染物健康危害研究新进展. 环境与健康杂志,
　　24 (9)：736-738.

杨科峰, 厉曙光, 蔡智鸣. 2002. 食用油及其加热产物中酞酸酯类增塑剂的分析. 环境与职业医学,
　　19 (1)：37-39.

孟乎蕊, 王西奎, 徐广通, 等. 1996. 济南土壤中酞酸酯的分析与分布. 环境化学, 15 (5)：427-432.

曾凡刚. 2003. 大气中邻苯二甲酸酯类环境激素的定性定量研究. 中央民族大学学报 (自然科学版),
　　12 (2)：151-153.

张征, 吴振斌. 2006. 酞酸酯对水生生物的生物学效应. 淡水渔业, 36 (1)：57-59.

Chen C Y, Chen C C, Chung Y C. 2007. Removal of phthalate catersby a-cyclodextrin-linked chitosan bead.
　　Bioresource Technology, 98 (13)：2578-2583.

Dargnat C, Blanchard M, Chevreull M, et al. 2009. Occurrence of phthalate esters in the Seine River estu-
　　ary-France. Hydrological Processes, 23 (8)：1192-1201.

Penalver A, García V, Pocurull E, et al. 2003. Stir bar sorptive extraction and large volume injection gas
　　chromatography to determine a group of endocrine disrupters in water samples. Journal of Chromatogra-
　　phy A, 1007：1.

Xu X R, Li X Y. 2008. Adsorption behavior of dibutyl phthalate on marine sediments. Marine Pollution Bul-
　　letin, 57 (6)：403-408.

第26章 石 油 烃

石油烃（petroleum hydrocarbons）即石油中的烃类化合物，为石油的主要组成部分，占97%～99%。石油作为现代社会的重要能源之一，在大量开采和广泛应用的过程中，因勘探、开采、加工、运输等过程中的泄漏，含油废弃物的随意堆放，含油废水、废气的排放等而致使大量石油烃类物质进入环境并造成水体、土壤、大气等的严重污染，特别是油田化工区污染更为严重。石油烃类物质也被喻为环境中的"化学定时炸弹"（关卫省和张志杰，2001）。

26.1　石油烃的理化性质

石油是由多种烃类及少量非烃类化合物（硫化物、氮化物及其他有机物）组成的一种复杂混合物（陈绍洲，1993），其中烃类物质占其成分的97%～99%，非烃类化合物通常只占其成分的1%～2%（高连存等，1998）。石油中烃类物质按照其化学结构、性质和行为，可分为脂肪烃（aliphatichydro-carbons）和芳香烃（aromafichydrocarbons）两类。脂肪烃主要包括直链烷烃和支链烷烃、环烷烃（多为烷基环戊烷和烷基环己烷）。芳香烃主要为不饱和的环状烃，如含一个苯环的苯、甲苯、乙苯、二甲苯等，以及多个苯环的萘、蒽等。因石油中烃类物质组成复杂，没有明显的总体特征，在此仅列举了一些典型脂肪烃代表性的物理性质（包括含水饱和度 S_w、蒸气压、亨利常数、有机碳分配系数 K_∞）（表26-1）。

表 26-1　脂肪烃的物理性质

碳当量组分	$\lg S_w$（mg/L）	蒸气压/atm	亨利常数/（cm³/cm³）	$\lg K_\infty$
$C_5 \sim C_6$	1.56	3.5×10^{-1}	47	2.9
$C_7 \sim C_8$	0.73	6.3×10^{-2}	50	3.6
$C_9 \sim C_{10}$	−0.36	6.3×10^{-3}	55	4.5
$C_{11} \sim C_{12}$	−1.46	6.3×10^{-4}	60	5.4
$C_{13} \sim C_{16}$	−3.12	7.6×10^{-5}	69	6.7
$C_{17} \sim C_{35}$	−5.6	1.1×10^{-6}	85	8.8

26.2　石油烃的污染来源

石油烃类污染来源极其广泛，其中包括：含油固体、废弃物（含油岩屑、含油泥浆等）堆放过程中经降水的冲刷、淋洗等过程油类物质的释放。有调查统计报告显示：2003 年之前，我国石油、炼油工业固体废弃物累计堆存量约为1884.5 万 t，占地面积约为 181.7 万 m² （陆秀君等，2003；张宝良，2007）。

落地原油（石油勘探、开采、加工、运输及储存等过程中原油泄漏）直接进入土壤，据统计由于石油的开采、运输、储存及事故性泄漏等原因即造成全世界每年约有 1000 万 t 石油烃进入环境。

此外，含油废水或被石油污染水源的灌溉，也是造成大面积农田土壤污染的主要原因之一。

大气石油烃的沉降，即油田、工厂、船坞、车辆排出的石油烃中部分挥发性成分进入大气，除部分被光氧化分解外，大部分都通过颗粒吸附，随降雨、降尘等过程又沉降到地面。

26.3　石油烃的分布与扩散

26.3.1　石油烃的分布

目前，我国石油企业每年产生落地油约为 700 万 t，一般井场周围污染半径为 1000～2000m，井口周围 5m 范围内为污染最严重区，地面呈黑色，经雨水冲刷污染范围还会不断扩大。调查结果表明，我国大港、大庆、胜利、任丘原油中苯并芘含量分别达到 1.16mg/kg、0.33mg/kg、0.48mg/kg、0.24mg/kg。污染场地土壤和地下水石油烃含量高达数千 mg/kg，最高达数万 mg/kg。油田土壤油类含量均高于其土壤环境背景值，其中胜利油田和大港油田土壤已属重度污染。在辽河油田污染严重区域，土壤中含油量达到 10 000mg/kg，远远超过临界值 500mg/kg，致使油田区及周围地区上千亩土地受到严重污染。主要油田区、石油化工区土壤石油污染含量达到 10 000mg/kg，导致土壤和地下水受到严重污染（李丽和，2007）。

含油固体废弃物主要包括含油岩屑、含油泥浆等。它们的特点是在进入地表土壤环境前就已经被固体物质所吸附或夹带。进入土壤环境后，它们污染土壤的方式是含油固体物质与土壤颗粒的掺混。污染的范围和严重程度主要取决于含油固体的扩散特性。落地原油是一种重要的污染物，据测算单井年产落地原油量可高达 2t。落地原油直接排入土壤后，在重力作用下，沿土壤深度方向迁移，并在毛细管力作用下发生平面扩散。

26.3.2 石油烃的扩散

造成土壤污染的石油类污染物主要有含油固废、落地原油和含油废水三种形态。由于石油黏滞性强，在短时间内形成小范围的高浓度污染，结果石油浓度大大超过土壤颗粒的吸附量，过多的石油就存在于土壤空隙中。因此降雨、灌水、土壤水分会促进一部分脂肪烃类污染物向土壤深处迁移，威胁地下水安全（王连生，2004）。另一部分脂肪烃随径流泥沙进入地表径流，污染地表水。同样，高浓度的含油废水排至井场地面后，迅速下渗。在下渗过程中，极细的分散油粒不断以扩散、沉淀、截留等方式与土壤颗粒接触，由于脂肪烃的疏水性，这些接触往往造成土壤颗粒对油滴吸附。在水动力作用下，这种污染深度一般较大（Muszkat et al.，1993）。

土壤由固、液、气三相组成。固相包括土壤矿物质和有机质，占土壤总量的 90%～95%；液相指土壤溶液，包括土壤水分及其可溶物；气相指土壤空气。石油在土壤中的归宿是石油在土壤的固相与液相间的吸附-解吸等不同相间的平衡过程、光化学转化和生物降解共同作用的结果。在水-土壤的石油类物质饱水分配体系中，吸附过程主要与土壤中的有机质含量有关（不同种类的烃的吸附强度与烃本身的性质有关，可以用 K_∞ 表示）。而石油类物质在干态和亚饱和态土壤上发生吸附时，由于土壤的无机矿物占土壤干重的绝大部分，与矿物质的吸附可能超过了与有机质的吸附。由于脂肪烃的疏水性，土壤中绝大部分脂肪烃吸附在固体表面。在土壤环境条件下的吸附是干态或亚饱和态的吸附，因此土壤湿度会影响平衡吸附量。湿度越大，石油类物质越倾向于在土壤有机质上的吸附。

水溶态和非水溶态液体（non-aqueous phase liquid，NAPL）是有机污染物迁移的两种重要形态。NAPL 态的迁移则主要以吸附和扩散为主，影响 NAPI 态迁移的主要因素为污染物的密度、黏滞性和表面润湿性等。黄延林等（2003）指出，NAPL 态的石油污染物进入土壤表面后，在非饱和带的迁移分为非饱和带迁移阶段和稳定阶段。

（1）迁移阶段：石油基本上是在重力作用下垂直向下迁移，但在毛细管力作用下也发生部分横向迁移，形成渗透带（渗透体核心）和油浸带（围绕渗透体核心的带）。油浸带的油饱和程度由内向外逐渐降低，毛细管力起主导作用。渗透带仅存在重力作用。石油类污染物在重力和毛细管力作用下在土壤中的迁移可达到一定深度。

（2）稳定阶段：NAPL 态的石油污染物基本不再迁移。当油的渗透体积相对与之接触的土壤表面较小时，油迁移到达地下水位以前就达到了稳定状态。如果地下水位埋深较浅，而表层石油量又较大时，NAPL 态的石油污染物入渗锋面可以到达地下水位，石油将在靠近地下水位上的毛细带内横向迁移扩展，然而它继续穿入地下水位的可能性并不大。除了吸附，石油类物质在土壤中还会存在于水相中和逸散到大气中。水、气中的分配比例与物质的溶解度、饱和蒸气压、温度、地表风速有关。乳化和溶解态的石油类物质随水流可以相对自由地向土壤深处迁移或发生平面扩散；逸散在大气中的部分石油类物质可由空气携带漂移，漂移过程中易于吸附在大气的粉尘上，随着粉尘的降落进入远离污染源的地表土壤，使污染物发生长距离的迁移。强吸附在土壤有机质上的脂肪烃可以有效地抵抗挥发、化学反应、淋洗和生物降解，相反，挥发性的、溶解性的烃易受这些过程的影响。

26.4　石油烃污染的危害

石油在土壤中与土粒粘连，引起土壤物化性质的变化（如堵塞土壤孔隙），影响土壤的通透性。石油粘着在植物的根表面，形成枯膜，阻碍根系的呼吸与吸收，引起根系腐烂，造成植物死亡。由于土壤的污染会导致石油的某些成分在粮食中积累，油类在作物体及果实部分的主要残留毒害成分是多环芳烃类。

26.4.1　石油烃对人体的危害

石油中的芳香烃类物质对人及动物的毒性极大，尤其是双环和三环为代表的多环芳烃毒性更大，多环芳烃类物质可通过呼吸、皮肤接触、饮食摄入等方式进入人和动物体内，影响其肝、肾等器官的正常功能，甚至引起癌变。石油类物质还通过地下水的污染及污染的转移构成对人类生存环境多个层面上的不良胁迫（何良菊等，1999）。

26.4.2　石油烃对土壤的危害

石油对土壤的污染多集中于20cm左右的表层，黏着力强且乳化能力低（吕志萍和程龙飞，2001），影响土壤的通透性，而土壤表层常是农作物根系最发达的区域，所以石油对土壤的污染程度直接影响到农作物的生长。石油类物质进入土壤后，改变了土壤有机质的组成和结构，从而影响了土壤微生物的生长繁殖，引起土壤微生物群落、微生物区系的变化，大量的石油不仅堵塞土壤孔隙，对土壤微生物有抑制作用，对土壤酶活性也有抑制作用，而且包裹土壤结构的活性表面，阻碍了土壤微生物的活性。石油类对土壤酶的影响随石油成分和土壤类型的不同而不同，土壤酶的种类和活性强弱与土壤的理化性质和土壤微生物区系有关。石油经过土壤生态系统的一系列作用后，其某些成分在作物各部分中形成积累，从而影响粮食质量，并进入食物链，进而危及人类健康（蔺昕等，2006）。

26.4.3　石油烃对水体的危害

水体中的石油主要来自炼油厂、石油化工厂的废水，沿海、河口和海底石油开采及事故泄漏，油船事故和各种机动船的压舱水、洗舱水等含油废水。当前，石油对海洋的污染已成为世界性的环境问题。据估计，因人类活动每年排入海洋的石油及其制品达 $1000 \times 10^3 m^3$。然而被污染水体中的石油主要靠自然降解和微生物降解，少部分挥发到大气中，微量附着于泥沙表面而沉积于底泥中。

石油比水轻，且不溶于水，因此进入水体后漂浮于水面，并迅速扩散，形成一层极薄的油膜，阻止大气中的氧进入水中，妨碍水生浮游生物的光合作用。石油在自然降解及微生物分解过程中要消耗水中大量溶解氧，造成严重缺氧，使水体变黑发臭。石油污染对鱼类和鸟类的危害最大。油膜堵塞鱼鳃，使其呼吸困难直至死亡。另外，水中形成的油膜，能阻碍空气与水体之间氧的交换，严重影响水体的复氧功能，导致水中溶氧浓度迅速降低，危及水生物的生存。石油对水生生物的危害除此之外还表现在油中的致癌烃类会被鱼、贝类生物富集，从而通过食物链危害人体健康（关卫省和张志杰，2001）。

26.4.4　石油烃对大气的危害

除水和土壤表层的油膜中挥发性物质可污染大气外，石油炼制过程中产生的废气、原油及各组分燃烧过程中产生的废气都可污染大气。其中有些成分还可通过光化学作用转化为光化学烟雾，尤其是油井大火，造成的大气突发性污染非常严重。

石油炼制过程中产生的废气包括燃烧废气、不凝气、挥发性气体或副产气体。主要污染物有 SO_2、NO_x、CO、CO_2、颗粒物、H_2S、氨、硫醇、硫醚、酚、总烃［包括苯并(a)芘等多环芳烃类化合物］。这些污染物绝大多数是大气中的主要污染物。其中，SO_2 是大气中酸雨的主要来源；NO_x 在大气中能逐渐转化成 NO_2，NO_2 也能形成酸雨，大气中的 NO_2 和烃类化合物及甲醛在紫外线的光化学作用下能产生光化学烟雾；CO_2 大量排放能引起地表的温室效应。这些都会对环境造成污染，直接或间接影响人体健康。还有很多化合物如硫的化合物还会在大气中继续转化。多环芳烃类化合物中有一部分是致癌物，如苯并(a)芘就是强致癌物。

炼油厂的主要产品是各种燃料。如果炼油厂在生产燃料的同时，还利用部分气体和中间产品生产一部分化工原料和产品，那么还可能排出苯、甲苯、二甲苯、乙苯等各种污染物。

总之，石油化工废气的产量是很大的，其成分是极其复杂的。因此，造成的危害也是多种多样的（孟紫强，2000）。

26.5 石油烃的环境控制标准

由于石油烃有较大的毒性，可以通过多种方式进入人体内，从而对人体的多种器官造成威胁，进而危害人体的健康。为此各国都对它在环境中的卫生标准进行了严格的限制。有关石油烃在重点区域土壤中的环境标准见表26-2。

表 26-2 重点区域土壤污染评价参考值（除蔬菜地外）

评价项目	参考值/(mg/kg)	参考值来源
六六六总量	4.0	《土壤环境质量标准》（修订草案）工业用地标准
DDT 总量	4.0	《土壤环境质量标准》（修订草案）工业用地标准
艾氏剂	0.04	美国土壤筛选导则（筛选值）
狄氏剂	0.04	美国土壤筛选导则（筛选值）
异狄氏剂	23	美国土壤筛选导则（筛选值）
氯丹	0.5	美国土壤筛选导则（筛选值）
七氯	0.1	美国土壤筛选导则（筛选值）
毒杀芬	0.6	美国土壤筛选导则（筛选值）
六氯苯	0.4	美国土壤筛选导则（筛选值）
灭蚁灵	0.27	美国土壤筛选导则（筛选值）

26.6 石油烃污染的预防与修复

26.6.1 预防措施

1. 海上漏油的防治

海上开采、运输、装卸和使用石油的过程中，往往会发生溢漏事故，造成对海洋的污染。近年来世界上石油对海洋污染事件时有发生，十分引人注目。

海上漏油通常使用三个方面的处理方法：一是物理处理法，如采用围油栏、吸油材料、"油扫帚"、旋涡式海面清洁器等进行处理；二是化学处理法，如喷洒分散剂、去垢剂、洗涤剂和其他表面活性剂等，把海面浮油分散成极微小的颗粒，使其在海水中乳化、分散、溶解或沉降到海底；三是生物处理法，如利用微生物处理油膜等。

2. 含油废水防治

含油废水主要指油田废水，炼油厂和石油化工厂的废水，油轮的压舱水、洗舱水、机舱水，油槽车的清洗水等。含油废水处理要考虑既能回收油类物质，又能充分利用经过处理后的水资源，所以首先可用隔油池分离，进一步的处理则有上浮法、混凝法、过滤法和生物法等。

3. 汽油添加剂污染防治

汽油是以原油加工而成，加工时要加入一定的添加剂，目的在于防爆。汽油添加剂一般用四乙基铅，它的毒性很大。因此汽油添加剂的污染，其实是铅污染问题。防治铅污染要切实对含铅废气、废水进行净化处理，并控制其排放，重点放在控制汽车废气的排放上（吴芳云和周爱国，1999）。

26.6.2 修复措施

石油污染土壤的修复，可以采用物理修复、化学修复和生物修复。物理修复能量消耗高，需要专门的设备；化学修复处理易破坏土壤团粒结构，两者均存在二次污染问题。目前，生物修复技术以其经济高效、操作简单、无二次污染等特点备受重视，生物修复就是利用土壤中各种生物吸收、降解和转化土壤中污染物，使其浓度降低到可接受水平，或将有毒、有害污染物转化为无害物质。

1. 物理修复和化学修复

物理修复主要是通过减少土壤表层的污染物浓度，或增强土壤中的污染物的稳定性使其水溶性、扩散性和生物有效性降低，从而减轻污染物危害；化学修复是向土壤中投加改良剂，通过对污染物的吸附、氧化还原、拮抗或沉淀等作用，以降低污染物浓度（黄彩海和李合义，1998）。下面简单介绍几种物理修复和化学修复技术。

1）热处理法

热处理法是将受污染的土壤加热，使得石油烃类物质受热分解或挥发，从而达到净化土壤的目的（黄宁选等，2003）。常用的加热方法主要有射频管道注入水蒸气和红外线微波等，该方法成本高，因此，仅适用于小面积且污染情况比较严重的情况。

2）换土法

换土法是利用新鲜的未受污染的土壤替换或部分替换被污染的土壤，达到稀释污染物的目的，主要分为翻土、换土和客土三种方法。翻土是深翻土壤，使聚集在表层的污染物分散到土壤深层，达到稀释和自处理的目的；换土是把污染土壤取走，换入新的干净土壤，该方法适用于小面积严重污染土壤的治理；客土是在原土中直接加入未受污染的土壤，从而达到降低污染物浓度水平的目的，这种方法主要用于处理面积小的污染土壤（黄宁选等，2003）。

3）洗涤法

土壤洗涤法是将污染土壤进行破碎，添加足够量的洗涤剂和水，得到水、土壤和洗涤剂相互作用的浆液。静置，使污染物与洗涤剂一起上升，从水相中将部分脱除污染物的土壤分离出来。重复前述步骤，使土壤与水混合，并加入活性剂，使污染物降解（康跃惠等，2000；麦碧娴等，2000）。土壤洗涤法可以有效地去除土壤中的石油污染，但容易造成二次污染等问题。

4）萃取法

萃取法是利用有机溶剂来萃取土壤中的石油烃物质，然后对有机相内的物质进行分离，回收石油类物质，这种方法适合于面积小且石油污染浓度高的情况。由于有机溶剂的使用，修复的成本明显升高，且有机溶剂的回收率通常很低，因此制约着该方法的发展。有一种比较特殊的萃取法，又称浮选法，利用了油类物质憎水的特点，用水作为萃取剂来萃取土壤，使得土壤中的石油类物质与水分层，从而达到去除油类污染物的目的。

5）CSP法

CSP（clean soil process）法，即净化土壤工艺，类似于土壤清洗工艺，不同的是它采用煤吸附起到了更好的净化效果。该法用含碳的物料作吸附物，在90℃和强烈搅拌下通过煤表面强力吸附烃基污染物，然后用重选或浮选将干净的土壤和吸附有烃基化合物的煤分开。此法可处理被原油、重油、石油和来自煤中的柏油（康跃惠等，2000；麦碧娴等，2000）。

6）氧化法

化学氧化法是利用化学物质的氧化性使得土壤中的石油烃组分得到去除，常用的氧化剂有臭氧、二氧化氯、高锰酸钾、过氧化氢等，造价低，比较经济。化学氧化法去除土壤中的石油污染通常与去除地下水中的石油污染同时进行，可以与抽气法结合进行。化学氧化法不会对环境造成二次污染，但操作比较复杂。

2. 生物修复

生物修复（bioremediation）是利用生物对环境污染物的吸收、代谢、降解等功能，在环境中对污染物的降解起催化的作用，即加速去除环境污染物的过程，实现环境净化、生态效应恢复的生物措施。

从污染物处理的过程分析，生物修复技术与其他的物理化学处理技术相比较，具有以下特点：①处理过程消耗低、成本低而且处理条件要求低，符合低碳经济要求；②最大限度地降低污染物的浓度，可以使污染物的残留浓度降到很低；③对背景环境影响小，而且无二次污染。所以，生物修复技术是我国生态环境保护领域最有价值和最具生命力的生物处理技术。

污染土壤的生物修复是指利用特定的生物（植物、微生物或原生动物）吸收、转化、清除或降解环境污染物，实现环境净化、生态效应恢复的生物措施（顾传辉和陈桂珠，2001）。污染土壤生物修复分为原位生物修复与异位生物修复。原位生物修复主要包括投菌法、生物通气法和空气扩散法、土地耕作法、植物修复法及植物菌根修复法；异位生物修复根据修复手段又分为异位固相生物修复和异位液相生物修复。异位固相生物修复主要有堆肥和生物预制床法，异位液相生物修复主要包括生物反应器法、土壤泥浆反应器法和厌氧生物处理法（李凯峰等，2002）。生物修复的基本原理是利用土壤中天然的微生物资源或人为投加目的菌株，甚至投加构建的特异降解功能菌到各污染土壤中，将滞留的污染物快速降解和转化成无害的物质，使土壤恢复其天然功能。由于自然的生物修复过程一般较慢，难以实际应用，因而生物修复技术是在人为促进条件下的生物修复，通过改变土壤理化条件（温度、湿度、pH、通气及营养等），或接种特殊驯化与构建的工程微生物，利用微生物的降解作用，去除土壤中石油烃类及各种有毒有害的有机污染物。由于影响石油污染土壤生物修复技术的因素有许多，主要取决于污染物自身的特性、土壤微生物生态结构及土壤中的环境因素等，因此在石油污染的生化治理过程要采取一系列强化措施。

1）石油污染土壤的微生物处理技术

石油污染土壤的微生物处理方法主要有两类：原位生物修复技术和异位生物修复技术。

（1）原位生物修复技术即向污染的土壤直接投放化学物质（如 N、P 等营养物质或供氧），促进微生物的生长、繁殖或接种经驯化培养的高效微生物等，利用微生物的代谢来达到分解石油烃的目的。此技术费用少、环境影响小、处理水平高，可用于技术上难以应用的场地。此法包括投菌法、生物培养法、生物通气法、土耕法、生物堆放。

（2）石油污染土壤的异位生物修复技术就是将污染土壤挖出移动堆积到合适地点，再利用微生物及其他生物，将存在于土壤、地下水和海洋中的有毒有害物质降解成二氧化碳和水或转化成为无害物质的工程技术，此技术费用昂贵，所以只有在土壤严重污染时才采用异位生物修复技术。这种修复技术包括预制床法、土壤堆肥法、生物反应器法、厌氧处理法。

2）石油污染土壤的植物修复技术

植物修复技术是利用植物根系的吸收作用，以及植物体内发达的酶系统对污染的环境介质进行治理。植物修复技术主要适用于污染程度为低等或中等的、分布面积广、在其他处理方法都不经济的地段（任磊，2004）。该技术投入低、效果好和纯自然，对土壤功能的维护和对土壤生物恢复有积极作用。植物修复的方式主要有：植物提取、植物挥发、植物稳定化和植物降解。

（1）植物提取就是利用专性植物根系吸收一种或几种污染物，并将其转移，储存到植物茎叶，然后收割茎叶，异地处理。处理方式有热处理、微生物处理和化学处理。

（2）植物挥发是植物将污染物吸收到体内后并将其转化为气态物质释放到大气中。由于这一方法只适用于挥发性污染物，所以应用范围很小，并且将污染物转移到大气中对人类和生物有一定的风险，因此它的应用受到限制。

（3）植物稳定化是利用植物吸收和沉淀来固定土壤中的大量有机污染物和有毒金属，以降低其生物有效性并防止其进入地下水和食物链，从而减少对环境和人类健康的污染风险。植物稳定化技术适用于相对不易移动的物质，表面积大、土壤质地黏重、有机质含量多。

（4）植物降解是指植物本身通过体内的新陈代谢作用或借助于自身分泌的物质，将所吸收的污染物在体内分解为简单的小分子（如 H_2O 和 CO_2），或转化为毒性微弱甚至无毒性形态的过程（韩阳等，2005）。

26.7　分析测定方法

26.7.1　国外土壤中石油类有机污染物检测方法

土壤中有机污染物的检测是开展各种相关研究工作的基础。因此，准确、快速、简便的定性定量分析技术是土壤中石油类污染物研究的关键。国外非常重视对油污土壤的研究，如美国国家环境保护局（EPA）针对土壤中石油类有机污染物建立了 6 种定性定量分析方法（Arthur and Pawliszyn，1990；Liang and Tilotta，2003）；Marc 等利用二氯甲烷抽提与重量法进行油污土壤定量分析（孟庆昱等，2001）；Richter、Arthur 及 Liang 等采用快速溶剂抽提（ASE）、固相微萃取（SPME）和超临界流体萃取（SFE）技术，使用不同的有机溶剂作为萃取介质，对土壤及沉积物中的石油类有机污染物进行了全面的研究工作（康跃惠等，2000；袁东星等，2001；黄宁选等，2003）。

26.7.2　国内土壤中石油类有机污染物定量检测方法

我国目前一般使用化学分析与仪器分析相结合的方法进行土壤石油有机污染定量检测研究。我国传统常规测定土壤及底质中有机质含量方法普遍采用油浴消解重铬酸钾容量法，这种方法虽然比较快速、可靠，但容易造成油浴表面有机物挥发严重，污染实验室空气，另外消解管外表面附着的油腻难以清洗，以及由此可能引起的测定结果偏高现象发生。林滨等（1996）采用重铬酸钾比色法测定土壤和沉积物中有机质。杨冬雪和金芳澄（1999）及黄彩海和李合义（1998）采用改进的消解法定量测定土壤及底质中的有机污染物。前者选用 COD 消解装置作加热器，利用直接加热消解法进行测定，其特点是温度波动性小，试管受热均匀，且不产生实验室二次污染，装置配有温度显示器及消解定时器，使得消解全过程简便、准确、省时省力；后者使用自控式高压蒸气消解器作为加热器，使消

解过程由敞口改为密封，用高温蒸气代替油浴，该方法批处理样品数量多，而且
有效地避免了实验室二次污染问题。许多学者采用索氏抽提和各种萃取法来提取
土壤样品中的石油有机污染物，俞元春等（2003）使用直接法，通过四氯化碳超
声萃取、过滤、干燥等操作，利用红外光度法直接分析测定土壤中石油类污染物
总含量。龚莉娟（1999）采用四氯化碳提取，硅酸镁吸附非分散红外法定量测定
土壤中石油类物质，测定方法操作步骤简单，分析时间较短，精密度可以满足监
测分析要求；唐松林（2004）利用四氯化碳溶剂在 50～60℃ 水浴中以 40～
60r/min的转速振荡 14h 的相似提取方法，萃取液经干燥、定容、过滤后通过红
外光度法测定土壤中的石油类污染物。刘晓艳等（2006）借鉴石油地球化学分析
技术，使用热蒸发烃分析技术对土壤中的石油类污染物进行定量检测，该方法不
需要使用各种有机溶剂进行复杂的预处理操作步骤，干燥土样直接进行仪器分
析，即可定量检测土壤或沉积物中的有机污染物，并具有准确、快速的特点，但
由于是仪器分析，需要有相应的设备条件支持。中国科学院广州地理化学研究所
采用 GC-MSD 与 GC-ECD 内标法和多点校正曲线定量法对珠江河口沉积物中的
有机烃类污染物进行了组分定量分析（麦碧娴等，2000；康跃惠等，2000）。黄
宁选等（2003）在对污染土壤环境中石油烃污染物组分分析中，通过气相色谱法
（GC）和重量法对污染土壤的石油烃（TPH）进行了定量分析。

　　总的来看，国内外研究者在进行土壤中石油类有机污染物的定量分析工作
中，主要采用仪器法和重量法这两大类检测方法。在具体研究工作中，一般倾向
于使用仪器分析检测方法，因为在检测过程中不需要或需要很少量的溶剂（大多
溶剂均有不同程度的毒性）避免了耗时长、步骤繁琐且易造成误差的操作过程，
方法本身更有利于环境保护，符合绿色化学实验要求。

26.7.3　我国土壤中石油类有机污染物定性检测方法

　　对土壤中石油类有机污染物定性分析方法，一般都需要首先对土样中的油类
组分进行提取，然后再经过分离、浓缩、清洗、皂化、过滤、转移、稀释、层析
（LC）等一系列复杂的预处理操作步骤，分离出饱和烃、芳香烃及非烃与沥青质
等组分之后，再利用气相色谱（GC）、高效液相色谱（HPLC）、色质联用仪
（GC-MS）、红外光谱（IR）、核磁共振（NMR）等进行定性分析。

　　其中，溶剂萃取方式有很多种，对土壤中石油类有机污染物做定性分析可以
利用分离到四种组成的样品进行，当然利用分离出的更窄的组分做定性分析可以
对有机污染物进行更细致全面的分析。

　　在对我国土壤中石油类有机污染物进行定性检测过程中，大多使用质谱法或
色谱标样保留时间法等国际上普遍使用的方法。经过学者们多年的调查研究工
作，为泥土环境中的石油污染质量评价及污染控制奠定了一定的基础，但研究方

法尚需统一规范化。尤其是在对土壤中石油类有机污染组分进行逐级分离的过程中，标准不统一可能会造成较大的分析误差及出现检测结果无法对比的问题。例如，在采用二氯甲烷作为土壤中石油类有机污染物的提取溶剂时，由于石油中所含的非烃和沥青质进入土壤后与固体颗粒结合紧密而难以提取完全，而且还有可能造成其中被包裹烃类组分因损失而无法检测完全；分析实验中，饱和烃和芳烃总量一般会略低于原油中的总量，且饱和烃所占比例有所降低，而芳烃含量略有升高，其原因可能是静置过程中部分低分子烃发生了挥发损失，饱和烃因在烃类中比例较大，因此使差异值主要表现在饱和烃的比例上（高连存等，1998）。建议开发热蒸发烃与质谱联用分析仪，采用干燥土壤直接进样的方式与质谱准确定性优势相结合，真正达到在不使用溶剂的环境下进行土壤中石油类有机污染物检测，避免目前常用方法中存在的溶剂用量大、耗时长、操作繁琐、易产生二次污染等情况，解决样品中一部分有机污染物可能会被损失掉、造成分析结果失真的问题（刘晓艳等，2006）。

我国早在20世纪70年代就对环境问题的严重性和迫切性有所认识，我国政府把环境保护列为一项基本国策，做了大量工作，努力防治环境污染。但应该清醒地看到，我国环境形势的现状是：局部有所改善，整体仍在恶化，前景令人担忧。随着改革开放政策的实施，我国经济正在腾飞，而发展却仍在沿袭大量消耗资源和不顾环境承受能力的传统模式，正在对环境产生更大的损害，自然资源受到破坏，必须引起警觉。总之，这些问题的解决需要结合植物学、微生物学、生态学、环境化学、遗传学、土壤学和基因工程技术等多学科的知识，促进石油污染土壤生物修复研究和技术应用。而在应用的同时需综合考虑经济效益、社会效益和环境效益的和谐统一（刘五星等，2006）。

主要参考文献

陈绍洲，徐佩若. 1993. 石油化学. 上海：华东化工学院出版社.
高连存，张春阳，崔兆杰，等. 1998. 炼钢厂炼焦车间土壤中 PAHs 的超临界流体萃取-色质联用分析方法研究. 环境科学研究，11 (1)：36-39.
龚莉娟. 1999. 土壤中石油类的测定方法. 中国环境监测，15 (2)：24-25.
顾传辉，陈桂珠. 2001. 石油污染土壤生物修复. 重庆环境科学，23 (2)：42-45.
关卫省，张志杰. 2001. 石油烃废水处理技术及数值模拟. 西安：西安科技大学博士学位论文.
韩阳，李雪梅，朱延姝，等. 2005. 环境污染与植物功能. 北京：化学工业出版社.
何良菊，魏德洲，张维庆. 1999. 土壤微生物处理石油污染的研究. 环境科学进展，7 (3)：110-115.
黄彩海，李合义. 1998. 高压蒸汽消解法测定土壤、底质中的有机质. 中国环境监测，14 (2)：17-19.
黄宁选，马宏瑞，王晓蓉，等. 2003. 环境中石油烃污染物组分的气相色谱分析. 陕西科技大学学报，21 (6)：25-29.
黄廷林，李仲恺，史红星. 2003. NAPL 态石油类污染物在黄土中迁移的稳态数学模型. 四川环境，22 (1)：71-73.

康跃惠, 盛国英, 傅家谟, 等. 2000. 珠江澳门河口沉积物柱样品正构烷烃研究. 地球化学, 29 (3): 302-310.

李凯峰, 温青, 夏淑梅. 2002. 石油污染土壤的生物处理技术. 应用科技, 29 (10): 62-64.

李丽和. 2007. 石油烃污染场地风险评价及案例研究. 北京: 北京化工大学硕士学位论文.

林滨, 陶澍, 曹军, 等. 1996. 伊春河流域土壤与沉积物中水溶性有机物的含量与吸着系数. 中国环境科学, 16 (4): 307-310.

蔺昕, 李培军, 台培东, 等. 2006. 石油污染土壤植物-微生物修复研究进展. 生态学杂志, 25 (1): 93-100.

刘五星, 骆永明, 滕应, 等. 2006. 石油污染土壤的生物修复研究进展. 土壤, 38 (5): 634-639.

刘晓艳, 毛国成, 戴春雷, 等. 2006. 土壤中石油类有机污染物检测方法研究进展. 中国环境监测, 22 (2): 75-79.

陆秀君, 郭书海, 孙清, 等. 2003. 石油污染土壤的修复技术研究现状与展望. 沈阳农业大学学报, 34 (1): 63-67.

吕志萍, 程龙飞. 2001. 石油污染土壤中石油含量对玉米的影响. 油气田环境保护, 11 (1): 36-37.

麦碧娴, 林峥, 张干, 等. 2000. 珠江三角洲河流和珠江口表层沉积物中有机污染物研究——多环芳烃和有机氯农药的分布及特征. 环境科学学报, 20 (2): 192.

孟庆昱, 毕新慧, 徐晓白, 等. 2001. 玉渊潭底泥中烃类物质研究. 环境科学学报, 21 (1): 117-119.

孟紫强. 2000. 环境毒理学. 北京: 中国环境科学出版社.

任磊. 2004. 石油勘探开发中的石油类污染及其监测分析技术. 中国环境监测, 20 (3): 44-47.

唐松林. 2004. 红外光度法测定土壤中的石油类. 中国环境监测, 20 (1): 36-38.

王连生. 2004. 有机污染化学. 北京: 高等教育出版社.

吴芳云, 周爱国. 1999. 环境保护和石油工业. 北京: 石油工业出版社.

杨冬雪, 金芳澄. 1999. 直接加热消解法测定土壤底质中的有机质. 中国环境监测, 15 (3): 38-39.

俞元春, 陈静, 朱剑禾. 2003. 红外光度法测定土壤中总萃取物、石油类、动植物油及其准确度之方法研究. 中国环境监测, 19 (6): 6-8.

袁东星, 杨东宁, 陈猛, 等. 2001. 厦门西港及闽江口表层沉积物中多环芳烃和有机氯污染物的含量及分布. 环境科学学报, 21 (1): 107-112.

张宝良. 2007. 油田土壤石油污染与原位生物修复技术研究. 大庆: 东北石油学院博士学位论文.

Arthur C L, Pawliszyn J. 1990. Solid phase microextraction with thermal desorption using fused silica optical fibers. Analytical Chemistry, 62: 21-45.

Liang S, Tilotta D C. 2003. Determination of total petroleum hydrocarbons in soil by dynamic on-line super-critical fluid extraction with infrared photometric detection. Journal of Chromatography A, 986: 319-325.

Muszkat L Rancher D, Magaritz M et al. 1993. Unsaturated zone and ground-water contamination by organic pollutants in a sewage-effluent-irrigated site. Ground Water, 3: 556-565.

第 27 章　有机磷农药

有机磷农药（OPPs）是用于防治植物病、虫、害的含有机磷农药的有机化合物。这一类农药品种多，药效高，用途广，易分解，在人、畜体内一般不积累，在农药中是极为重要的一类化合物。但有不少品种对人、畜的急性毒性很强，在使用时特别要注意安全。近年来，高效低毒的品种发展很快，逐步取代了一些高毒品种，使有机磷农药的使用更安全有效。

27.1　有机磷农药的理化性质

有机磷农药属有机磷酸酯类化合物，大多呈油状或结晶状，工业品呈淡黄色至棕色，一般不溶于水，可溶于有机溶剂如苯、丙酮、乙醚、三氯甲烷及油类，性质不稳定，容易光解、碱解和水解等。常用的有机磷农药主要有甲拌磷（3911）、内吸磷（1059）、对硫磷（1605）、特普、敌百虫、乐果、马拉松（4049）、甲基对硫磷（甲基1605）、二甲硫吸磷、敌敌畏、甲基内吸磷（甲基1059）、氧化乐果、久效磷等。

27.2　有机磷农药的污染来源

环境中的有机磷农药主要源于农业生产中病虫害防治过程中的大量施用。农药喷施过程中，大部分都将直接进入土壤环境中，另外大气中的残留农药与喷洒时附着在作物上的农药，经雨水淋洗也将落入土壤中，受农药污染的水体灌溉及地表径流也是造成农药污染土壤的原因。此外，有机磷农药生产、加工企业废水、废气的排放，以及有机磷农药使用过程中施药工具和器械的清洗等过程也增加了环境中有机磷农药的污染途径。

27.3　有机磷农药的分布与扩散

27.3.1　有机磷农药的分布

目前关于我国土壤中有机磷农药分布特征尚不明确，但国内关于中国几个重要海口有机磷农药污染水平的调查显示：我国珠江口水域总有机磷（OPPs）浓度为 4.44～635ng/kg，平均 88.31ng/kg；南海口水域总 OPPs 浓度为 1.27～

122ng/kg，平均为 17.72ng/kg；厦门九龙江口水域总 OPPs 浓度为 16.26～263.89ng/kg，平均为 125.53ng/kg（赵玉琴，2009）。

27.3.2　有机磷农药的扩散

有机磷农药属于半挥发性有机污染物，大多是非持久性农药，在环境中可通过水解反应、光降解反应、微生物作用而发生降解，降解半衰期一般不长，几周至数月不等。有机磷农药进入土壤后，经土壤中的有机质和矿物质吸附，可被土壤中的氧化物（如 O_3、H_2O_2、氮氧化物及有机质等）氧化分解或通过与金属离子发生络合作用催化水解（李婧，2011）。有机磷农药在土壤中的残留时间一般只有几天或几周，很少有积累，但也有少数在土壤中的残留期较长，可达数月之久。

有机磷农药通过干湿沉降进入水体后，除部分被生物体吸收外，大部分经沉降、迁移最终转入底泥，底泥表层的有机磷农药也可通过溶出进入水体，在环境温度下，通过挥发蒸发过程回到大气中，进入大气后又可通过降水返回陆地。

27.4　有机磷农药污染的危害

有机磷农药具急性毒性，据世界卫生组织统计调查，全世界每年约发生 50 万起农药急性中毒事故，其中 75.4% 的农药中毒是由有机磷农药引起的。

有机磷农药属脂溶性物质，进入人和动物体后，大部分经肝脏解毒作用而分解排泄，但一些较难分解的则很难分解排泄，因溶于脂肪而长期残留于体内，给人和动物造成一定的危害。在生物体内，有机磷农药能抑制生物体重要的神经传导物质乙酰胆碱酯酶的活性，从而使乙酰胆碱酯酶失去催化组织中神经递质乙酰胆碱分解的能力，导致乙酰胆碱在神经突触处的过度积累，使一系列以乙酰胆碱为传导介质的神经处于过度兴奋状态，造成神经传导功能紊乱和衰竭（杨慧，2008）。

有机磷农药对生态系统平衡的破坏作用也不容忽视。害虫抗药性的增强，会导致农药的大剂量施用，但也导致了害虫天敌种群数量及多样性的降低。

有机磷农药对海洋生物危害作用非常明显，海洋生物大多对有机磷农药十分敏感，低浓度即可使海洋生物致死。我国沿海水域因有机磷农药污染而造成的鱼、虾、虫类等死亡事件屡见不鲜。李永祺通过对有机磷农药对虾、鱼、贝、藻的毒性效应及其机理的研究，发现能造成我国对虾大规模死亡的原因之一，就是有机磷污染激活对虾体内潜伏的病原体。

27.5　有机磷农药污染的预防与修复

27.5.1　预防措施

（1）统一重大病虫害防治措施，安全科学使用农药。重大病虫害必须做到统一用药，统一防治，提高防治效果。各种植户要严格按照农业技术推广部门规定的剂量、使用方法、施药适期、注意事项施用农药，不得随意提高用量或改变配方，为延缓病虫草害的抗性，植保部门应合理轮换使用农药。

（2）严禁使用高毒、高残留农药。为保护人民生命安全和健康，保护生态环境，农业部自 2007 年 1 月 1 日起全面禁止了甲胺磷、对硫磷（1605）、甲基对硫磷（甲基 1605）、久效磷和磷胺等 5 种高毒有机磷农药在农业上的使用，除上述品种及复配成分外，凡高毒农药及复配成分（如氧化乐果、3911 等）、高长残留农药（如甲绿磺隆除草剂等）均不得在农场农田中使用，本条由农业技术推广部门负责解释。

（3）增强环保意识，各管理区要教育职工树立环保意识，不得向水面沟渠及土壤倾倒农药、垃圾（包括肥料袋）。用完的农药瓶、废旧塑料袋不得乱扔在田头地边和沟渠中，防止造成污染，影响环境质量。

（4）要求各管理区认真落实辖区内科学使用农药的宣传监督工作，并纳入其绩效考核，管理区主要负责人为第一责任人，管理区分管农业的领导具体负责用药安全，技术员负责技术指导，并详细记载农田投入品的种类、剂量及投入时间，归档后上报备查。

27.5.2　修复措施

有机磷农药本身具有自然降解的特性，但是由于使用量大，时间长，自然降解需要的周期长，OPPs 在自然界中的累积和危害已经成为人类亟待解决的问题。目前研究最多的方法主要有两大类：理化降解和微生物降解（杨慧，2008）。

1. 理化降解

大多数的有机磷农药属于酯类，因此容易水解。许多有机磷农药生产废水处理的实验研究都表明，有机磷农药是易于水解的。

有机磷农药水解形式主要包括酸催化、碱催化，但有机磷农药碱催化水解要比酸催化水解容易得多。

反应温度、水解时间、农药浓度及反应 pH 等都对水解反应有不同程度的影响。有机磷农药在碱性条件下水解速率比在酸性条件下有很大的提高，因为有机磷农药的水解主要是发生在磷分子与有机基团连接的单键结构上（这个有机基团是取代羟基或羟基上的氢原子的），而—OH 取代有机磷农药的有机基团要比 H

取代有机磷农药的有机基团容易得多，这与农药的本身结构及—OH 的氧化能力强有关。当发生碱性水解时，有机基团被水中的—OH 所取代，当发生酸性水解时，有机磷农药中的有机基团被 H 取代。

吸附催化水解是有机磷农药在土壤中降解的主要途径。其特点是，由于吸附催化作用，水解反应在有土壤存在的体系中比在无土壤存在的水体系中快。例如，硫代磷酸酯类农药二嗪磷在 pH＝6 时，在无土体系中每天水解 2％，而在土壤中每天水解 11％，它们的水解产物是相同的。马拉硫磷在 pH＝7 的土壤体系中水解半衰期为 6～8h；而在 pH＝9 的无土体系中半衰期为 20d。此外，丁烯磷的水解也有类似情况：pH＝7 的土壤体系中，降解半衰期为 2h，而在 pH＝6 的无土体系中，其降解半衰期为 14d（付广云和韩长秀，2005）。

有机磷农药可发生光降解反应，光化学降解是指受太阳辐射和紫外线照射等而引起的农药分解。有机磷农药多数是酯类，酯类是容易水解的，所以如有水或湿气存在，就能使其发生光水解作用，水解发生的部位往往是在最具有酸性的酯基上。光解作用使有机磷酸酯类农药的毒性降低，而使很多硫代磷酸酯类农药转变为毒性更强的化合物。例如，乐果在潮湿的空气中可较快地发生光化学分解。

2. 微生物降解

现在 OPPs 的生物降解主要是指微生物降解。微生物具有种类多、变异快和易于操纵的特点，是生物修复的重要生物资源。早在 20 世纪 70 年代就有人发现某些土壤微生物具有降解 OPPs 的作用（高仙灵等，2007）。

有机磷化合土壤微生物系包括细菌、真菌、放线菌、藻类等，它们均对土壤和农产品中农药残留具有降解作用（唐亮，2008）。

农药的微生物降解作用实际上是酶促反应，是一些农药在土壤中迁移转化的主要方式之一。影响微生物降解的主要条件有微生物种类、温度、土壤的含水量、有机质含量等。

有机磷农药的微生物降解也是其在土壤中降解转化的另一个重要途径。进入土壤中的有机磷农药在土壤微生物的作用下，彻底分解成 CO_2 等简单化合物，从而使农药发生降解。各种农药在不同条件下的分解形式多种多样，土壤微生物对有机磷农药的生物化学作用方式也不同。例如，马拉硫磷可被两种土壤微生物——绿色木霉和假单胞菌以不同的方式降解，这两种微生物中含有一种可溶性酯酶，可将马拉硫磷水解成为羧酸衍生物。再如，对硫磷在微生物作用下发生水解，只要几天时间毒性就基本消失。

目前，大力开发、研制高效、低毒、低残留安全农药，既要急性毒性低，又要考虑"无公害"。即有选择地抑制昆虫、微生物、植物等特有的酶系统，对人、畜无害，或易被阳光或微生物分解，大量使用也不会污染环境。近年来发展的高效、低毒、低残留新农药氨基甲酸酯类和拟除虫菊酯类的杀虫剂有了较大的发展，但目前我国生产的杀虫剂中还是以有机磷农药为主。

27.6　分析测定方法

　　有机磷农药（OPPs）具有广谱、高效、品种多和残毒期短等许多特点。自 20 世纪 60 年代以来在世界范围内广泛作用，使其对大气、土壤和水体等造成污染。因此，必须定期检测它的残留量。OPPs 残留分析一般采用气相色谱法（刘红梅等，2012）和 GC 分析方法测定有机磷农药的含量（表 27-1 和表 27-2），其样品预处理常采用机械振荡萃取（MSE）和超声提取（SE），这些方法操作繁琐，耗费溶剂多，危害实验人员健康。加速溶剂萃取法（ASE）是提取固体物质中有机物及其残留的方法，由于具有溶剂用量少、提取时间短和样品提取自动化的优点，已被 EPA 收录为处理固体样品的标准方法之一。

表 27-1　常用于分析残留有机磷农药的几种标准 GC 分析方法

方法名称	分析对象	方法前处理
GB 13192-91	水质，对硫酸、甲基对硫酸、马拉硫酸、乐果、敌敌畏、敌百虫等 6 种	调 pH 为 6.5，用三氯甲烷萃取三次经无水硫酸钠脱水，K-D 浓缩（敌百虫先经碱解再萃取）
GB/T 14552—1993 GB/T 14553—1993	水、土壤、粮食和水果中甲拌磷、甲基对硫酸等 10 种	采用丙酮加水提取、二氯甲烷萃取、凝结法静化
EPA 1618 方法	水、土壤、污泥及固体废物中非极性有机磷农药	液体样品用二氯甲烷萃取，固体样品在超声波发生器作用下，由二氯甲烷-丙酮萃取，采用凝胶渗透色谱和 GPC 吸附柱净化
日本环境厅方法	水、土壤、污泥中残留有机磷农药	用正己烷-丙酮为提取溶剂

表 27-2　常用于分析残留有机磷农药的几种气相色谱检测方法

监测方法	来源	类别
气相色谱法	GB 13192-91	水质
气相色谱法	GB/T 14522—1993	水和土壤
气相色谱法、盐酸萘乙二胺分光光度法	《空气和废气监测分析方法》原国家环境保护总局编	空气和废气
酶-氯化铁比色法	《空气中有害物质的测定方法》（第 2 版），杭士平主编	空气
气相色谱法	《固体废弃物试验分析评价手册》中国环境监测总站等译	固体废弃物
气相色谱法	GB/T 5009.20—1996	食品
气相色谱法	《农药残留量气相色谱法》国家商检局编	农作物、水果、蔬菜

主要参考文献

付广云，韩长秀. 2005. 有机磷农药及其危害. 化学教育，1（1）：9-10.

高仙灵，卢慧星，李国婧，等. 2007. 有机磷生物修复研究进展. 中国生物工程杂志，27（3）：127-131.

李婧. 2011. 土壤中有机磷农药分析过程中不确定度的来源及评定. 中国环境监测，27（4）：15-18

刘红梅，黎小鹏，李文英. 2012. 超声波萃取气相色谱法检测白菜干中的有机磷农药残留. 仲凯农业工程学
　　院学报，25（1）：20-28.

唐亮. 2008. 降解有机磷农药微生物的筛选及降解条件研究. 重庆：西南大学硕士学位论文.

杨慧. 2008. 有机磷农药降解菌的分离、鉴定及固定化研究. 黑龙江：黑龙江大学硕士学位论文.

杨亚平，林森. 2003. 气相色谱法测定蔬菜中有机磷农药的残留量. 化学分析计量，(5)：23-25.

赵玉琴. 2009. 崇明岛常用有机磷和拟除虫菊酯农药的分布规律及生物毒性效应. 上海：同济大学硕士学位
　　论文.

第28章 挥 发 酚

酚类化合物是重要的化工原料，其应用非常广泛。酚及其同系物作为多种工业生产过程中排放的有毒污染物，在环境中难于被生物所降解，已成为环境中常见的一类污染物。酚类化合物也在美国等国家优先控制的 129 种污染物黑名单之例。

28.1 挥发酚的理化性质

酚类化合物按沸点可分为挥发酚和不挥发酚两种，挥发酚（volatile phenol）多指沸点在 230℃以下，能与水蒸气一起挥发的酚类，通常属于一元酚，主要包括苯酚（phenol）、对硝基苯酚（p-Nitrophenol）、对氨基苯酚（4-aminophenol）等。挥发性酚类物质大多无色，极易溶于水、乙醇、氯仿、乙醚、甘油和石油等，在水中的溶解度随羟基数目的增多而增大。

28.2 挥发酚的污染来源

挥发酚污染来源极其广泛。土壤中挥发酚主要来源于重要的化工原料或农药的降解产物，如对硝基苯酚、苯酚（陈宝梁等，2004），其次植物、微生内源性酚类的分泌、释放也会进入土壤（耿中华，2008）；水体中挥发酚主要源于制造、炼焦（每生产 1t 焦炭，就可产生 $0.2 \sim 0.3 m^3$ 的含酚废水，其含酚量可高达 $1500 \sim 5000 mg/L$）、塑料、化纤、绝缘材料、酚醛树脂、制药、炸药、农药等工业含酚废水的排放。

28.3 挥发酚的分布与扩散

28.3.1 挥发酚的分布

挥发酚极易挥发，也容易被氧化或被土壤微生物分解转化，为此一般不会发生积累现象（李天杰，1995）。挥发酚多易溶于水，常以溶解状态存在并吸附于土壤中，在土壤中，水溶性酚一般较低，几种常见酚一般为 $0.1 \sim 30 \mu g/g$，只有少数高达 $60 \sim 100 \mu g/g$。

目前关于我国土壤中挥发酚分布的研究还较少。据相关研究报道，河北省土壤中挥发酚的含量为 0.031～0.12mg/g（齐占虎，2009）；东北石油区抚顺土壤中酚类物质含量为 5.7～302.0μg/kg（李凌波等，1999）；山西省介休市焦化区表层（20cm 左右耕层土壤）土壤挥发酚含量为 0.4～3.282mg/kg，平均含量为 1.072mg/kg（王霄娥等，2008）；湖北省杉木林和阔叶林土壤挥发性酚含量一般在 0.3μg/g 以下，且下层土壤含量低于表层土壤，远低于可使植物产生中毒的浓度（李传涵等，2002）。

28.3.2　挥发酚的扩散

挥发酚在气流的作用下可随机扩散，通过湿沉降的方式进入土壤和水体。在土壤中酚类物质可被土壤吸附固定，土壤是一个复杂的结构体系，对酚类物质的吸附兼有物理吸附和化学吸附，吸附效果受土壤腐殖质含量、pH、含水率的影响，且一般保持一个动态平衡，如水溶性酚类物质一般被土壤腐殖质和矿物胶体吸附，成为复合态酚，当土壤中水溶性酚含量降低时，复合态酚又从土壤胶体上释放出来，转化为水溶性酚。此外，酚类物质很容易被微生物分解，也可被植物吸收，酚类物质在土壤中的自净作用主要通过植物的吸收及一些微生物的降解而实现（安钢和杨志生，1998）。

在水体中，高水溶性和高溶剂化作用减弱了酚类物质的挥发，在碱性条件下，一般以各种盐的形式存在于水中。

28.4　挥发酚污染的危害

挥发酚的危害具有隐蔽性、持久性、蓄积性的特点。挥发酚对人体的危害往往是滞后的，从发现到患病需要一个漫长的时间，甚至 20～30 年。酚类物质属于高毒类物质，可通过呼吸道和皮肤进入人体，被人体吸收后，通过体内解毒功能，可使其大部分丧失毒性，并随尿排出体外，但吸入量超过人体正常解毒功能时，超出部分可以蓄积在体内各脏器组织内，造成慢性中毒，引起头痛、出疹、瘙痒、皮肤瘙痒、精神不安、贫血及各种神经系统症状。酚类物质在生物转化的过程中，还会引起细胞死亡或诱发肿瘤。例如，苯酚就是一种促癌剂，在动物皮肤致癌试验中发现，5%的苯酚已有弱促癌作用，20%的苯酚有弱致癌性（李宏霞，1999）；对取代苯酚对人体外周血淋巴细胞的遗传毒性及定量结构关系的研究表明，29 种取代苯酚对人体外周血淋巴细胞均表现出遗传毒性，并且都具有良好的对数剂量-效应关系（肖乾芬等，2007）。

挥发性酚还会影响水生生物的生长和品质，当水体挥发性酚的含量为 0.1～0.2mg/L 时，可使鱼肉有异味，鱼肉质量下降，甚至不能食用；含酚 1mg/L，可影响鱼的产卵和回流；达 5mg/L 时，鱼类就会大量死亡（赵光辉，1994）。高浓度的酚还会抑制水中微生物的生长和繁殖，影响水体的自净作用。

酚及酚的衍生物污染农田后，会导致农作物减产或枯死，如苯酚可明显抑制农作物的发芽和幼苗生长（董克虞等，2000）。此外，还可导致农作物可食部分产生异味而影响农副产品的品质（贺静等，2012）。

酚类化合物多有恶臭，特别是苯酚等，在饮用水加氯消毒时能形成臭味更强的氯酚，引起水质异味，其嗅觉阈值为 0.01mg/L。

28.5　挥发酚污染的预防与修复

28.5.1　预防措施

土壤中挥发酚的预防措施研究较少，报道较多的还是水体中挥发酚的预防措施。水体中挥发酚绝大部分来自工业含酚废水，对生产工艺的优化改进可以减少挥发酚的生成，如针对造纸工业，实施清洁生产技术，采用全无氯漂白工艺，是消除造纸废水中挥发酚污染的关键环节（段小平等，2004）；针对焦化工业，采取"治理源头、控制总量、闭路使用"改造方案，使废水全部用于回配和熄焦，可对源头的蒸氨塔、焦炭过滤器、氨气分缩器改造、洗氨软水改造、外排废水进行生化系统回配等（崔云飞和纪光友，2005）。

28.5.2　修复措施

1. 物理修复

利用电动力学过程可以将分散在土壤中的污染物定向迁移到规定区域，然后去除该区域的土壤或者向其中加入处理药剂或活性微生物，实现污染物的处理，为此，通过直流电场和特殊络合剂的联合使用，土壤中苯酚能被成功萃取。有研究显示：利用少量的 1-羟乙基-1-二磷酸（HEDPA）螯合剂对含苯酚 0.003g/g 的天然草地灰壤进行处理，可提高土壤电渗流，持续进行 $30 \sim 50h$ 的电渗流处理，$80\% \sim 95\%$ 的苯酚即可被排除（Kolosov et al.，2001）。

另外，对污染土样还可采取覆盖清洁黏土来修复，需掌控好时间和清洁黏土的覆盖量。例如，污染土样中苯酚（180mg/kg）在试验初期的释放速率会随着时间的推移由低逐渐升高，到第 354 小时，释放速率从峰值下降至 $0.01mg/(m^2 \cdot h)$，此时空气中苯酚的浓度已达居住区空气质量标准（$0.02mg/m^3$）。当空气中的苯酚浓度降至临界危害浓度后，按 1:1.5 的比例，将清洁的黏土覆盖在模拟污染土层表面，通过 22h 的监测，土壤中的苯酚向大气释放的速率稳定在 $0.004mg/(m^2 \cdot h)$。

2. 化学修复

目前关于利用化学方法处理土壤中酚类物质的技术主要为清洗法，但多处于室内试验阶段。例如，利用 1.0g/L 的十二烷基苯磺酸钠溶液对苯酚含量为 10.1mg/kg 的模拟污染土壤样品及现场土壤样品（苯酚 437.25mg/L）进行淋洗实验表明，十二烷基苯磺酸钠溶液可有效去除模拟污染土壤样品及现场土壤样品中苯酚，洗脱率为 93.97%。此外，还有研究者试图采用 Fenton 试剂降解土壤和地下水中有机污染物（崔英杰等，2008）。

有关水体中酚类物质的处理手段，目前比较成熟的有光催化法和 X 型分子筛法，对土壤中酚类物质的处理有一定的借鉴作用。例如，利用 TiO_2 光催化降解含酚废水时，当反应进行到 150min 时，苯酚和中间产物基本降解，危害也几乎为零（武婕，2005）。利用工业废渣流化床粉煤灰成功合成了 X 型分子筛，可处理含酚废水，该技术以废治废，具有很高的经济和社会效益（郝培亮等，2007）。

3. 生物修复

1）植物吸收

目前利用植物吸收富集处理酚类物质较好的一种植物为羊草（*Aneurolepidium chinensis*）。羊草自然繁殖主要依靠地下根茎分生，根系分布在 5~30cm 土层内，也正是污染物淋溶、渗透最集中的层次，可以对污染物进行有效吸收。例如，利用羊草处理含酚土壤（苯酚浓度为 0.045~0.065mg/kg，平均为 0.053mg/kg）时，羊草吸收富集的苯酚含量为 4.350~5.460mg/kg（平均为 4.871mg/kg），相对提高酚类为 53.81%~146.17%（曹文钟等，2007）。此外，经过人工湿地中的芦苇 [*Phragmites australis*（Cav.）Trin. ex Steud.]、香蒲（*Typha orientalis Presl*）、茭白 [*Zizania caduciflora*（Turcz. ex Trin.）Hand.-Mazz.-Limnochloa caduciflora Turcz. ex Trin.]、凤眼莲 [*Eichhornia crassipes*（Mart.）Solms Pontederia crassipes Mart.]、睡莲（*Nymphaea tetragona* Georgi）、菖蒲（*Anemone altaica* Fisch.）、伞草 [*Cyperus alternifolius* Linn. subsp. flabelliformis（Rottb.）Kukenth.]、浮萍（*Lemna minor* Linn.）等水生植物的处理，苯酚的吸收率可达 95.24%。

有研究指出：芦苇（*Phragmites australis* var. Baiyangdiansis）的生理活动可能在很大程度上影响土壤对苯酚净化，可能芦苇根系本身分泌一些物质影响土壤对苯酚的吸附，其净化率为 75.2%~92.5%（王学东等，2005）。通过大豆种壳中过氧化物酶（SBP）催化作用和聚合反应，对苯酚等进行酶转化。在土壤泥浆生物反应器中，用大豆种壳可去除 96% 以上的总苯酚（Geng，2004）。

2）微生物净化

目前，可以降解土壤中酚类污染物的菌种有热带假丝酵母、产碱杆菌、凝结芽孢杆菌（ZXY-75）、乙酸钙不动杆菌（*Acinetobacter calcoaceticus*）、假单胞菌（*Pseudomonas* sp.）、富养产碱菌（*Alcali-genes eutrophus*）（Berry et al.，2002；李群等，2001）、噬酚菌（*Klebsiella oxytoca*、*Brachybacterium rham-nosum*）、*Brachybacterium* sp. 属细菌等。例如，从亚马孙流域的森林土壤中分离出来的热带假丝酵母和产碱杆菌，分别在高盐碱浓度（15%和5.6%）条件下可降解16mmol/L 和12mmol/L 苯酚（Bastos and Tornisielo，2000）。Bannejee发现了4种土壤菌株及产漆酶真菌在生长代谢过程中不仅可以酚类化合物为碳源，而且自生代谢产生的漆酶对酚类化合物也有催化降解的作用，在24h 内最大降解率可达60%以上（罗开昆等，2005）。凝结芽孢杆菌（ZXY-75）在苯酚质量浓度低于825mg/L 时，几乎能将苯酚完全降解，经24h 苯酚降解率达98.75%以上（张巍等，2004）。生物对中等干燥砂土苯酚降解的效率高于粗砂土，但是粗砂土对苯酚降解的生物适应性更快（Ladislao et al.，2000）。钱奕忠等（2001）对某污染土样进行富集分离得到假单胞菌菌种，通过实验测得该菌种对苯酚的降解率可达100%。狄春女等（2002）论述了菌根生物修复技术能针对性地解决沈抚污水灌区的主要环境问题，并展望了其在沈抚灌区的应用前景，目前针对环境中酚类物质的生物修复正在推广使用中。王强分离并驯化了两株噬酚菌（*Klebsiella oxytoca* 和 *Brachybacterium rhamnosum*），对苯酚均有着非常好的降解作用。而 *Brachybacterium* sp. 属细菌用于降解苯酚于2006年之前在国内外未见一例报道（王强，2007）。

4. 固定化微生物法和电催化方法相结合

除了上述方法，一些研究者尝试把生物法和化学法结合起来处理含酚废水中的酚类物质，这为土壤中酚类污染物的治理提供了一定的借鉴意义。例如，孔小松（2005）创新性地将固定化微生物法（包埋法）和电催化方法相结合，采用聚乙烯醇（PVA）作载体，海藻酸钠包埋活性污泥，应用钛基二氧化铅电极作为阳极，当固液比为5、pH=7、载电压为5.5V 时，其苯酚去除率最大。研究发现该方法处理含高浓度难降解有机物苯酚的效果大大优于任意单一工艺的降解效果，且在复合工艺中，经过包埋的混合微生物（活性污泥）对 pH、苯酚初始浓度和电压的耐受性均得到很大提高。

28.6　分析测定方法

一般采用4-氨基安替比林比色法进行测定。其原理是：酚类化合物于碱性溶液（pH=10.0±0.2）介质中，在与氧化剂铁氰化钾作用下，与4-氨基安替比林反应生成橙红色的安替比林染料。用氯仿可将此染料从溶液中萃取出来，并在460nm 处测定吸光度（齐占虎，2009）。

主要参考文献

安钢，杨志生.1998.苯酚在土壤中吸附的试验研究.上海环境科学，17（10）：40-42.

曹文钟，余政哲，张宏波，等.2007.石油污染物在羊草中的残留.东北林业大学报，35（2）：55-56.

陈宝梁，朱利中，林斌，等.2004.阳离子表面活性剂增强固定土壤中的苯酚和对硝基苯酚.土壤学报，
    41（1）：148-151.

崔英杰，杨世迎，王萍，等.2008.Fenton原位化学氧化法修复有机污染土壤和地下水研究.化学进展，
    20（8）：1196-1200.

崔云飞，纪光友.2005.焦化酚、氰废水零排放改造.山东冶金，27（2）：77-78.

狄春女，李培军，陈素华，等.2002.菌根生物修复技术在沈抚污水灌区的应用前景.环境污染治理技术与
    设备，3（7）：51-55.

董克虞，林春野，王征.2000.氯代苯酚结构与农作物毒性关系的研究.土壤与环境，9（2）：96-98.

段小平，宋亮，张凡.2004.造纸工业废水中挥发酚的危害与综合治理.北方环境，29（5）：62-64.

耿中华.2008.植物多酚的研究进展.广西轻工业，114（5）：5-11.

郝培亮，王永红，李晓峰，等.2007.粉煤灰制备分子筛及处理含酚废水的研究.煤炭转化，30（1）：
    68-71.

贺静，刘田，关连珠.2012.碳酸钙对土壤吸附苯酚特性的影响.沈阳农业大学学报，43（3）：362-365.

孔小松.2005.电催化固定化微生物法处理含苯酚废水.天津：天津大学博士学位论文.

李传涵，李明鹤，何绍江，等.2002.杉木林和阔叶林土壤酚含量及其变化的研究.林业科学，38（2）：
    9-14.

李宏霞.1999.饮用水中可能存在的致癌物质.现代预防医学，26（2）：220-221.

李凌波，林大泉，籍伟，等.1999.土壤及地下水中半挥发性有机物的GC/MS分析及其质量控制/质量保
    证.第十届全国有机质谱学学术会议.北京：中国人民公安大学出版社.

李群，赵华，张业录，等.2001.白腐菌去除氯代酚动力学研究.城市环境与城市态，14（2）：7-9.

李天杰.1995.土壤环境学.北京：高等教育出版社.

罗开昆，彭红，高中洪.2005.产漆酶真菌的筛选、培养及对苯酚的降解.华中科技大学学报（自然科学
    版）33（7）：111-114.

齐占虎.2009.土壤中挥发酚的测定.河北工业，32（9）：72-73.

钱奕忠，张鹏，谭天伟.2001.假单胞菌降解含苯酚废水实验.过程工程学报，1（4）：439-441.

王强.2007.生化法处理工业含酚废水.天津：天津大学博士学位论文.

王霄娥，郑琪文，李翠萍，等.2008.介休市焦化业对当地生态环境的影响研究.农业环境科学学报，
    27（2）：820-825.

王学东，李贵宝，郭翔云，等.2005.动态法研究芦苇湿地土壤对苯酚的净化能力及其影响因素.南水北调
    与水利科技，3（2）：26-28.

武婕.2005.含酚废水光催化处理的环境健康风险评价研究.太原：太原理工大学硕士学位论文.

肖乾芬，高树梅，王晓栋，等.2007.取代苯酚对人体外周血淋巴细胞的遗传毒性及定量结构关系的研究.
    环境化学，26（5）：582-587.

徐荣华.2007.膜分离技术在含酚废水处理中的应用.化学工业与工程技术，28（3）：31-33.

张巍，杨翔华，洪新.2004.苯酚降解菌的分离与特性.辽宁石油化工大学学报，24（1）：4-7.

赵光辉.1994.谈挥发性酚对渔业的危害.内陆水产，20（1/2）：35-36.

Bastos A E R, Tornisielo V L. 2000. Phenol metabolism by two microorganisms isolated from Amazonian forest soil samples. Journal of Industrial Microbiology & Biotechnoly, 24 (6): 403-409.

Berry A, Dodge T C, Pepsin M, et al. 2002. Application of metabolic engineering to improve both the production and use of biotech indigo. Journal of Industrial Micobiology and Biotechnology, 28: 127-133.

Geng Z H. 2004. Enzymatic treatment of soil contaminated with phenol and chlorophenols using soybean sead hulls. Water, Air, Soil Polutt, 154 (1/4): 151-166.

Kolosov A, Yachmenev V G, Shabanova N. 2001. A laboratory-scale study of applied voltage and chelating agent on the electro-kinetic separation of phenol from soil. Separation Science and Technology, 36 (13): 2971-2982.

Ladislao B A, Galil N I, Katz S. 2000. Phenol remediation by biofilm developed in sand soil media. Water Science and Technology, 42 (1/2): 99-104.

第 29 章　拟除虫菊酯

拟除虫菊酯是对天然除虫菊酯进行结构改造而合成的一类仿生农药,是继有机氯、有机磷农药后兴起的一类新型广谱杀虫剂。因过去拟除虫菊酯一直被认为是一类无蓄积性、毒性较低、使用安全的农药（张松柏,2010）,而被广泛用于粮食、蔬菜和果树等多种作物病虫害防治方面,成为农用及卫生杀虫剂的主要支柱之一,使用面积曾占整个杀虫剂使用面积的 25%（海屏,2004）。但近年来的研究表明,此类农药不但有蓄积性,长期接触还会引发人体许多慢性疾病。拟除虫菊酯大量进入环境后,容易在环境中长期累积,并通过雨水浸淋、渗透至沉积岩及地下水,造成水体和土壤污染（徐小芳,2010）。

29.1　拟除虫菊酯的理化性质

与天然除虫菊酯结构相似,拟除虫菊酯类杀虫剂一般具有 2 个或 3 个不对称中心,构成 2~4 对对映异构体。拟除虫菊酯根据其化学结构可以分为两种类型:不含 α-氰基的 Ⅰ 型和含 α-氰基的 Ⅱ 型,前者以氯菊酯（permethrin）等为典型代表,后者以氯氰菊酯（cypermethrin）、澳氰菊酯（detamethrin）、氰戊菊酯（fenvalerate）等为典型代表。近年来,拟除虫菊酯开始突破羧酸酯结构,向非羧酸酯型化合物转变,合成了大量的以肟醚、醚、酮、烯烃等取代酯键的化合物,这些化合物在保留活性优异的特点之外,还可以降低鱼毒,缓解抗性的产生。

常见的拟除虫菊酯主要有杀灭菊酯、中西除虫菊酯、二氯苯醚菊酯、氯氰菊酯、溴氰菊酯、氟氰菊酯、百树菊酯、马扑立克、功夫菊酯、甲氰菊酯、乙氰菊酯、联苯菊酯等。表 29-1 是几种常见拟除虫菊酯的理化性质（朱良天,2000）。

表 29-1　常用拟除虫菊酯的理化性质

序号	名称	分子式	相对分子质量	性状	溶解性	稳定性
1	氯氰菊酯	$C_{22}H_{10}Cl_2NO_3$	416	棕黄色黏稠液体,不易挥发	在水中的溶解度约为 0.2mg/kg,能溶于苯、丙酮、乙醚等多种有机溶剂,亲脂性强	具有较高的热稳定性,在酸性和中性介质中稳定,遇碱则分解

续表

序号	名称	分子式	相对分子质量	性状	溶解性	稳定性
2	氰戊菊酯	$C_{25}H_{22}ClNO_3$	419.91	纯品为黄色黏稠液体，沸点为 35～55℃，熔点为200℃	在水中的溶解度小于20μg/L，可溶于大多数有机溶剂，如丙酮、乙醇、甲醇、氯仿、己烷和甲苯等	在酸性介质中稳定，在碱性介质中不稳定
3	氯菊酯	$C_{21}H_{20}Cl_2NO_3$	391.3	纯品为无色结晶固体，熔点为 35℃，沸点为 198～200℃，蒸气压为 3.4×10^{-7}mmHg	25℃时在水中溶解度为（0.07±0.02）mg/kg。溶于乙醇、丙酮、苯、甲苯等多种有机溶剂	
4	氟氯氰菊酯	$C_{22}H_{18}C_{12}FNO_3$	434.29	工业品 600℃以下为黄色至棕色半固体黏稠液体，密度为 1.12g/cm³	难溶于水，能溶于二甲苯、煤油、环己烷等大多数有机溶剂	在弱酸性、中性介质中稳定，并有较高的热稳定性，在 pH>7.5 的碱性条件下易分解。常温下储存，稳定可达 2 年以上，为棕色含有结晶的黏稠液体
5	溴氰菊酯	$C_{22}H_{19}Br_2NO_3$	505.24	纯品为白色无味结晶粉末，熔点为98～101℃	常温下不溶于水，能溶于多种有机溶剂	在酸性介质中较稳定，遇碱易分解

29.2　拟除虫菊酯的污染来源

　　农业生产上的广泛使用是环境中拟除虫菊酯的根本来源。此外，菊酯类农药生产、加工的企业排放的废气、废水、废渣，农药运输过程中的事故泄漏，施药工具和器械的清洗等也是环境中拟除虫菊酯的来源。

29.3　拟除虫菊酯的分布与扩散

　　土壤是农药污染物在环境中的主要载体。拟除虫菊酯进入土壤后，被土壤胶粒及有机质吸附。在空气充足的条件下，可自然分解；空气不充足，则较为稳定，会随水分缓慢向四周移动（地表径流）或向深层土壤移动（淋溶），被作物吸收或被土壤和土壤微生物降解。残留在土壤中和农作物表面的拟除虫菊酯会通过渗透、雨水冲刷等最终进入水体，拟除虫菊酯在水中的溶解度非常低，主要吸附于颗粒或沉于底泥（周启星，1999）。

29.4　拟除虫菊酯污染的危害

拟除虫菊酯为脂溶性农药，被作物根系吸收或经茎叶传输、分布、蓄积在当季作物体内，甚至构成对后季作物的二次药害和再污染，引起陆生环境中自养型、异养型生物及食物链高位次生物的慢性危害。另外，土壤中残留的拟除虫菊酯对植物的生长发育也有显著的影响，可以抑制或促进农作物或其植物的生长，提早或推迟成熟期（孙铁珩等，2005）。

拟除虫菊酯通过食物链进入人体，在人体中富集，长此以往，有致癌、致畸、致突变等危害。而急性中毒症状主要表现为神经系统症状及皮肤症状。因拟除虫菊酯误服的中毒症状，在消化道方面表现为呕吐、恶心；在神经方面表现为短时间反应迟钝、乏力、运动失调、心悸，然后全身兴奋、惊厥等。皮肤接触的中毒症状多为局部性过敏，出现红疹，眼、鼻、口周围及接触部位有刺痛感（任南琪，2007）。

拟除虫菊酯对哺乳动物毒性较弱，但对水生生物危害作用较为明显，如对鲫鱼、鲤鱼、隆线蚤等水生生物都具有很高的急性毒性，属于剧毒。许多研究还发现，拟除虫菊酯会对鱼类的不同组织器官产生毒性，而且其毒作用迅速，杀伤力很大（陈菊和周青，2006；王春光，2012）。

29.5　拟除虫菊酯的环境控制标准

在我国，拟除虫菊酯主要应用于蔬菜、水果、棉花和粮食作物生产上。氯氟氰菊酯的环境控制标准为：谷物≤0.05mg/kg，水果≤0.05mg/kg，蔬菜≤0.05mg/kg。S-氰戊菊酯的环境控制标准为：原粮≤0.2mg/kg，叶类菜≤0.5mg/kg，果类菜≤0.2mg/kg，根块类菜≤0.05mg/kg，水果≤0.2mg/kg（屈晓茜等，2007）。

另外，对茶叶中菊酯的控制标准有着严格的规定，2007 年 7 月 1 日起实施的农药新标准中菊酯类农药的残留限量变动最大，如氰戊菊酯的最高残留限量（MRL）原先规定为 10mg/kg，现改为 0.1mg/kg，是原先规定的 1/100。氟氯氰菊酯 MRL 从 5mg/kg，改为 0.2mg/kg，是原先规定的 1/25。甲氰菊酯的 MRL 由没有限量改为 0.02mg/kg，氯氰菊酯、氟氯氰菊酯、氟氰戊菊酯的现行 MRL 都改为 0.1mg/kg（王兆守，2003）。

29.6　拟除虫菊酯污染的预防与修复

29.6.1　预防措施

指导农民合理使用农药，减少农产品中拟除虫菊酯的使用量是预防危害的最有效的方法，同时积极开展生物防治害虫来代替农药防治，才能从根本上预防拟除虫菊酯的危害（马国兰等，2005）。

29.6.2　修复措施

目前，对拟除虫菊酯的系统修复技术还处于探索和研究阶段，有如下值得借鉴的方法和技术。

1. 微生物修复

在土壤和水环境中拟除虫菊酯的降解以微生物降解为主。目前研究最多的是降解菌的分离、微生物的酶促降解及其衍生的基因工程菌（李玲玉等，2010）。微生物对农药的降解作用是由其胞内酶引起的。

在水相中，联苯菊酯可以被菌株微嗜酸寡养单胞菌（*Stenotrophomonas acidamini phila*）迅速降解，半衰期由 700h 以上降到 30～131h。氯菊酯异构体可以被菌株温和气单胞菌（*Aeromonas sobria*）、胡萝卜软腐欧文（氏）菌（*Erwinia carotovora*）和弗氏耶尔森氏菌（*Yersinia frederiksenii*）降解。荧光假单胞菌细胞生长和对氯氰菊酯和氟氯苯菊酯降解比普城沙雷菌（*Serratia plymuthica*）更快，对拟除虫菊酯类农药的耐受性也更强。Hashem 等从使用过拟除虫菊酯（氰戊菊酯、溴氰菊酯和氯氰菊酯）的土壤中分离出 8 株拟除虫菊酯类农药降解菌，经鉴定都属于芽孢杆菌属，这些降解菌都能以单种的拟除虫菊酯为唯一碳源生长。王兆守和李顺鹏（2005）从农药厂的下水道污泥中分离出能以拟除虫菊酯类农药为唯一碳源和能源的降解菌阴沟肠杆菌 w10i15。

2. 植物修复

植物对拟除虫菊酯有降解作用。例如，氟氯氰菊酯可在土豆、玉米、苹果等的愈伤组织中降解。研究表明，植物中含有各种羧酸酯酶同工酶，且因植物物种的不同而存在差异，所以同种拟除虫菊酯在不同植物、不同组织中的代谢产物有所不同。植物中所含有的色素也可将拟除虫菊酯类农药进行缓慢氧化分解，但此方面研究较少（李玲玉等，2010）。

3. 光淬灭降解

光稳剂通过两种方式抑制拟除虫菊酯的光解，即耗氧竞争和光吸收竞争。前者通过自身氧化而使拟除虫菊酯无法有效吸收环境中的氧，后者通过吸收太阳光而将拟除虫菊酯屏蔽。研究发现，β-胡萝卜素通过耗氧竞争对拟除虫菊酯的光解起抑制作用。另外，光敏剂与光稳剂之间存在交互拮抗关系，光稳剂会减弱甚至抵消光敏剂对拟除虫菊酯光解的促进作用。目前，农药混配已得到广泛使用，掌握光敏化降解与光淬灭降解机理，将有助于人们合理混用农药，达到高效去除农药残留的目的，同时又可将拟除虫菊酯杀虫剂保留在残效期，最大限度地发挥杀虫性能。

29.7　分析测定方法

早期对拟除虫菊酯的分析测试方法是比色法，但其灵敏度有限，难以检测痕量的残留农药。同时，对有效成分中不同光学异构体无区别能力，因为对于大多数拟除虫菊酯，左旋和右旋、顺式和反式表现出不同的毒力和毒性。

随后研究出气相色谱法和液相色谱法。气相色谱法是一种对除虫菊酯与拟除虫菊酯各种组成成分和光学异构体的有效分离手段，当其与各种鉴定器相结合后，又是一种检测痕量农药的有效工具。然而气相色谱法对样品的净化要求很严格，并增加了分析流程的时间，且拟除虫菊酯对热不稳定，而气相色谱法需要较高的汽化温度，所以对测定结果产生不利影响（马志梅，2007）。而反向液相色谱测定拟除虫菊酯的过程中发现，由于提取液和流动相不一致，很容易受杂质峰的干扰，同时在实验中发现拟除虫菊酯在甲醇中会发生自身的异构化反应，产生双峰，无法精确测定其含量（张倩等，2007）。而采用正相液相色谱，使用的流动相及提取液的组分一致，就不存在干扰问题，在现行实验条件下，十几分钟测定一个样品，流程简单，测定速度快（范志先等，2007）。

主要参考文献

陈菊，周青. 2006. 土壤农药污染的现状与生物修复. 生物学教学，31（11）：3-6.

范志先，沈翠丽，赵文英，等. 2007. 正相高效液相色谱法确证土壤中氯氰菊酯的残留量. 青岛科技大学学报（自然科学版），28（6）：498-501.

海屏. 2004. 杀虫剂新品种开发进展及特点. 江苏化工，32（1）：6-11.

李玲玉，刘艳，颜冬云，等. 2010. 拟除虫菊酯类农药的降解与代谢研究进展. 环境科学与技术，33（4）：65-71.

马国兰，柏连阳，刘占山. 2005. 土壤-植物系统中农药污染的防治方法及其研究进展. 现代化农业，（11）：10-13.

马志梅. 2007. 气象色谱法同时测定生活饮用水中五种聚酯类农药残留量. 福建分析测试，16（3）：61-64.

屈晓茜，花日茂，吴君艳，等. 2007. S-氰戊菊酯残留检测方法研究进展. 安徽农业科学，35（36）：11743-11744.

任南琪. 2007. 环境污染防治中的生物技术. 北京：化学工业出版社.

孙铁珩，李培军，周启星，等. 2005. 土壤污染形成机理及修复技术. 北京：科学出版社.

王春光. 2012. 拟除虫菊酯农药的毒理特性及 QSAR 研究. 青岛：青岛大学硕士学位论文.

王兆守，李顺鹏. 2005. 拟除虫菊酯类农药微生物降解研究进展. 土壤，37（6）：577-580.

王兆守. 2003. 微生物讲解茶叶农药残留的研究. 福州：福建农林大学博士学位论文.

徐小芳. 2010. 铜绿假单胞菌 GF31 降解拟除虫菊酯类农药的特性及动力学研究. 南宁：广西大学硕士学位论文.

张倩，赵建庄，王春娜，等. 2007. 食物中溴氰菊酯农药的残留分析技术. 北京农学院学报，22（增刊 2）：124-127.

张松柏. 2010. 光合细菌降解拟除虫菊酯类农药残留物研究. 长沙：中南大学博士学位论文.

周启星. 1999. 生态修复. 北京：中国环境科学出版社.

朱良天. 2000. 精细化学品大全，农药卷. 杭州：浙江科学技术出版社.

第30章 多氯联苯

多氯联苯（polychorinated biphenyls，PCBs），又称氯化联苯，是一类以联苯为原料在金属催化剂作用下高温氯化生成的氯代烃类化合物，通用化学分子式为 $C_{12}H_{10-n}Cl_n$。由于 PCBs 性质稳定，不易燃烧，绝缘性能优良，广泛应用于热介质、特殊润滑油、可塑剂、涂料、防尘剂、油墨添加剂、杀虫剂及复写纸等的制造和用于电容器、变压器等电力设备中作为绝缘油。当前，虽然 PCBs 已被禁止生产和使用，但 PCBs 自生产以来，由于消费过程中渗漏或有意、无意的废物排放已造成了 PCBs 的大范围污染，并且通过食物链对生物体产生影响。此外，因其具致癌性、生殖毒性、神经毒性和干扰内分泌系统等已成为我国、美国、日本等许多国家重点监控和优先控制的有毒污染物之一。

30.1 多氯联苯的理化性质

多氯联苯根据氯原子取代数和取代位置的不同共有 209 种同族异构体，我国习惯上按联苯上被氯取代的个数（不论其取代位置）将多氯联苯分为三氯联苯（PCB3）、四氯联苯（PCB4）、五氯联苯（PCB5）、六氯联苯（PCB6）。一般为流动的油状液体或白色结晶固体或非结晶性树脂状，难溶于水，易溶于烃类、脂肪及其他有机化合物，很容易被脂肪组织所吸附。常温下不易发生氧化反应及与其他化学品之间的反应，即使在高温、有氧、存在活泼金属的条件下也不容易发生化学变化。常用多氯联苯理化性质见表 30-1。

表 30-1 常用多氯联苯理化性质

序号	名称	分子式	相对分子质量	熔点	蒸气压（25℃）	稳定性	备注
1	三氯联苯（PCB3）	$C_{12}H_7Cl_3$	194.19	$-19\sim-15℃$	$0.133\times10^{-3}kPa$	耐光稳定	可塑剂、防尘剂
2	四氯联苯（PCB4）	$C_{12}H_6Cl_4$	222.24	$-8\sim-5℃$	$0.493\times10^{-4}kPa$	耐光稳定	可塑剂、杀虫剂、润滑剂等
3	五氯联苯（PCB5）	$C_{12}H_5Cl_5$	278.3	$8\sim12℃$	$0.799\times10^{-4}kPa$	耐光稳定	可塑剂、杀虫剂等

30.2　多氯联苯的污染来源

由于多氯联苯具有良好的化学惰性、抗热性、不可燃性、低蒸气压和高介电常数，被广泛应用于电力工业、塑料加工业、化工行业和印刷业等领域（Mullin and Pochini，1984）。我国自 1965 年开始生产 PCBs，1974 年大多数工厂已停止生产，到 20 世纪 80 年代初全部停止生产时我国生产的 PCBs 总量累计近万吨（杜欣莉，2003），其中约 9000t 三氯联苯用作电力电容器的浸渍剂，约 1000t 五氯联苯用于油漆添加剂（余刚等，2005）。因此，目前在环境中多氯联苯的污染来源主要来自 PCBs 在二十多年的大量生产、使用和加工过程中，以及在其制品的存储和其废弃物的燃烧过程中挥发并积蓄在大气、水和土壤中。此外在 50 年代至 70 年代，我国曾从比利时、法国、德国、日本等一些发达国家进口部分含有 PCBs 的电力电容器、动力变压器等设备（杜欣莉，2003），也是我国环境中 PCBs 的部分来源，致使我国 PCBs 污染物的存有量在 2 万 t 左右（余刚等，2005）。

目前土壤系统中 PCBs 的主要来源为：工业和生活中使用含有 PCBs 工业品的废物垃圾，尤其是废旧生产变压器和电容器的不正确处置；大气中吸附 PCBs 颗粒的沉降，如随雨、雪的沉降和由于重力作用的沉降；含有 PCBs 的水体在流经土壤时通过自然沉积作用和土壤颗粒的吸附作用而进入土壤系统；在一些国家城市污水处理厂消化污泥曾作为农田肥料，也造成了土壤中多氯联苯的污染（韩刚和王静，2005）。

30.3　多氯联苯的分布与扩散

30.3.1　多氯联苯的分布

由于 PCBs 低溶解性、高稳定性和半挥发性等特殊的理化性质使其易于远程迁移从而造成全球性的环境污染。从苔藓、地衣到小麦、水稻，从淡水、海水到雨、雪，从赤道到中纬度、亚北极和北极地区，还有从北极的海豹到南极的海鸟蛋及人乳中均检测出 PCBs 的存在，甚至在几千米高的西藏南迎巴凡峰上的雪水、江水、森林、土壤、自然植被、家禽内脏及其他动物毛发中也检测出 PCBs 的存在。整体而言，多氯联苯分布有以下特征：①污染面广；②南北半球分布不均衡、北半球分布较多；③纬度分布不均衡、北纬 30°～60°范围内分布较多；④污染物有向高纬度地区迁移的趋势（王冬，2006）。在土壤中，PCBs 很容易被土壤中有机质牢固吸附，迁移能力很弱，在纵向分布上最高浓度出现在 0～10cm 表层土中，随着深度的增加，PCBs 含量迅速降低，一般横向迁移可以忽略。基于我国生产和使用 PCBs 的时间和广泛性远不如一些发达的工业国家，总的来说，PCBs 污染不是很严重，我国西藏地区土壤中 PCBs 仅为 0.42ng/g（韩刚和王静，2005）。

30.3.2 多氯联苯的扩散

PCBs 物质具有半挥发性，能够从水体或土壤中以蒸气形式进入大气环境或被大气颗粒物吸附，通过大气环流远距离迁移。在较冷的地方或者受到海拔高度影响时会重新沉降到地球上。而后在温度升高时，它们会再次挥发进入大气，进行迁移，即全球蒸馏效应或蚱蜢效应。这种过程可以不断发生，使得 PCBs 可沉积到地球偏远的极地地区，导致全球范围的污染传播。

PCBs 进入土壤后纵向迁移和消失都十分缓慢（吴明嫂，2005），也很难通过生物降解和可逆吸附使其含量明显减少，而挥发过程最有可能是引起 PCBs 损失的主要途径，尤其对高氯取代的联苯更是如此。此外，PCBs 随废油、渣浆、涂料等形式进入水系，可以在水体中缓慢迁移，但由于 PCBs 不易溶于水，最终沉积于水底沉积物中，到达其水体中的最终储库。

30.4 多氯联苯污染的危害

PCBs 的生物毒性体现在以下四个方面。

（1）致癌性：国际癌症研究中心已将多氯联苯列为人体致癌物质，"致癌性影响"代表了多氯联苯存在于人体内达到一定浓度后的主要毒性影响。

（2）生殖毒性：PCBs 能使人类精子数量减少、精子畸形的人数增加；人类女性的不孕现象明显上升；有的动物生育能力减弱。

（3）神经毒性：PCBs 能对人体造成脑损伤、抑制脑细胞合成、发育迟缓、降低智商。

（4）干扰内分泌系统：如使得儿童的行为怪异，使水生动物雌性化。

据报道，水鸟体内 PCBs 浓度可达水中浓度的 50～100 万倍，呆头鱼体内的生物浓缩系数为 120 000～270 000 倍（陈静生和高学民，1999）。动物实验表明，PCBs 对皮肤、肝脏、胃肠系统、神经系统、生殖系统、免疫系统等都有诱导效应。一些 PCBs 同类物会影响哺乳动物和鸟类的繁殖，对人类也具有潜在致癌性（储少岗和徐晓白，1995）。PCBs 对哺乳动物的急性毒性试验表明，按每千克体重计算的半数致死量为：家兔 8～11g，小鼠 2g，大鼠 4～11.3g。严重中毒的动物可呈现腹泻、血泪、进行性脱水、中枢神经系统抑制等病症，甚至导致死亡。动物长期小剂量接触 PCBs 类药物可产生慢性中毒作用，中毒症状表现为眼眶周围水肿、脱毛、痤疮样皮肤损害等。

30.5　多氯联苯的环境质量标准

中国政府对多氯联苯污染问题非常重视，自 20 世纪 70 年代开始陆续下发了有关管理规定。此外，在多氯联苯监测、处置技术标准方面，中国也做了积极的探索。《地表水和污水监测技术规范》HJ/T 91—2002 和《土壤环境监测技术规范》HJ/T 166—2004 分别对在水环境和土壤环境中监测有机污染物包括多氯联苯做了相关的规定，如布点方式、采样个数、质量控制等。原国家环境保护总局和原国家质量监督检验检疫总局联合征求意见的《建设用地土壤环境质量标准》中对建设用地的土壤环境标准做了相关规定，其中对居住区和非居住区的 PCBs 标准也做了规定，这为多氯联苯污染场地修复提供了可参考的依据。

中国 2007 年 5 月向国际斯德哥尔摩（POPs）公约秘书处正式递交《中华人民共和国关于持久性有机污染物的斯德哥尔摩公约国家实施方案》，在递交的《国家实施方案》中对多氯联苯的管理还做了以下的计划：①到 2010 年，建立完善的用含 PCBs 装置申报、登记和环境无害化管理体系；②到 2015 年，完成全国已识别高风险的用含 PCBs 装置的环境无害化管理与处置；③到 2015 年，初步建立 PCBs 污染场地清单；④到 2015 年，初步建立涉及 POPs 污染场地的封存、土地利用和环境修复等环境无害化管理和修复支持体系；⑤到 2025 年，完成用含 PCBs 装置的识别和 PCBs 使用的消除；⑥进一步完善含 POPs 废物和污染场地清单，逐步清除 POPs 废物和污染场地的污染。这标志着中国履约行动进入了具体实施阶段，控制和削减持久性有机污染物的任务变得更加紧迫（中华人民共和国履行《关于持久性有机污染物的斯德哥尔摩公约》国家实施计划 [R]，2007）。表30-2列举了部分国家环境标准。

表 30-2　多氯联苯控制的部分国家环境标准（董良云等，2008；李国刚等，2004）

名称	内容
GB 13015—91 防止含多氯联苯电力装置及其废物污染环境的规定	PCBs 水质污染控制值是 0.003mg/L。PCBs 土壤污染控制值为 50mg/kg 和 500mg/kg，小于 50mg/kg 视为不含 PCBs；多氯联苯含量大于 50mg/kg 且小于 500mg/kg 的有害废物允许采用安全土地填埋技术或采用高温焚烧技术处置；多氯联苯含量大于 500mg/kg 的有害废物及废电力电容器中用作浸渍剂的多氯联苯必须采用高温焚烧技术处置
建设用地土壤环境质量标准	在居住区和非居住区的 PCBs 标准分别为 0.5mg/kg 和 2.6mg/kg，这是目前中国土壤环境领域唯一可参照的多氯联苯质量标准，为多氯联苯污染场地修复提供了可参考依据

30.6　多氯联苯污染的预防与修复

30.6.1　预防措施

为了最大限度地减少 PCBs 对土壤环境的污染，有效预防措施有：

（1）利用多种媒介广泛宣传，使各级行政主管部门和有关单位高度重视 PCBs 污染的长期危害性；使广大群众了解 PCBs 对动物和人的危害，提高全民的环境保护意识和自我预防意识。

（2）要加强立法，对 PCBs 的生产、储存、运输、使用和废物处理要制定出符合我国国情的严格的国家标准，从源头上防止或减少 PCBs 对土壤的潜在污染。

（3）要严格执法，对国内 PCBs 的生产、储存、运输、使用和废物处理要严格按照国家标准执行，同时也要加强对进口设备的严格监管，防止 PCBs 泄漏到环境中造成污染。

（4）要加强对环境的监测，严格控制污染源。各级环保和卫生主管部门，要定期对饮用水源和自来水进行监测，采取切实措施，防止 PCBs 超标，即对土壤污染的上游来源进行控制。

（5）加强科学研究，特别要重视研究 PCBs 对土壤的危害，为保护土壤的健康及行政执法提供科学依据。

30.6.2　修复措施

由于 PCBs 的巨大潜在危害性，PCBs 污染土壤的修复越来越引起全球范围内的高度重视。有关 PCBs 污染土壤的修复方法大致可分为生物修复、化学修复、物理工程措施和物理修复（如热分解和紫外光解）等（杨光梅等，2007；郑海龙等，2004）。

物理修复和物理工程措施如安全填埋、去除表层土、高温焚烧等适合于高污染土壤，尽管这两种方法均有一定的修复效果，但它们对土壤物理、化学、生物学性质具有极大的破坏性，而且往往耗资巨大，运行成本也相对较高，再加上存在二噁英污染的风险，其广泛应用受到了很大的限制。而化学修复方法则易造成二次污染，通常必须考虑外加化学修复剂的潜在环境风险。从当前的研究来看，以生物功能体为基础的生物修复（包括微生物修复和植物修复）技术因具有成本低、无二次污染、可大面积推广应用等独特优点而越来越深受国内外环境部门和科学界的关注，是目前最具潜力的土壤修复技术之一。因此，生物修复是 PCBs 污染土壤治理最有前景的方法。

　　目前在实验室和模拟自然条件下，国外已经进行了大量有关多氯联苯生物降解的研究。自 Ahmed 和 Focht 于 1973 年首先发现了可以降解单氯和双氯联苯的两种无色菌以来，至今已筛选到上百种多氯联苯的降解菌。绝大部分的好氧细菌都以共代谢过程降解 PCBs，而且只能将 5 个氯以下的低氯含量的 PCBs 氧化为氯代苯甲酸，厌氧细菌则能将 6 个氯以上的 PCBs 转化为低氯代的 PCBs。除了细菌，对各类真菌降解 PCBs 的能力也进行了大量的研究。真菌可比细菌降解更宽范围的 PCBs 同系物，但是它只能降解低浓度的 PCBs，而且降解效率相对较低。与微生物修复相比，利用植物的吸收、降解和固定作用进行 PCBs 污染土壤的修复也是近年来研究的热点。主要包括两种策略：直接植物修复与体外植物修复。直接植物修复是通过植物对土壤中 PCBs 进行直接吸收，体外植物修复则是指植物可释放一些酶等物质到土壤中，以利于降解 PCBs。在微生物修复和植物修复的研究基础上，微生物-植物的联合修复已经成为 PCBs 污染土壤生物修复技术发展的潮流。Donnelly 和 Flecher 研究结果表明，菌根真菌对 PCBs 污染土壤也具有较好的修复效果，尤其对低氯代化合物。Tesema 等在 Aroclor1248 污染土壤上比较了紫花苜蓿等 8 种植物的修复效果，结果显示种植植物明显提高了土壤中 PCBs 的降解能力，其中豆科植物紫花苜蓿的降解能力最强，这可能与豆科植物和根瘤菌共生有关。以上结果提示，不仅菌根真菌-植物的联合作用可以降解土壤中 PCBs，而且根瘤菌与宿主豆科植物的共生关系也可能具有降解 PCBs 或强化 PCBs 污染土壤修复的功能。

30.7　分析测定方法

　　由于多氯联苯在环境样品中一般残留浓度较低，加之监测过程干扰物质多且组成复杂，多氯联苯分析测定过程一般包括样品预处理和分析测定两个环节。预处理常采用的方法有溶剂萃取（SE）、固相萃取（SPE）和固相微萃取（SPME）、超临界流体萃取（SFE）、微波萃取（MAE）和加速溶剂萃取（ASE）等。分析方法多采用气相色谱法。

主要参考文献

边归国. 2007. 多氯联苯检测技术的新进展. 中国卫生检验杂志, 17 (4)：766-768.
曹楠. 2004. 多氯联苯的污染与防治. 化学教育, (12)：1-3.
陈静生, 高学民. 1999. 我国东部河流沉积物中的多氯联苯. 环境科学学报, 19 (6)：614-618.
陈猛, 袁东昌. 2002. 固相微萃取技术研究进展. 分析科学学报, 18 (5)：429-435.
储少岗, 徐晓白. 1995. 多氯联苯在典型污染地区环境中的分布及其环境行为. 环境科学学报, 15 (4)：
　　423-430.
董良云, 张宇, 罗瑜, 等. 2008. 多氯联苯管理体系探讨. 环境科学与管理, 33 (1)：1-8.

杜瑞雪，范仲学，蔡利娟，等. 2008. 环境样品中多氯联苯的分析技术. 环境科学与管理，33（4）：149-152.

杜欣莉. 2003. 多氯联苯对生态环境的破坏. 节能与环保，（3）：39-41.

韩刚，王静. 2005. 多氯联苯在多介质环境中的污染状况. 能源环境保护，3（9）：9-12.

胡劲召，陈少瑾，吴双桃，等. 2004. 多氯联苯污染及其处理方法研究进展. 江西化工，（4）：1-5.

李国刚，李红莉. 2004. 持久性有机污染物在中国的环境监测现状. 中国环境监测，20（4）：53-60.

牟世芬，刘勇建. 2001. 加速溶剂萃取的原理及应用. 环境化学，20（3）：299-3001.

王冬. 2006. 多氯联苯（PCBs）的环境生态毒性研究. 杭州：浙江大学硕士学位论文.

王娟，陆志波. 2004. 微波技术在环境样品分析预处理中的应用. 环境技术，2：11-15.

王连生. 2004. 有机污染化学. 北京：高等教育出版社.

吴明嫂. 2005. 多氯联苯的性质、危害及在环境中的迁移. 广西水产科技，（3）：106-109.

杨光梅，何滕兵，韩凌，等. 2007. 多氯联苯污染土壤的生物修复研究进展. 耕作与栽培，（4）：7-8.

余刚，牛军峰，黄俊. 2005. 持久性有机污染物. 北京：科学出版社.

张黎明. 2002. 改进的索氏萃取器在控制液固萃取. 大学化学，17（5）：44-45.

郑海龙，陈杰，邓文靖，等. 2004. 土壤环境中的多氯联苯（PCBs）及其修复技术. 土壤，36（1）：16-20.

Mullin M D, Pochini C M. 1984. Distribution of PCBs HCHs and DDTs, and their ecotoxicological implication in Bay of Bengal, India. Environmental Science and Technology, 18（6）：468.